APPLICATIONS

DES

INDUSTRIES DE LA MÉTROPOLE

À L'ILE DE LA RÉUNION

MISSION D'ÉTUDES CONFIÉE PAR LA CHAMBRE D'AGRICULTURE
DE CETTE COLONIE

PAR

M. HUGOULIN M. P.

Pharmacien-major de la marine impériale
Membre de la Chambre consultative d'agriculture de la colonie
Chevalier de la Légion d'honneur

EXTRAIT DE LA REVUE MARITIME ET COLONIALE
(1863)

PARIS

LIBRAIRIE CHALLAMEL AINÉ
30, RUE DES BOULANGERS-SAINT-VICTOR

1863

APPLICATIONS

INDUSTRIES DE LA MÉTROPOLE

A L'ILE DE LA RÉUNION

PARIS. — IMPRIMERIE DE CH. LAHURE
Rue de Fleurus, 9

APPLICATIONS

INDUSTRIES DE LA MÉTROPOLE

A· L'ILE DE LA RÉUNION

MISSION D'ÉTUDES CONFIÉE PAR LA CHAMBRE D'AGRICULTURE
DE CETTE COLONIE

A

M. HUGOULIN M. P.

Pharmacien-major de la marine impériale
Membre de la Chambre consultative d'agriculture de la colonie
Chevalier de la Légion d'honneur

EXTRAIT DE LA *REVUE MARITIME ET COLONIALE*
1863

PARIS

LIBRAIRIE CHALLAMEL AINÉ

30, RUE DES BOULANGERS SAINT-VICTOR

1863

À

MES HONORÉS COLLÈGUES

DE LA CHAMBRE CONSULTATIVE D'AGRICULTURE

DE L'ILE DE LA RÉUNION

HOMMAGE RESPECTUEUX

HUGOULIN

MISSION D'ÉTUDES

CONFIÉE PAR LA CHAMBRE D'AGRICULTURE DE LA RÉUNION

A M. HUGOULIN,

PHARMACIEN DE 1ʳᵉ CLASSE DE LA MARINE, MEMBRE DE LA CHAMBRE
CONSULTATIVE D'AGRICULTURE.

APPLICATIONS DES INDUSTRIES DE LA MÉTROPOLE
A L'ÎLE DE LA RÉUNION.

Dans une des séances de la Chambre consultative d'agriculture de la Réunion, le 12 novembre 1859, un membre émit la proposition de confier à l'un de ses collègues, M. Hugoulin, une mission d'études dans l'intérêt de la colonie. Il basait sa proposition sur les considérations suivantes :

« Il n'y a pas bien longtemps encore, que la colonie de la Réunion, n'employant dans ses usines à sucre que les anciens systèmes d'extraction, et des appareils imparfaits, ne mettait à profit qu'une faible partie de la matière sucrée que fournissait la canne. Aspirant au progrès, et comprenant que ce progrès ne pouvait servir que si la science unissait ses efforts à la pratique, l'Assemblée coloniale proposa à l'un des savants professeurs à la tête de l'industrie sucrière métropolitaine de venir, à la Réunion, appliquer les ressources de la science au secours de notre industrie. Elle vota une somme de 60 000 francs pour les justes indemnités qui étaient dues au déplacement et au temps employé à cette mission par ce chimiste.

« Des circonstances indépendantes de la volonté de l'Assemblée coloniale empêchèrent l'exécution de ce projet. Sur ces entrefaites un habile expérimentateur étant venu se fixer dans la colonie, consacra tout son temps et ses études aux progrès de l'industrie sucrière, et grâce aux généreux sa-

crifices de quelques familles riches et influentes dans la colonie, M. Wetzel dont le pays regrette la perte depuis quelques
années, put arriver, en se créant une fortune personnelle
honorable, à pousser l'industrie sucrière dans une voie de
progrès, qui a donné à notre colonie une des premières
places parmi les colonies sucrières.

« Mais le dernier mot du progrès est-il donné? Tant s'en
faut. Les besoins exprimés par l'assemblée coloniale, il y a
quelques années, sont relativement les mêmes aujourd'hui,
en présence des progrès opérés dans l'industrie rivale métropolitaine. Nous ne pouvons rester en arrière. M. Wetzel
n'est plus parmi nous, mais le Gouvernement local l'a remplacé dans notre société par un chimiste qui nous a déjà
donné à plusieurs reprises, des preuves de son aptitude aux
sciences d'application, et de son dévouement à nos intérêts.

« Je propose à la Chambre d'utiliser les études spéciales
de notre collègue, M. Hugoulin, et de lui confier l'honorable
mission d'aller en notre nom, étudier en France les progrès
de la sucrerie métropolitaine, et les diverses industries
qui peuvent être d'une utile application à notre colonie. »

Cette proposition fut accueillie avec faveur par la Chambre
et votée à l'unanimité. M. le gouverneur de la colonie ap-
puya la proposition auprès de S. Exc. M. le ministre de la
marine et des colonies, et une dépêche du 20 octobre 1860
autorisa M. Hugoulin à accepter la mission de la Chambre
d'agriculture dans les conditions précitées.

Dès lors, la Chambre consultative dut arrêter le programme de la mission. Une commission spéciale, sous la pré-
sidence de M. Ch. Desbassayns, se réunit le 26 décembre
1860, et il fut décidé que les questions suivantes seraient
soumises à l'étude de M. Hugoulin, qui se rendrait dans les
diverses usines où il pourrait trouver les éléments de ses
travaux :

1° Moyen d'utiliser l'alcool pour l'éclairage, soit public,
soit privé, surtout dans les mines, afin de remplacer l'huile
qui est d'un prix de revient fort élevé. — Étude de la question de l'éclairage en général, s'il était reconnu que l'emploi
de l'alcool fût impraticable.

2° Étudier les systèmes proposés aujourd'hui pour procurer de la glace aux populations d'une manière sûre, économique et manufacturière.

3° Quel serait le système le plus économique pour pro-

curer à la colonie la quantité de chaux grasse nécessaire à
l'industrie sucrière, ou à l'industrie des bâtiments, étant admis le principe que le calcaire provenant des madrépores ne
convient guère, par sa nature, à plusieurs des emplois de ces
industries.

4° Étudier le fonctionnement des presses hydrauliques,
leur prix de revient, leur prix d'exploitation, pour les appliquer dans la colonie au traitement des copiats de Ceylan, des
îles de Madagascar, ou au sésame importé de l'Inde.

5° Étudier le système de fabrication des engrais artificiels
qui, par leur nature, pourraient remplacer le guano dans la
culture de la canne ; voir quelles garanties ils peuvent donner
dans leur fabrication ; si elle n'est pas sujette à varier et par
conséquent à faire changer les dosages dans la culture ; en
particulier l'engrais Derrien, de Nantes, les guanos factices.
— Comparer toujours ces engrais pour la quantité et le prix
de revient avec le guano du Pérou qui, en France et à Mau-
rice, se vend 360 francs.

6° Étudier quels seraient les fourrages qui pourraient le
mieux convenir à notre sol et à notre climat. — Étudier la
culture du ray-grass de Milan, et de son mode de fumure par
les engrais liquides, — celle de la luzerne ou du sainfoin
qu'on cultive particulièrement à Malte, en Égypte et à Alexandrie. M. Debassayns en avait apporté de la graine prise en
Égypte, elle n'a point levé, elle était peut-être étuvée ; il
pense qu'il faudrait en prendre à Malte ; entrer dans des détails sur l'époque des semailles et des cultures.

7° Étudier les divers systèmes de fabrication sucrière pour
betterave. — Voir quels sont les perfectionnements immédiatement applicables, ou qui le seraient dans certaines
conditions de modification à notre industrie sucrière. —Étudier le système Pézier, *Du traitement des vesous par l'alcool*,
dans ses avantages réels, les dangers qu'il présente par l'in-
flammabilité de ses éléments premiers. Ce procédé dispense
de l'emploi du noir animal, qui est à peu près impraticable
dans les colonies.

8° Étudier la fabrication du sel marin par l'évaporation
spontanée, dans les conditions les plus rapprochées de notre
climat.

9° Enfin soumettre à l'étude toutes les questions qui pourraient se présenter ayant une relation intime avec nos industries, et qui n'auraient pas été prévues par la commission.

Il fut en outre décidé que M. Hugoulin devait entretenir la Chambre de ses travaux et de leurs résultats par des rapports périodiques destinés à la publication.

Muni des divers renseignements utiles à ses études intérieures, M. Hugoulin a effectué son voyage en France par la voie de Suez, et séjournant pendant dix jours en Égypte, il a pu faire en ces contrées quelques observations intéressantes sur l'art de la sucrerie, exploité avec avantage dans les usines du vice-roi ; ces usines fournissent à la consommation de l'Égypte, du sucre en pain qui ne le cède en rien aux plus belles qualités du sucre raffiné français. Ces observations, comme celles sur les prairies artificielles des plaines arrosées par le Nil, auront leur place dans des mémoires qui traiteront de ces questions.

Dès son arrivée à Paris, M. Hugoulin s'est présenté au ministère de la marine et des colonies, et a été invité à fournir quelques notes explicatives sur le programme de sa mission, et les travaux auxquels elle pourrait donner lieu.

Il explique lui-même ainsi la manière dont il compte remplir sa mission :

« Aller dans les ateliers spéciaux, les usines, chercher la solution des questions qui me sont posées, — assister à toutes les opérations qui s'y exécutent, dans leurs plus petits détails, — mettre la main à l'œuvre moi-même, lorsque cela sera permis, pour me rendre compte de tous les résultats, — puis, venir fouiller dans les bibliothèques les mémoires spéciaux qui ne se trouvent que là, et chercher dans les ouvrages *ad hoc*, les renseignements théoriques qui m'expliquent les faits observés, que la pratique seule n'éclaircirait pas, — m'adresser aux savants professeurs des institutions impériales, si dévoués à la science, pour avoir accès dans leurs laboratoires, et assister aux expériences utiles à l'étude de quelques questions du ressort de la chimie appliquée. — Tel est le plan de mes études.

« Puis, lorsque je croirai une question assez élaborée pour être rendue pratique dans la colonie qui m'a envoyé, je rédigerai un rapport détaillé de tous les faits observés ; dégageant. mon mémoire autant que possible des expressions techniques ou scientifiques, je tâcherai d'être compris de tous mes lecteurs. Je traduirai la science en langue vulgaire pour la rendre utile à tous les praticiens.

« Mes études pourront avoir quelquefois pour résultat de

démontrer la possibilité de la création de nouvelles industries dans la colonie, dans le but du bien-être général, tout en étant utiles aussi à la fortune particulière des personnes qui les mettraient à exécution. Dès lors, j'indiquerai les lieux de production des choses premières, que les ressources de la colonie ne permettent pas de trouver à la Réunion ; le prix de ces matières premières augmenté de la valeur du transport. J'établirai, avec les données fournies par les similaires en France, les dépenses de création, ou mise du capital premier, les dépenses annuelles augmentées de celles provenant de l'intérêt du capital et des frais d'amortissement, dans les conditions différentes que font les coutumes et la législation de la colonie ; je présenterai ainsi tous les éléments de calcul de chances de réussite à ceux qui voudraient entreprendre ces industries.

« Ces nouvelles industries auront autant pour but de fournir des ressources plus attrayantes aux bras inoccupés des affranchis, qui ne veulent à aucun prix des travaux de l'agriculture qui leur rappellent le temps trop voisin encore de leur ancienne condition, que celui de satisfaire aux besoins de confort des classes aisées, dont on connaît la tendance à abandonner la colonie, dès l'instant où la fortune leur permet d'aller chercher en France un mode d'existence qu'elles ne sauraient trouver à la Réunion.

« Je citerai deux exemples empruntés aux deux premières questions du programme : si l'on parvient, dans la colonie, à fabriquer de la glace à un prix assez bas pour en avoir un approvisionnement constant dans tous les ménages même les plus modestes, n'est-il pas évident que les jouissances de la vie matérielle seront augmentées. Or, cette production est possible, elle sera très-lucrative même pour ceux qui l'entreprendront, comme le démontre l'un de mes premiers mémoires.

« Les difficultés de l'éclairage, dans l'état actuel, les inconvénients de l'emploi de l'huile de coco, la seule huile qui soit à notre portée, enfin les dépenses considérables d'un éclairage élégant par la bougie stéarique, rendent bien rares ces brillantes réunions que l'on eût tant désiré établir dans les beaux salons de la mairie de Saint-Denis. L'industrie métropolitaine offre diverses solutions à ces difficultés : l'huile de schiste épurée, dont la flamme produit une clarté plus brillante que celle de l'huile de coco, même en y comprenant les dépenses d'embarquement, de fret.... etc., l'huile de schiste pourrait servir à l'éclairage des maisons d'habitation, des usines même. Le *Bog-head*, dont le gaz fournit une lumière quatre fois plus éclairante, à volume égal, que le gaz de la houille, résoudra bien certainement la question de l'éclairage public, soit que nos calculs démontrent la possibilité de la canalisation des rues par des tuyaux relativement plus petits, tels que ceux employés par la société du gaz Riche, soit qu'empruntant le système si avancé de M. Hugon, on le comprime dans des réservoirs pour le porter dans les domiciles les plus éloignés même de l'usine centrale, comme on le fait à New-York, où une société fournit des tubes d'un volume minime, et qui éclairent, pendant une semaine entière, des familles habitant la campagne.

« Dans ce cas, je fournirai tous les renseignements des sociétés fondées en France, et qui y sont dans un état de prospérité ; je donnerai l'appréciation des dépenses, les conditions des compagnies à leur coopération pour monter des usines à la Réunion, leurs prétentions, et mes appréciations sur le tout.

« Si les distilleries actuelles d'arrack, ou alcool de mélasse, parviennent un jour à livrer à la consommation industrielle de l'alcool à un haut titre et à des prix notoirement réduits, la carburation de ce liquide par de petites quantités d'essence de térébenthine pourra faire consommer à l'éclairage particulier la majeure partie de l'alcool, qui ne sert aujourd'hui qu'à abrutir nos travailleurs immigrants.

« Évidemment parmi les questions que je dois étudier, celles qui ont trait plus spécialement à l'industrie sucrière et à l'agriculture seront le but de mes plus actives recherches, puisque ces industries occupent le plus de bras, emploient le plus de capitaux dans la colonie. A ce point de vue, l'étude des engrais qui pourraient rivaliser, ou même remplacer le guano du Pérou, d'un prix si élevé à la Réunion, l'étude des systèmes nouveaux proposés pour fabriquer le sucre à meilleur compte, et qui pourront s'appliquer à notre industrie, devront attirer plus spécialement mes investigations.

« Il existe aujourd'hui des procédés, qui n'en sont plus à l'état de théorie, et qui sont adoptés par un grand nombre de fabriques, au moyen desquels on peut livrer à la consommation du sucre raffiné au prix de 1 fr. 20 cent. le kilog., en y comprenant les droits, le transport.... etc. Les commissions officielles, les journaux réclament l'abolition des droits sur le sucre, pour en rendre la consommation plus étendue ; nous devons donc nous hâter d'emprunter à la fabrication métropolitaine ses méthodes de progrès.

« Certainement les journaux scientifiques, les mémoires à l'Académie des sciences, à la Société d'encouragement pourraient fournir à tous nos industriels des renseignements précieux sur les principes scientifiques de ces procédés ; mais, en outre de la difficulté, pour nos possessions éloignées, de se procurer tous ces documents, il ne restera en doute pour personne que la lecture de ces traités spéciaux, implique pour l'industriel des connaissances pratiques, en chimie ou en physique, nécessaires pour être comprise sans autre explication digressive. Ainsi, le procédé Rousseau, aujourd'hui en expérimentation, emploie à la défécation et à la clarification le *sulfate de chaux* et *l'hydroxyde de fer*. Peut-être chacun sait que le sulfate de chaux n'est pas autre chose que du *plâtre* dont la constitution géologique de notre colonie ne possède pas un seul atome, mais que le commerce de Marseille pourrait nous expédier à très-bon marché ; mais l'on peut ignorer ce que c'est que l'hydroxyde de fer, sans cesser d'être pour cela un homme du monde parfait, ou un industriel d'élite. Dans ces cas, mes rapports entreront dans les détails les plus minutieux sur les lieux d'approvisionnement premier, les prix de revient, la préparation, la conservation des ingrédients, sans omettre pour cela les développements théoriques, mais en termes tels que je sois compris de tous. Comme on le voit, mon système sera la continuation de celui que j'avais adopté déjà à la Réunion, en publiant dans le journal officiel de la colonie des rapports périodiques sur les questions d'agriculture locale ou d'industrie qui m'étaient plus familières. Je demanderai pour ces nouvelles publications le même accueil bienveillant auquel m'ont accoutumé les habitants de la Réunion, et si je parviens, par mes efforts, à être de quelque utilité, soit aux intérêts publics, oit au bien-être général, un bon souvenir sera pour moi la plus belle récompense à laquelle j'ose aspirer. »

DE L'ÉCLAIRAGE

DES VILLES ET DES USINES

A L'ILE DE LA RÉUNION.

L'importance d'une ville et son degré de prospérité se reconnaissent, au premier abord, à la perfection de son système d'éclairage public ; c'est lui qui dénote l'étendue des ressources de l'administration municipale, et par conséquent le degré de la fortune publique. Sous ce point de vue, si l'on comparait entre elles les villes de l'île de la Réunion, celle de Saint-Denis garderait son rang de capitale de la colonie, puisque elle seule est dotée d'un éclairage public, mais un étranger qui n'aurait pas connaissance des ressources de l'administration municipale, comparées à celles de plusieurs des premières villes de France, et qui parcourrait nos rues pendant la nuit, se ferait une fausse idée de la prospérité publique, en comptant ces rares et tristes réverbères qui désignent, sans les éclairer, le croisement de nos belles rues.

Cette insuffisance de l'éclairage public a-t-elle pour cause l'exiguïté de la dotation affectée à ce service ? Non, la dotation de l'éclairage est assez large pour le moment, et la municipalité ne reculerait pas devant les charges nécessaires pour la rendre plus large encore, dès l'instant où il lui serait démontré qu'un nouveau système, d'une application possible, pourrait atteindre quelque perfectionnement dans ce service public. La municipalité de Saint-Denis a donné la preuve de son aspiration au progrès, il y a quelques années, par son vote sur l'abandon du système des réverbères à huile ; mais par quel système remplacer le mode actuel d'éclairage? La ville ne pouvait elle-même se charger de l'entreprise de son éclairage ; or, aucune proposition de nouveau système ne s'étant produite, il a fallu forcément qu'elle continuât les errements du passé.

En mettant la question de l'éclairage en général au nombre de celles qui ont été confiées à mes études, la Chambre consultative d'agriculture s'est associée, en quelque sorte, aux vœux du conseil municipal de Saint-Denis, aussi suis-je doublement heureux aujourd'hui d'avoir rencontré, dans les systèmes employés dans les diverses villes de la métropole, des solutions applicables, non-seulement à la capitale de la colonie, mais encore à la plupart des communes de l'île, quelles que soient les ressources de leurs budgets.

Des efforts louables sont tentés, en ce moment, par une société constituée à Saint-Denis ; cette société a pour but d'essayer le système d'éclairage au gaz, d'abord dans le théâtre, puis dans la rue marchande de la ville, enfin dans la ville entière, si les premiers essais sont couronnés de succès. L'association du capital était le pas le plus difficile à faire ; si ce premier pas est fait, l'on arrivera au succès, mais à une seule condition, c'est que la société renoncera à l'emploi de tel ou tel système, qui n'aura pas reçu la sanction de l'expérience dans les villes d'Europe[1]. Les capitaux sont précieux, ils disparaissent vite dans des essais, et un premier insuccès dégoûte pour longtemps les bailleurs de fonds, même devant des résultats ultérieurs, que la notoriété publique pose comme concluants. A Paris même, l'éclairage public actuel, qui ne laisse guère à désirer, et est basé sur des systèmes approfondis par l'étude d'hommes spéciaux, l'éclairage public, disons-nous, a ruiné plusieurs sociétés im-

---

1. Je veux parler ici du système proposé par M. A. Toulorge, pharmacien distingué de l'île de la Réunion : *De l'emploi de la mélasse et des résidus au sucre à la préparation pour le gaz d'éclairage*. La composition élémentaire du sucre ($C^{12} H^{11} O^{11}$), la seule substance combustible qui se trouve dans ces résidus, et, dans cette composition, la quantité d'hydrogène en proportion exacte pour former de l'eau avec l'oxygène existant, indiquent assez d'avance qu'il n'y a aucune chance de pouvoir en retirer un gaz plus éclai-

portantes par leurs ressources, et si la société actuelle est florissante, c'est qu'elle a bénéficié à des prix notoirement réduits des vastes créations industrielles de ses devancières.

Profitons de l'expérience des autres.

Je diviserai l'étude de la question de l'éclairage en trois parties ; chacune d'elles traitera de l'un des systèmes employés aujourd'hui, d'une manière pratique, dans l'industrie métropolitaine, pour éclairer les villes, les réunions publiques et les ateliers : le système de l'*huile de schiste*, celui du *gaz portatif* et enfin le système le plus généralement répandu du *gaz hydrogène courant*, par canalisation. Quant à l'application de l'*alcool* à l'éclairage, elle est encore uniquement restreinte, aujourd'hui, au mélange de l'esprit-de-vin avec l'essence de térébenthine, mélange désigné dans le commerce sous le nom de *gaz hydrogène liquide*, *gazogène*, etc., et dont l'emploi est limité à l'éclairage de quelques particuliers, quoiqu'il soit connu depuis de longues années. Cet abandon provient évidemment du prix élevé de ce mode d'éclairage, et des dangers d'incendie que présente l'usage de deux liquides aussi inflammables que l'alcool rectifié et l'essence de térébenthine.

J'exposerai en peu de mots, les principes sur lesquels sont basés les systèmes d'éclairage, les machines et engins qu'ils emploient, avec les modifications qu'il serait nécessaire d'y apporter, pour l'application dans les conditions où nous nous trouvons à l'île de la Réunion. J'arriverai enfin à la partie principale de ce travail, l'évaluation des capitaux nécessaires pour monter ces industries dans ces mêmes conditions. Je déduirai de ces données, l'appréciation des dépenses annuelles nécessaires à la marche courante de ces industries,

---

rant que celui du bois, de la gomme, des débris de papier, des chiffons et autres corps de composition analogue.

La décomposition par le feu de toutes ces substances ne fournit d'autres gaz inflammables que de l'*oxyde de carbone* et de l'*hydrogène protocarboné* ; ces deux gaz sont fort peu éclairants, et cela se comprend parfaitement si l'on se rappelle la théorie de Davy sur la production de la lumière : La lumière, dans une flamme, est due au *carbone de l'hydrogène bicarboné* et des *carbures d'hydrogène*, qui se précipite dans la flamme et y est portée à une température assez élevée pour le rendre lumineux. L'*oxyde de carbone* et l'*hydrogène protocarboné* n'ayant pas d'excès de *carbone*, il ne peut y avoir de précipité de ce dernier corps dans la flamme.

et le bénéfice ou la perte probable qu'elles pourraient offrir aux sociétés qui voudraient les entreprendre.

Je n'ai pas la prétention de déclarer mes évaluations à l'abri de toute critique, quoique j'aie cherché à les entourer de toutes les garanties d'exactitude possible, par mes informations auprès des ingénieurs spéciaux, des chefs d'ateliers, des directeurs d'usines ; la différence qui existe dans les ressources des usines de la métropole, comparées à celles d'une colonie séparée des grands centres manufacturiers, par une traversée de plus de trois mois, et par les chances de la navigation, rendraient impossibles des évaluations d'une exactitude rigoureuse ; mon but sera atteint, si je puis renseigner l'industrie coloniale sur les applications qui seront possibles pour améliorer le bien-être général des populations, en indiquant les chances probables de réussite, dans les conditions où nous nous trouvons à la Réunion, en fournissant aux industriels les indications utiles pour se procurer les matières premières, et leur désignant les modifications locales, qui pourront augmenter les chances de bénéfices.

THÉORIE DE L'ÉCLAIRAGE PAR LE GAZ ET L'HUILE DE SCHISTE.

Lorsque l'on envisage la question de l'éclairage en général, on se demande si l'emploi du gaz est réellement un progrès industriel ; en effet, l'on a des matières grasses premières, des résines, etc., que l'on décompose dans des vases clos ; on en dirige à grands frais les vapeurs dans des canaux souterrains ; ces canaux communiquent avec d'autres plus petits, dont l'extrémité se termine finalement par de petites ouvertures, ou l'on enflamme ces vapeurs. Mais si l'éclairage avait été tel dans le principe, et qu'un innovateur eût démontré, par l'expérience, qu'il était possible de concréter ces vapeurs, de les rendre liquides, pour les enfermer dans une toute petite lampe portative que l'on enflammerait à volonté, supprimant ainsi, d'un seul coup, ces vastes usines établies à grands frais, cet immense réseau de canaux qui circulent sous la voie publique, qu'il eût fait de l'*huile*, en un mot, avec ces vapeurs concrétées, celui-là eût réellement fait une découverte admirable. Il en serait ainsi en effet, si l'expérience pratique ne démontrait pas que la somme de *lumière* produite par le gaz provenant de la décomposition d'une matière grasse quelconque, n'est pas de beaucoup supérieure à celle produite par la matière grasse elle-même, brûlée immédiatement. Voici pourquoi :

Tous les corps combustibles, décomposés par le feu, fournissent du gaz inflammable ; mais le pouvoir éclairant de cette flamme est relatif à la quantité de deux gaz particuliers de composition identique, l'*hydrogène bicarboné* et le *carbure d'hydrogène*, qui se trouvent en plus ou moins grande proportion dans ce gaz. Les corps gras, les huiles, les graisses peuvent en fournir une quantité considérable, mais elles sont elles-mêmes mélangées dans leur composition intime, d'une quantité plus ou moins considérable d'une autre matière mucilagineuse, qui nuit à la combustion de l'huile, en formant des concrétions charbonneuses sur la mèche. Or, dans la fabrication du gaz, ces concrétions charbonneuses sont restées dans l'appareil clos (la cornue), où l'on a décomposé l'huile ou la graisse, et le gaz pur a passé seul dans les tuyaux pour aller brûler au bec. Aussi dans l'emploi des lampes ou des bougies, on ne pourrait brûler avec avantage que de l'huile ou des graisses purifiées, tandis que les corps gras les plus impurs fourniraient toujours du gaz d'un pouvoir éclairant considérable. Mais ce ne sont pas seulement les corps gras qui fournissent du gaz éclairant, il existe encore beaucoup d'autres matières combustibles, que leur état naturel ne permettrait pas de brûler dans de petits appareils portatifs, tels sont les *bois résineux*, le *bitume*, la *houille*, quelques *schistes bitumineux*, etc., substances qui joignent encore à cette propriété de produire du gaz éclairant, l'avantage de le fournir à bon compte. De là est résultée l'introduction de l'éclairage au gaz, tel qu'il se pratique journellement dans les grandes villes.

Mais pour que l'éclairage par ce système soit applicable par son économie, il est une condition essentielle, c'est que le nombre de becs alimentés par une usine, soit relativement considérable ; car les dépenses premières d'installation d'usines, de machines, de canaux, ne décroissent pas en proportion de la moins grande quantité de becs à alimenter, loin de là. Ainsi une installation première pour cent becs d'éclairage renfermés dans un espace de terrain d'un hectare de superficie, coûterait infiniment moins que l'installation, pour la même quantité de becs espacés sur une superficie de cent hectares de terrain. Pour la première, il ne faudrait que quelques cents mètres de tuyaux de canalisation, pour la seconde, il en faudrait plusieurs kilomètres; or, quoique la quantité de gaz à produire pour la consommation des cent becs fût égale dans les deux cas, il n'en est pas moins vrai, qu'il faudrait ajouter au prix de la consommation, celui résultant de l'intérêt du capital dépensé en installation, ce qui rendrait les dépenses, dans le second cas, près de cent fois plus fortes que dans le premier. Il résulte de ces données, que ce n'est pas le prix de la matière combustible, fournissant le gaz, qui augmentera ou diminuera sensiblement les dépenses d'un éclairage, dans une petite exploitation, mais bien la quantité relative des becs d'éclairage, dans un espace de terrain donné. A Paris le mètre cube de gaz revient à moins de trois centimes, si l'on ne compte que la valeur de la houille, d'après les expériences officielles faites sur l'ordre de l'Empereur, par une commission composée de MM. Chevreul, Regnault, général Morin et Peligot, membres de l'Institut ; il est livré cependant au prix de trente centimes, au consommateur ; cette augmentation de prix provient de la valeur des frais d'administration, de main-d'œuvre, intérêt des capitaux, usure d'ustensiles, etc. Pour n'augmenter ainsi de valeur que dans la proportion de un à dix, il faut que les intérêts des capitaux soient distribués sur des milliers de becs de gaz. A Saint-Denis de la Réunion, le mètre cube reviendrait peut-être à un prix dix fois plus considérable, parce qu'un nombre fort restreint de becs supporteraient seuls cette dépense.

Voilà pourquoi, dès l'abord, nous croyons l'éclairage par le gaz courant impossible à établir dans notre colonie, quand bien même l'on trouverait un combustible producteur du gaz, d'une valeur nulle, quand bien même la mélasse et les résidus des sucreries rempliraient les conditions qu'a pu espérer l'inventeur de leur application à l'éclairage.

Mais s'il était possible de concréter le gaz de l'éclairage, et de faire de l'*huile*, mais de l'huile ne renfermant que le principe réellement éclairant, dépouillé de toute autre matière qui ne l'est pas, et concréter le gaz de manière à le rendre facilement transportable, soit sous forme liquide, soit sous forme gazeuse encore, mais d'un volume très-restreint, on aurait réellement fait une innovation utile. Cette découverte existe aujourd'hui ; le gaz éclairant est amené, en effet, à ces deux formes de *gaz liquide* ou *demi liquide* dans les produits désignés, dans l'industrie métropolitaine, sous les noms de *huile de schiste* et sous celui de *gaz comprimé* ou *gaz portatif*. Ces deux systèmes peuvent être employés, avec des avantages balancés, dans l'éclairage public, et dans celui des usines et des particuliers ; ils pourraient être adoptés, non-seulement par la ville de Saint-Denis à la Réunion, mais encore par les petites communes des quartiers de la colonie, en procurant aux entreprises particulières des bénéfices convenables, et aux populations la jouissance des systèmes avancés de l'industrie métropolitaine.

Sans entrer dans aucuns détails de théorie scientifique, nous pouvons, par la seule observation des faits pratiques qui n'ont échappé à personne, nous former une idée satisfaisante des phénomènes qui se passent dans la production de l'*huile de schiste*, ou celle du *gaz éclairant*; ils ne sont pas d'autre nature que ceux qui ont lieu dans une lampe alimentée par l'huile, dans nos ménages.

L'huile, corps essentiellement combustible, ne brûle pas par elle-même, on le sait ; mais si l'on y plonge en partie une mèche d'un corps capillaire quelconque, coton, chanvre, amiante, etc., par l'effet de la capillarité, l'huile monte dans la partie émergée de la mèche, et si l'on approche alors de l'extrémité de celle-ci un corps enflammé, la chaleur de la flamme décompose la petite quantité d'huile qui imbibe la mèche, il se forme des produits gazeux à base d'hydrogène ; or, l'on sait combien l'hydrogène est inflammable ; ces produits prennent donc feu ; la flamme qui résulte de cette combustion dégage assez de chaleur pour décomposer la portion d'huile que la capillarité amène, pour remplacer celle qui disparaît par décomposition ; la flamme est donc continue, tant que la lampe est alimentée, ou qu'une cause plus énergique ne la fait éteindre.

Ici toutes les conditions d'une usine à gaz sont réunies dans le petit appareil de la lampe de nos ménages, dans la veilleuse. La décomposition du corps combustible s'opère à l'extrémité de la mèche, au moyen de la chaleur dégagée par la combustion des premières couches de l'huile décomposée, et les gaz produits s'enflamment d'eux-mêmes à mesure de leur production. Si la lampe est parfaitement installée, si l'air nécessaire à la combustion des gaz produits afflue con-

venablement, comme dans les systèmes de lampe perfectionnés, si l'huile est assez purifiée pour qu'il n'y ait plus
de mucilage qui vienne obstruer les pores de la mèche, et
empêcher son trajet dans les fibres capillaires, la marche de
la lampe sera régulière; il ne se formera que des gaz inflammables, et ceux-ci se consommeront en entier, dans la combustion, donnant leur maximum d'intensité de lumière;
mais que la lampe soit mal réglée, que l'air n'afflue pas en
quantité suffisante pour brûler tous les gaz qui peuvent se
produire, la combustion sera alors incomplète, la chaleur
dégagée ne sera pas assez considérable pour décomposer
complétement l'huile: la décomposition ne sera que partielle,
et au lieu d'une transformation complète en produits gazeux
hydrogénés, il se formera aussi des produits intermédiaires
liquides volatils, qui se répandront en vapeurs dans l'air, et
lui communiqueront cette odeur âcre qui prend à la gorge,
odeur caractéristique pour toute espèce d'huile, et qui fait
reconnaître si facilement leur origine; ainsi, l'huile de coco,
celle de poisson répandront cette odeur si pénétrante et si désagréable qui les fait écarter de l'éclairage élégant des salons.
Cette odeur sera au maximum de son intensité lorsque l'on
viendra à éteindre la lampe, et que quelques points en
ignition dans la mèche continueront cette décomposition incomplète dont nous venons de parler.

Si à l'instant où l'on souffle la lampe, au moment où il
se dégage en abondance des vapeurs qui ne s'enflamment
plus, on posait au-dessus de la mèche un corps froid, un
fragment de verre ou de porcelaine, ces vapeurs s'y con-
denseraient en petites gouttelettes d'un liquide d'une âcreté
insupportable, mais qui fourniraient une huile d'un pouvoir
éclairant extraordinaire, si on pouvait les recueillir en quantités notables.

Ainsi donc, les deux produits qui fournissent aujourd'hui
les éléments des deux éclairages les plus usités, résultent
tous les deux de la décomposition des corps combustibles par
le feu; ils ne diffèrent que par la température à laquelle ils
ont été produits. Si la température a été violente dans son
action, il se produit du *gaz éclairant*; si elle a été ménagée,
il se produit une huile d'un pouvoir éclairant bien supérieur
à celui du corps primitif qui l'a fourni; et ces deux phases
d'une opération qui semble la même au premier abord sont
faciles à observer dans la combustion d'une lampe.

Il eut été difficile de conduire une opération industrielle qui eût donné le dernier résultat d'une manière constante, et surtout économique, avec les corps gras qui trouvent tant d'emplois avantageux dans les arts et l'industrie ; mais depuis quelques années à peine, l'on a trouvé à leur substituer une substance dont la quantité paraît assez abondante pour fournir longtemps à nos besoins, et qui est à l'huile ce que la houille est au bois, c'est-à-dire un succédané économique et bien supérieur.

Cette substance est un minerai trouvé d'abord aux environs de la ville d'Autun, à Igonnaz, mais que l'on exploite depuis en quantités bien plus considérables en Écosse. Les Anglais le nomment *bog-head* ; c'est un schiste bitumineux ressemblant à l'ardoise par sa couleur et sa consistance, mais qui peut brûler à l'air comme la houille, dont il diffère essentiellement en ce que le résidu de la distillation n'est pas du charbon, ou coke, mais bien une substance terreuse feuilletée, d'une couleur blanche, comme celle de la terre de pipe, happant à la langue comme elle, sur laquelle nous reviendrons plus tard, en parlant de la fabrication du gaz comprimé, dans laquelle on l'emploie exclusivement.

L'huile de schiste, dont nous allons nous occuper dans un instant, s'extrait donc du *bog-head*, mais il n'y aurait aucun intérêt pour la colonie à la préparer à la Réunion ; la création d'une usine spéciale pour une petite consommation, exigerait trop de dépenses ; il est plus économique d'acheter l'huile de schiste toute faite, sur les marchés de la métropole.

Quoi qu'il en soit, si cette substance minérale, le *bog-head*, est chauffée dans un appareil clos, une cornue, et que la température soit portée au rouge, il se forme des gaz d'un pouvoir éclairant quatre fois plus considérable que le gaz de la houille. Si la température est plus basse et l'opération régulièrement conduite, la décomposition est incomplète, et au lieu de gaz, il se dégage des vapeurs qui peuvent se condenser dans un réfrigérant approprié ; l'on rectifie le liquide condensé, et l'on a pour produit final une liqueur de couleur ambrée, d'une limpidité et d'une densité analogues à celles de l'esprit-de-vin, qui brûle comme lui, mais qui possède en brûlant un pouvoir éclairant fort intense ; c'est le liquide qui est désigné dans le commerce sous le nom d'*huile de schiste*.

1° Éclairage par l'huile de schiste.

Ce n'est guère que depuis une dizaine d'années que l'huile
de schiste a fait son apparition dans le monde industriel,
mais depuis cette apparition toute récente, son usage s'est
considérablement étendu, et maintenant son emploi est journalier dans une foule d'usines, de magasins, dans l'éclairage
des villes, dans l'économie domestique même; et, si ce n'é-
tait une faible odeur de goudron qu'elle laisse percevoir,
odeur qui plaît à quelques personnes, mais peut ne pas plaire
à tous, les salons aristocratiques eux-mêmes auraient renoncé déjà à l'emploi de l'huile et de la bougie pour adopter
l'huile de schiste. L'emploi de ce liquide offre en effet tous
les avantages réunis de l'éclairage à l'huile purifiée et du gaz
hydrogène, sans avoir les inconvénients qui résultent de la
canalisation indispensable à l'usage de ce dernier, et surtout
sans jamais laisser dégager des produits gazeux, qui ter-
nissent les métaux, comme le fait le gaz de houille.

Quant au pouvoir éclairant de l'huile de schiste, nous pouvons fournir des données expérimentales fort précises, qui
serviront de guide à chacun pour son emploi. La source
de ces documents est digne de foi ; ils résultent d'expériences précises faites au Conservatoire impérial des arts
et métiers.

Nous prendrons pour terme de comparaison l'huile de
colza purifiée, qui vaut dans le commerce en moyenne
1 fr. 50 c. le kil. L'on se rappelle que par le poids propor-
tionnel de l'huile, un kilogramme représente un litre et 2/10^{es}
environ en volume.

Une lampe Carcel, dont l'éclat sert de type aux expériences
d'éclairage, brûle 33 grammes d'huile purifiée à l'heure ; si
nous représentons par 100 l'intensité de sa lumière, une
lampe à huile de schiste qui consommera 20 grammes de ce
liquide, donnera une intensité de lumière égale à 95,3.

Si nous comparons cette intensité à celle du gaz de la
houille, qui est plus généralement connue, les résultats sont
encore plus remarquables.

Un bec de gaz, composé de 20 trous et brûlant 125 litres de
gaz à l'heure, fournit une lumière dont l'intensité sera représentée également par 100 ; 40 grammes d'huile de schiste

brûlés dans l'espace d'une heure, fourniront une clarté égale à 128.

Ainsi, à égalité de lumière fournie par les deux principes, gaz et huile de schiste, il faudrait 34 grammes d'huile de schiste seulement pour représenter le pouvoir éclairant du bec de gaz, consommant 125 litres de gaz à l'heure.

En d'autres termes, 272 grammes d'huile de schiste fournissent une même lumière, et pendant le même espace de temps, que celle que donnerait un mètre cube de gaz de la valeur de 30 centimes.

L'huile de schiste achetée en gros vaut 75 centimes le kil.; les 272 grammes représenteraient une valeur de 20 centimes et demi seulement. L'on voit donc que sous tous les rapports, beauté de l'éclairage et économie, l'huile de schiste soutient avantageusement la comparaison avec l'huile végétale et le gaz.

Si maintenant nous comparions l'huile de schiste à l'huile de coco, employée habituellement dans la colonie, les résultats seraient encore bien plus décisifs, puisque l'huile de coco du commerce est d'un prix moyen égal à celui de l'huile de colza purifiée, quoique bien loin de valoir cette dernière. Je n'ai pas besoin de rappeler les inconvénients de l'éclairage à l'huile de coco : nécessité de faire chauffer l'huile, congelée à des températures inférieures à 20° centigrades, odeur insupportable qui accompagne sa combustion, et entretien constant qu'exigent les lampes qui en sont alimentées.

La colonie de la Réunion trouverait donc un grand avantage à remplacer son éclairage, en général à l'huile de coco, par l'éclairage à l'huile de schiste, puisque pour le même prix, elle aurait une lumière beaucoup plus belle, comme nous allons le voir par le calcul.

Les chiffres que nous allons présenter ont été établis sur les données qui m'ont été fournies par MM. Guillemot et Heu, de Puteaux, qui préparent et fournissent la majeure partie de l'huile de schiste consommée en France, et les appareils qui servent à la brûler.

Nous prendrons pour exemple la ville de Saint-Denis, qui compte 100 réverbères pour l'éclairage public, et qui dépense actuellement, pour un éclairage douteux, une somme annuelle de 25 000 fr.

Le matériel qu'elle possède pour son éclairage actuel, n'aurait pas à subir de grandes modifications pour être approprié à l'usage du schiste ; il suffirait de remplacer dans chacun des fanaux existant aujourd'hui, le lampion intérieur par une lampe particulière, avec son système à quatre ré-flecteurs paraboliques.

Cette modification coûterait 45 fr. par fanal, ou soit, pour les 100 réverbères, une somme de............... 4500 fr.

Le voyage d'un ouvrier habile, pour mettre en marche le nouveau système................... 2500

Ses honoraires pour six mois de déplacement, à 10 fr. par jour.............................. 1800

Frais imprévus............................ 200

Total........ 9000 fr.

Ce serait la dépense première que devrait faire la commune.

Voici maintenant les frais annuels.

En défalquant les nuits éclairées par la lune, il reste 20 nuits de service d'éclairage à fournir dans le mois, pour chaque réverbère. Supposons chaque nuit égale à 10 heures, l'on aurait 200 heures d'éclairage par mois et par fanal, ou soit 2400 heures par an et par fanal, ou soit enfin un total de 240 000 heures d'éclairage par an et pour tous les fanaux réunis.

Une lampe à bec de 14 lignes, brûle 1 litre d'huile de schiste au plus en 20 heures, ou soit pour une valeur de 5 centimes à l'heure; à 1 fr. le litre, prix auquel l'huile pourrait être rendue dans la colonie, les 240 000 heures donneraient un total de............................ 12 000 fr.

Il faudrait compter sur une consommation de 1000 verres ou cheminées pendant l'année, à 50 centimes l'un............................ 500

24 kilogr. de mèches suffiraient, et au delà, à la consommation annuelle; car l'huile de schiste peut brûler pendant 12 à 15 heures sans qu'il soit nécessaire de rafraîchir la mèche: à 6 fr. le kil. ce serait une dépense annuelle de 144 fr., que nous porterons en chiffres ronds à............ 200

Chiffons de linge pour le service de propreté.. 200

Entretien du matériel, à 3 fr. par fanal........ 300

Menus frais pour bidons, ciseaux, vases à schiste, bougies à allumer.................... 1 200

A reporter............ 14 400 fr.

Report............ 14 400 fr.

2 employés pour allumer et éteindre les fanaux,
à 50 fr. par mois, total par an................. 1 200
1 engagé pour le service de propreté.. 400

Total........ 16 000 fr.

Ainsi donc, si la ville de Saint-Denis voulait faire une dépense en capital premier de 9 à 10 000 fr., elle pourrait, moyennant une subvention annuelle de 16 000 fr., c'est-à-dire une subvention moindre que celle qu'elle s'impose aujourd'hui pour un éclairage tout à fait insuffisant, arriver à avoir un éclairage trois et quatre fois plus intense, en s'éclairant elle-même par le moyen de ses employés, sous la direction de son ingénieur communal. Il est évident que si elle donnait l'éclairage à l'entreprise, il faudrait ajouter à la dépense annuelle un bénéfice raisonnable de 30 pour 100, ce qui porterait le total de la dépense à 21 000 francs.

Ce n'est pas une expérience que la ville tenterait : l'éclairage par l'huile de schiste est adopté aujourd'hui par un grand nombre de villes et communes en France, dont les conditions locales ou les ressources font exclure l'emploi du gaz ; elles se trouvent fort bien de ce mode, et ont abandonné pour toujours l'emploi des fanaux à l'huile. Nous pouvons citer parmi ces villes, celles de Donzy, d'Épinay, de Richelieu, de Bourbon-l'Archambault, de Montmorency, Pierre-Fitte, Beaufort, Lanois, Barcelonnette, etc.

Nous avons établi nos calculs sur l'hypothèse que la ville voulût se contenter du nombre de réverbères qu'elle possède aujourd'hui. Sont-ils en nombre suffisant ? Tous les habitants de Saint-Denis répondront par la négative. Les réverbères sont établis, en général, à la distance de 100 mètres environ l'un de l'autre. Cette distance est un peu trop considérable. Dans les villes de France les réverbères ne sont guère éloignés l'un de l'autre que de 40 à 50 mètres. En augmentant la subvention annuelle de quelques milliers de francs, par exemple en la laissant subsister à la somme de 25 000 fr. qui serait nécessaire dans la première année pour établir le nouveau système, ou de 30 000 francs suivant que la ville aurait ou non recours à la voie de l'entreprise, l'on pourrait graduellement intercaler de nouveaux réverbères entre ceux qui existent aujourd'hui, de manière à doubler complétement leur nombre en peu d'années, au moins dans les principales rues, celles où la circulation est la plus fréquente pendant la nuit.

La dépense d'installation pour chaque nouveau fanal, avec une colonne en fonte et l'appareil à réflection parabolique serait de 150 fr. L'on arriverait à doubler rapidement le nombre actuel des réverbères, puisqu'il ne faudrait pour cela qu'une somme de 15 000 fr. environ. Une subvention continuelle de 30 000 fr. environ suffirait à alimenter et entretenir les 200 réverbères, puisque les dépenses ne croissent pas en proportion du nombre de becs à établir.

Pour les villes de France, MM. Guillemot et Heu ont adopté un moyen ingénieux de contrat. Moyennant une subvention de 8 à 10 centimes, suivant l'importance du marché, par heure d'éclairage et par fanal, ils se chargent de l'installation et de l'entretien des appareils, de l'alimentation de l'éclairage, de tout le service, en un mot, pendant l'espace de dix ans. A l'expiration de ce temps, tout le matériel appartient aux communes, auxquelles la Société le remet en bon état de fonctionnement. La Société Guillemot et Heu, traiterait, j'en ai la conviction, sur des bases analogues avec la ville de Saint-Denis et les autres principales villes de la colonie, si elle trouvait sur les lieux des industriels qui consentissent à être leurs représentants, et qui offriraient des garanties d'intelligence et de solvabilité. La Société enverrait de Paris tout le matériel nécessaire ; en quelques jours le système nouveau fonctionnerait.

Qu'un industriel acceptât la commission de la Société parisienne à conditions débattues, ou entreprît l'éclairage, à ses risques et périls, toujours est-il qu'il y aurait succès et économie pour la ville, et bénéfice certain pour l'entrepreneur.

L'usage de l'huile de schiste n'est pas seulement utile et économique dans l'éclairage public, il s'adapte bien mieux encore aux petites consommations des particuliers, dans les usines et même dans le ménage. Il existe dans le commerce de jolies lampes à suspension en cuivre, à branches torses, du prix de 25 à 50 fr., qui, placées sous les varangues de nos maisons de ville, y répandraient, moyennant une dépense de 5 à 6 centimes par heure, une lumière dont l'intensité laisse bien loin en arrière celle que donne à grands frais l'éclairage actuel par l'huile de coco. Ces lampes n'exigent aucun entretien, aucun renouvellement d'huile ni de mèche pendant une durée de 12 à 15 heures ; elles offrent

même une ingénieuse combinaison, au moyen de laquelle
elles s'éteignent seules à l'heure pour laquelle on les a installées, quoique pourvues encore pour une plus longue durée
d'éclairage. Cette disposition offrirait un grand avantage à
l'éclairage des varangues : on n'aurait plus à compter sur la
diligence douteuse des domestiques, pour l'extinction des
feux à une heure fixe de la soirée.

Le bec de cette lampe offre une disposition particulière : la
mèche est ronde et se règle au moyen d'une vis ; elle dépasse
à peine le tuyau de cuivre qui la renferme.

A quelques millimètres de la mèche, se trouve, fixé à demeure, un disque plein en cuivre, en forme de champignon,
qui force la flamme à s'étaler horizontalement ; l'éclat de la
lumière devient ainsi plus intense par une plus grande affluence de l'air, et si la mèche est bien réglée, ce que l'habitude apprend bien vite à faire, il ne se dégage aucune trace
de fumée.

L'entrepreneur de la ville pourrait associer aussi à son exploitation principale la vente des lampes particulières et de
l'huile de schiste pour les particuliers, ce qui augmenterait
d'autant les bénéfices sur lesquels il devrait compter dans
son contrat avec la ville.

Les villes si importantes de la Réunion, Saint-Paul, Saint-
Pierre, ne sont encore dotées d'aucun éclairage public ; elles
pourraient par ce système éclairer d'une manière fort économique leurs rues principales et leurs édifices publics ; la Société parisienne traiterait sous des conditions d'autant meilleures pour la colonie, que le nombre des villes à éclairer
serait plus considérable.

Dix réverbères dans chacune de ces villes rendraient de
grands services au public et ne constitueraient qu'une minime
dépense au budget municipal.

Ces 10 réverbères brûlant 10 heures par nuit et 20 nuits
par mois, donneraient un total de 24 000 heures d'éclairage
par année, lesquelles, à 9 centimes l'heure, ne constitueraient
qu'une dépense annuelle de 2 160 fr.; et après 10 ans, le capital du matériel, en bon état de service, appartiendrait aux
villes qui pourraient le faire marcher par elles-mêmes au
prix de 5 centimes l'heure pour chaque réverbère, comme
nous l'avons vu.

Pour l'éclairage des particuliers dans les usines, sous les
varangues, voici l'évaluation de la dépense :

L'huile de schiste coûte à Paris 1 fr. le litre au détail ; son prix ne sera pas augmenté de beaucoup à la Réunion, car la Société parisienne le vend en gros au prix de 75 fr. l'hecto-litre, ou soit la tonne de 1000 litres à.......... 750 f. »» c.

Futage..............................	50	»»
Transport de Paris au Havre et à la Réunion.	60	»»
Débarquement à la Réunion...............	7	50
Assurance, coulage, menus frais..........	132	50
Total pour la valeur d'une tonne......	1 000 f.	»» c.

Ainsi avec toutes les prévisions de frais de transport, d'assurance, coulage, etc., l'huile de schiste pourrait être rendue à la Réunion au prix de 1 fr. le litre, et pourrait être détaillée aux consommateurs au prix de 1 fr. 25 à 1 fr. 50 le litre. Or, comme un litre d'huile suffit à l'alimentation d'un bec de 14 lignes pendant vingt heures, fournissant un éclairage d'une intensité de plus de deux lampes Carcel, il en résulterait que les consommateurs auraient une brillante lumière pour la valeur de 6 à 7 centimes et demi par heure.

La ville de Saint-Denis pourrait faire un essai immédiat de ce système d'éclairage. Un hectolitre d'huile minérale et deux ou trois lampes spéciales suffiraient pour cette expérience, et avec une somme de deux ou trois cents francs au plus, l'on pourrait avant peu comparer, sur les fanaux actuels, les avantages du nouveau système, tant sous le rapport de l'intensité que sous le rapport de l'économie de l'éclairage.

2° Éclairage au gaz portatif.

Il y a quelques années à peine, le rédacteur du feuilleton scientifique d'un journal de Paris, M. le docteur L. Figuier, passant en revue les divers procédés d'éclairage, disait du gaz portatif : « Dans les premiers temps de l'emploi du gaz, on redoutait beaucoup les frais considérables qu'entraîne la canalisation ; on eut donc l'idée de réduire le gaz à un petit volume en le comprimant à une pression considérable dans des réservoirs susceptibles d'être transportés ; mais les désavantages de ce système ne tardèrent pas à se manifester.... Les établissements fondés à Paris pour l'exploitation du gaz comprimé ont depuis longtemps cessé leurs opérations. » Le professeur Dumas, ancien ministre des travaux publics et de l'agriculture, traitait ce procédé d'une manière plus sévère encore. « L'économie de ce système, disait-il, revient à peu près à celle qu'on pourrait attendre, en remplaçant, par des porteurs d'eau, les tuyaux de conduite que l'on établit à grands frais dans toutes les rues. »

Ces jugements portés sur l'industrie dont nous allons nous occuper pouvaient être motivés alors par l'état où elle était réduite ; aujourd'hui, les choses ont bien changé de face, et notre opinion, au sujet du gaz portatif, doit aussi se modifier. Les difficultés, qui surgissaient insurmontables, ont été vaincues ou contournées, et l'établissement du gaz portatif, qui n'existait plus en effet qu'à l'état nominal, il y a quelques années, peut aujourd'hui, grâces à l'habile direction d'un ingénieur expérimenté, et à l'application d'un outillage de son invention, non-seulement continuer sa fabrication, mais même jouir d'un état de prospérité progressive, et cela, au sein même de Paris, à côté de la redoutable concurrence du gaz courant de la houille. Pour arriver à un tel résultat, il a fallu à M. Hugon, directeur de cet établissement, le concours de circonstances heureuses, il est vrai, mais aussi un talent admirable pour savoir en tirer parti.

Le système de la compression a commencé d'abord ses essais sur le gaz extrait de la houille et celui de l'huile ; le premier d'un pouvoir éclairant assez faible sous un volume donné, le second d'un pouvoir éclairant plus du double, mais aussi d'un prix fort élevé. L'on a renoncé à tous ces gaz de nature inférieure qui motivaient à juste raison la condamnation de M. Dumas, et aujourd'hui l'on ne traite dans l'usine de Charonne que du gaz d'un pouvoir éclairant quadruple de celui de la houille ; et comme l'on comprime ce gaz sans danger et sans inconvénients jusqu'à douze atmosphères, dans des réservoirs appropriés, on peut ainsi transporter quarante-huit fois plus de lumière, en quelque sorte, qu'avec le gaz de la houille, sous un même volume. En outre, un régulateur d'un petit volume et d'une extrême simplicité, qui peut s'adapter sur les cylindres renfermant le gaz comprimé, permet un écoulement régulier du gaz sous une pression donnée, depuis le premier instant de l'éclairage jusqu'à sa terminaison, ce qui a permis de renoncer définitivement à l'emploi encombrant de gazomètres particuliers chez les consommateurs. Ainsi, le système de l'éclairage par le gaz comprimé est devenu praticable, grâce aux améliorations introduites dans cette industrie; et peut-être ressortira-t-il de nos calculs, que ce système pourrait être appliqué utilement et avec économie à l'île de la Réunion et dans toutes les villes opulentes des colonies, comme celle de Saint-Denis, dont les maisons, réparties sur un trop grand espace de terrain, rendent les frais de la canalisation trop considérables pour le petit nombre de becs à alimenter.

Nous n'entrerons pas dans de longs détails sur l'historique de cette industrie et des difficultés qui surgissaient pour l'établissement régulier du système que nous allons étudier. Depuis longtemps, Arago et Dulong avaient, il est vrai, résolu le problème de la compression des gaz, et indiqué les conditions à remplir dans l'industrie pour éviter tous les dangers résultant de la compression; mais la solution du problème industriel n'en était pas moins à chercher. Il fallait d'abord fabriquer des récipients d'une résistance telle qu'ils pussent contenir le gaz sous une énorme pression; il fallait en outre que le poids de ces récipients ne fût pas trop considérable pour que l'on pût les transporter sans trop de difficultés; il fallait enfin donner une issue au gaz, mais trouver aussi un système qui régularisât cette issue pour que, dans un même bec, l'écoulement ne fût pas plus rapide au commencement de l'éclairage, sous l'énorme pression que le cylindre supporte, que vers la fin de l'opération, alors que la pression se rapproche de celle de l'atmosphère.

Plusieurs essais avaient été faits sans succès dans ce sens, lorsque Houzeau-Muiron parut arriver au même but par une méthode tout opposée. Ce chimiste préparait un gaz économique, quoique plus riche de lumière que le gaz de la houille, au moyen des corps gras retirés des eaux savonneuses, du nettoyage des laines, saturées par l'acide sulfurique; ce gaz était enfermé dans de grandes outres en toile imperméable, de vingt-cinq mètres cubes de capacité, que l'on transportait sur des voitures appropriées, et que l'on déversait ensuite au moyen de tubes flexibles dans des gazomètres particuliers établis chez les consommateurs.

Ce système entraînait l'embarras d'énormes voitures fort gênantes pour la circulation, l'embarras plus grand encore pour le consommateur d'avoir un gazomètre particulier à domicile, ce qui prend beaucoup de place, nécessite une grande quantité d'eau qu'il faut renouveler de temps en temps, sous peine de la voir se corrompre et exhaler une odeur fort désagréable; ce système n'eut pas une longue durée; on en revint à l'idée première de la compression, et le problème fut enfin résolu par l'heureuse découverte d'une matière minérale, d'un schiste bitumineux, le *bog-head* d'Écosse, qui fournit économiquement un gaz d'une richesse jusqu'alors inconnue, et par l'emploi de nouveaux régulateurs qui ne laissent guère à désirer aujourd'hui pour la régularité de leur fonctionnement.

Le bog-head, comme nous l'avons déjà dit à l'article de l'huile de schiste, est un minérai ressemblant à l'ardoise par sa couleur grise, sa texture feuilletée; il est compacté, se brise difficilement par le transport, et n'est pas sujet, comme la houille, au déchet par débris; il a de plus sur elle l'avantage de ne jamais occasionner d'incendie par le développement spontané des gaz inflammables, dans le transport à bord des navires. Ce schiste a été exploité d'abord dans le bassin houiller de la Loire, aux environs d'Autun, où l'on s'en servait depuis longtemps comme combustible économique; mais on l'a rencontré depuis en quantités plus considérables et de meilleure qualité en Écosse; ce n'est même que de ce pays que l'on extrait aujourd'hui presque tout le bog-head employé dans l'industrie de l'éclairage, tant pour la préparation de l'huile de schiste, que pour celle du gaz comprimé ou du gaz ordinaire dans laquelle on le fait entrer, lorsque, par des circonstances exceptionnelles, l'on est obligé d'en produire de plus éclairant sous le même volume, ou de plus grandes quantités dans le même espace de temps. Ce minerai renferme plus des deux tiers de son poids de matières bitumineuses; le tiers restant se compose de *silicate d'alumine* et de quelques minimes quantités de *chaux*, de *magnésie* et de *sulfure de fer*. Nous avons déjà vu que par la distillation lente, il produit une huile légère très-inflammable, que l'on emploie pour l'éclairage dans des lampes portatives; si au lieu de soumettre le minerai à l'action d'une faible température, on le traite immédiatement par une chaleur rouge cerise, il se produit du gaz en quantité un peu supérieure à celui de la houille, mais d'un pouvoir éclairant quatre fois plus considérable, et cela dans un espace de temps trois fois moindre. Cette différence dans le pouvoir éclairant provient surtout de la grande quantité d'*hydrogène bicarboné* qui entre dans la composition, 20 à 25 pour 100, tandis qu'elle n'est guère que de 10 en moyenne dans le gaz de la

houille, et en partie aussi de la dissolution de *carbures hydri-*
ques volatiles dont le gaz est saturé.

Nous pouvons entrer maintenant dans quelques détails fort
succincts sur la marche d'une usine qui serait calquée sur le
modèle de celle qui fonctionne à Charonne ; nous en dédui-
rons ensuite les frais d'installation et ceux de la marche courante. Nous serions ingrats si nous ne témoignions pas ici
toute notre reconnaissance au directeur et aux employés de
ce bel établissement, pour leurs bons procédés à notre égard.
M. Hugon a bien voulu nous donner de vive voix et par écrit
tous les détails que nous lui avons demandés, et ses employés
ont mis une rare complaisance à nous montrer tous les se-
crets de leur industrie, et à nous faire assister à toutes les
phases des opérations.

Le bog-head venu d'Écosse vaut, en moyenne, 75 francs la
tonne de 1000 kilos, pris sur le quai du Havre ; arrivé dans
l'usine en grosses plaques d'un poids considérable, il est dé-
bité, au moyen d'une hachette, en menus fragments du poids
de 50 grammes environ, pour que la décomposition s'opère
plus vite sous ce petit volume. C'est dans cet état qu'il est en-
fourné dans les appareils à décomposition.

Ces appareils se composent d'un four analogue à celui
qui est employé à la distillation de la houille ; les cornues
en diffèrent sensiblement ; elles sont plus courtes, aplaties,
plus larges et divisées à l'intérieur en deux compartiments
par une cloison longitudinale. Cette disposition a pour but
de soumettre toute la charge de bog-head à la température la
plus élevée, dans le moins de temps possible, afin d'éviter
la production de l'huile que le minerai donnerait à une
température inférieure. La charge de bog-head est du reste
peu considérable. Elle est de 6 kilos par compartiment de
cornue ou de 12 kilos par chaque cornue ; on l'enfourne
d'un seul coup au moyen d'une pelle d'une disposition convenable.

Les cornues en terre n'ont guère que six centimètres d'é-
paisseur dans leurs parois, excepté pourtant près de la tête
où l'épaisseur est augmentée jusqu'à dix centimètres, pour
pouvoir y percer des ouvertures destinées à loger les boulons
de la tête. Cette dernière est en fonte, à parois minces ; elle
porte l'ajustage pour donner issue aux gaz, en même temps
que l'ouverture pour opérer le chargement et le déchargement. Cette ouverture est close au moyen d'un obturateur en

fonte tournant sur des gonds, et que l'on serre au moyen d'une vis dans un étrier.

En résumé, les opérations de distillation ne diffèrent pas sensiblement de celles qui ont pour but l'extraction du gaz de la houille. Les cornues en terre au nombre de trois, cinq ou sept dans un four sont chauffées par un foyer unique. Un four à trois cornues suffirait largement aux besoins d'une usine destinée à fournir le gaz pour l'éclairage de la ville de Saint-Denis, comme nous le verrons bientôt. Les cornues sont chauffées au rouge cerise au moyen de la houille ou du coke; on les charge alors de bog-head aussi rapidement que peuvent le faire des ouvriers exercés; on ferme de même l'obturateur, et la distillation commence immédiatement; elle est rapidement terminée, une demi-heure suffit pour cela. Les gaz et les carbures volatilisés par la chaleur se rendent dans un barillet, traversent un réfrigérant à eau, et la substance gazeuse vient enfin se dépouiller de la petite quantité d'hydrogène sulfuré, fourni par le sulfure de fer, dans un épurateur approprié. En raison de la pureté relative du gaz du bog-head, ce dépurateur consomme de minimes quantités de chaux hydratée; probablement même que dans une petite usine, comme celle qui serait nécessaire aux besoins de Saint-Denis de la Réunion, conviendrait-il d'employer le système dépurateur de M. Mallet, au moyen du sulfate de fer. Ce procédé donne du gaz complétement purifié et ne coûterait pas plus cher dans la colonie, où la chaux, comme on le sait, est à un prix fort élevé.

Après trente minutes de chauffe, comme nous l'avons dit, la distillation est achevée; on fait avancer une brouette de tôle sous la tête de la cornue que l'on ouvre, et avec un ringard on décharge la cornue d'un seul coup. L'on retire une matière incandescente, sans aucune trace de fusion, qui peut servir à divers usages; à Paris, l'on accumule cette matière en tas, afin que la combustion enlève jusqu'aux dernières traces de charbon, et il reste une substance blanche comme la craie, feuilletée comme l'ardoise délitée, qui se pulvérise facilement, même sous les doigts, et qui est fort recherchée par les fondeurs pour la construction de leurs moules. Mais si, au lieu de laisser brûler les dernières traces de charbon, on éteint cette substance dans des étouffoirs en tôle, avec quelques petites quantités d'eau, elle se présente alors en masse noire facile à réduire en poudre; cette masse n'est que du

charbon excessivement divisé par les molécules minérales
de silicate de chaux. Ce charbon, en raison de cette division
extrême, possède au plus haut point la propriété d'absorber
les gaz, et peut ainsi servir fort utilement à désinfecter les
résidus d'origine animale, dont il absorbe les gaz ammoniacaux, les convertissant ainsi en engrais d'une grande valeur.
Cette matière recevrait, comme on le voit, une utile application à la Réunion dans la confection des poudrettes avec les
vidanges.

Le gaz purifié se rend dans un gazomètre en tôle d'une
capacité très-faible relativement à celle des gazomètres nécessaires pour le gaz de la houille, et cela se comprend facilement; ce récipient ne sert point ici à l'emmagasinement
du gaz, car à mesure que le gaz est produit, on le retire du
gazomètre pour l'enfermer dans des appareils comprimés.

Dans ce but, deux corps de pompe établis solidement dans
un massif de maçonnerie, et dont les pistons sont mis en
mouvement par une petite machine à vapeur de la force de
trois à quatre chevaux, puisent constamment le gaz dans le
gazomètre au moyen de conduits en plomb et le refoulent
ensuite dans des cylindres mobiles.

Ces cylindres, d'un diamètre de 70 centimètres et de 3 mètres 40 centimètres de longueur, sont construits en tôle d'une
épaisseur de 7 millimètres. Ils portent un manomètre qui
donne constamment la mesure de la tension du gaz en atmosphères; on les dispose au nombre de quatre sur une même
voiture. Ces quatre cylindres peuvent communiquer ensemble
ou être isolés, à volonté, au moyen de robinets; on peut donc
les charger d'une seule fois et les vider isolément. On comprime le gaz jusqu'à la pression de douze atmosphères, laquelle se réduit à onze lorsque le gaz, échauffé par la compression et le frottement dans le jeu des pompes, a repris la
température normale ambiante.

Un système de sonnette à détente avertirait l'atelier que le
gazomètre est sur le point d'être épuisé, si les ouvriers ne
surveillaient attentivement l'opération. Du reste, dans la pratique, le nombre de coups de piston nécessaires pour remplir une voiture de cylindres, et le temps employé à cette opération sont assez bien calculés pour qu'une surveillance de
chaque instant ne soit pas strictement nécessaire; il suffit
que l'ouvrier chargé de ce soin arrive à peu près au moment
nécessaire pour exercer sa surveillance dans les derniers in-

stants. On ferme alors les robinets, on dévisse les conduc-
teurs en plomb qui amènent le gaz dans un jeu de cylindres,
pour les visser sur un autre, et la voiture est chargée.

La distribution chez le consommateur se fait avec la plus
grande facilité. Dans ce but, la voiture attelée d'une mule
parcourt la ville et, s'arrêtant à la porte de chaque consommateur, déverse le gaz dans un autre cylindre à demeure.

Ce dernier cylindre est construit de la même manière que
les cylindres pourvoyeurs de la voiture. On le place dans un
lieu retiré de la maison; il est habituellement placé debout,
sans que cette position soit strictement nécessaire, suivant
les commodités de chaque localité. Au moyen d'un long et
solide tube de caoutchouc vulcanisé, terminé aux deux extrémités par les robinets de chaque cylindre, on met en
communication le cylindre du consommateur avec l'un des
cylindres de la voiture; en ce moment l'on a isolé chacun
des cylindres de la voiture par les robinets particuliers. Le
manomètre de la voiture donne la tension du gaz dans le
cylindre portatif; comme chaque cylindre fixé chez les particuliers est lui-même muni d'un manomètre, on a la tension
du cylindre du consommateur; en mettant les deux cylindres en communication avec le tube de caoutchouc, en ouvrant les deux robinets, l'équilibre s'établit immédiatement
entre les deux capacités. L'écoulement est d'abord rapide, il
se ralentit ensuite; l'opération est achevée en quelques minutes.

Je suppose que le cylindre fixe soit en équilibre de pression avec l'atmosphère, qu'il ait donné par conséquent à l'é-
clairage tout son gaz utile, et que le cylindre de la voiture soit
à douze atmosphères, si les capacités sont égales, le gaz se
partagera entre les deux et la pression descendra à six atmosphères chez l'un et chez l'autre. Le cylindre du consommateur sera chargé au point convenable pour la durée de l'éclairage, comme nous le verrons bientôt, et le cylindre de la
voiture sera déchargé de la moitié de son gaz.

La voiture continue sa route; arrivée à la porte d'un
deuxième client, le cylindre fixe marquera deux pressions
atmosphériques, je suppose, parce que le consommateur
n'aura pas dépensé tout son gaz; mais le premier cylindre
de la voiture, qui a déjà donné du gaz chez un premier
client, marque encore six atmosphères; cette pression est
donc suffisante pour expulser encore du gaz. En établissant

la communication par le tube de caoutchouc, les pressions s'équilibrent entre les deux cylindres; celui du client augmente d'autant que diminue celui de la voiture, et le manomètre marquera bientôt quatre atmosphères chez les deux; on achèvera de remplir à la pression voulue au moyen de l'un des cylindres intacts de la voiture. Par cet artifice, les voitures qui, par l'égalité de pression, devraient retourner à l'usine chargées à six atmosphères, comme le sont les cylindres des clients, finissent par arriver presque complétement déchargées, c'est-à-dire à une pression fort peu supérieure à celle de l'atmosphère. Ce service exige quelque intelligence de la part du conducteur de la voiture ; mais l'habitude donnerait facilement la pratique de ces opérations à nos engagés indiens, que l'on chargerait bientôt du rôle de voiturier.

Le cylindre du client communique avec un ou plusieurs becs d'éclairage, sans que la multiplicité des becs doive influer sur la rapidité de l'écoulement sur l'un d'eux, et sans que la lumière change d'intensité, à quelque moment de l'éclairage que ce soit. C'était là un obstacle qui a arrêté longtemps la propagation du système du gaz portatif; ce problème est aujourd'hui résolu complétement et de la manière la plus heureuse au moyen d'un régulateur à eau d'un système particulier. C'est un tout petit gazomètre de la capacité de quelques litres seulement, que l'on charge au poids voulu pour la longueur du jet de flamme que l'on désire; ce gazomètre fait monter ou descendre un obturateur conique qui ferme l'orifice du conduit du gaz, en rétrécissant d'autant plus cet orifice que la pression est plus forte, et *vice versa*, de manière que la pression ne varie jamais. Ainsi dans un appareil à douze becs établi sur un même chandelier, à l'usine de Charonne, j'ai pu faire éteindre ou allumer, à mon gré, un nombre quelconque de becs, sans que la longueur du jet de ceux restant allumés variât en rien ; cependant la consommation du gaz était rapidement, par le jeu des robinets des becs, portée de un à douze volumes dans le même espace de temps, et à tous les volumes intermédiaires. Cette heureuse combinaison, de l'invention de M. Hugon, est à elle seule pour la moitié dans la réussite de ce système d'éclairage. Le client peut donc, à son gré, user de son cylindre pour un plus ou moins grand nombre de becs, jusqu'à ce que la pression intérieure ne dépasse pas sensiblement celle de l'atmosphère.

L'on comprend facilement que la capacité des cylindres du

consommateur doit dépendre de la quantité de gaz qu'il consomme ; pour un grand nombre de becs, il convient de ne pas
augmenter la capacité des cylindres hors de certaines proportions, mais plutôt d'en augmenter le nombre ; on les dispose à côté l'un de l'autre, en les faisant communiquer ensemble, comme une batterie.

Dans ce système, l'on emploie aussi les compteurs pour
mesurer le gaz consommé chez le client, comme dans le système du gaz de la houille.

Il existe à Paris un grand établissement public qui est
éclairé par 1800 becs de gaz alimentés par le système du
gaz comprimé. Ce système, sous le rapport de la beauté
de l'éclairage et de la pureté du gaz, est en effet supérieur à
celui du gaz de la houille, dont l'emploi, dans les appartements de luxe, ne laisse pas que d'avoir de grands inconvénients pour les dorures et les ornements en métaux, qu'il ne
tarde pas à ternir.

Ce système perfectionné a eu de nombreuses applications :
une vaste usine s'est montée à Moscou avec les appareils
fabriqués dans l'usine même de Charonne ; d'autres, sous
une échelle plus restreinte, ont été installées à Gênes, à Bar-
celone, à Namur. A New-York, une compagnie s'est formée
pour l'éclairage des wagons mêmes des chemins de fer. Mais
les Américains ont plus de hardiesse dans leurs entreprises ;
ils compriment le gaz à la pression de vingt atmosphères
dans des cylindres de petite dimension qui ne renferment
que 2 mètres et demi de gaz à la pression ordinaire, et qui
peuvent ainsi donner un éclairage de 1250 heures pour un
bec. Ces cylindres sont munis du régulateur dont nous avons
donné le principe. Les gares même des chemins de fer sont
éclairées par ce système, et les cylindres particuliers sont
chargés au moyen d'une batterie de cylindres, dans lesquels
une forte machine à vapeur a comprimé le gaz à la pression
de 31 kilos par centimètre carré du cylindre. Ce fait n'est pas
sans intérêt à connaître, car il est en opposition pratique,
dans le système du gaz du bog-head, avec celui du gaz de la
houille. Dans ce dernier gaz, en effet, la compression enlève
au gaz une grande partie du pouvoir éclairant, en faisant
déposer à l'état liquide les carbures hydriques qui étaient
en dissolution dans le gaz ; dans le gaz extrait du bog-head,
le pouvoir éclairant provenant surtout de sa nature même et de
la grande quantité d'hydrogène bicarboné qu'il renferme, cet

inconvénient n'a pas lieu au même degré. A New-York, la compagnie du gaz comprimé fournit des cylindres de ménage aux habitants des campagnes, qui peuvent s'en éclairer pendant plus d'une semaine sans diminution de clarté, et M. Hugon lui-même a pu expédier à Saint-Pétersbourg un nombre considérable de cylindres tout chargés pour une illumination dans une fête nationale. Cette illumination a produit l'effet souhaité, quoique le gaz se trouvât dans les plus fâcheuses conditions. En effet, il ne put arriver à destination qu'après plus de trois mois, à cause des difficultés élevées par la douane sur cette étrange importation que les règlements administratifs n'avaient pas prévue, et pendant tout ce temps il fut exposé à des abaissements de température qui facilitent beaucoup la condensation des carbures hydriques en suspension.

Avant d'entrer dans l'évaluation des dépenses à faire pour l'établissement d'une usine, dans les conditions utiles pour l'éclairage de la ville de Saint-Denis, à la Réunion, il ne sera pas sans intérêt de connaître l'intensité de la lumière du gaz portatif. Nous n'aurons, pour cela, qu'à consulter les expériences officielles faites par M. Payen au Conservatoire des arts et métiers.

Pour une heure d'éclairage, ou a employé :

100 litres de gaz de houille ordinaire ;

25 litres de gaz de bog-head mesurés sous la pression ordinaire.

Pour ces deux quantités comparatives de gaz, l'éclairage était égal à l'intensité lumineuse d'une lampe carcel brûlant 42 grammes d'huile de colza épurée, pendant le même temps.

Quant au prix de revient, les expériences du Conservatoire impérial des arts et métiers ne nous donneraient pas des conclusions rigoureuses, car il est bien évident que nous ne pourrions, à la Réunion, produire le gaz comprimé au même prix qu'à Paris, puisque nous aurions des frais de transport, d'administration et autres, bien différents de ceux de l'usine Hugon. Quoi qu'il en soit, les données de M. Payen pourront déjà nous faire connaître la valeur comparative du prix d'une lumière égale fournie par les deux gaz. La dépense. par le gaz de la houille à Paris étant égale à 6, celle du gaz du bog-head est de 5 ; il y a donc en général économie d'un sixième, pour des intensités égales de lumière, avec les deux sortes de gaz, à Paris ; à la Réunion, la différence serait plus forte dans les conditions où nous nous trouvons, comme nous le verrons à la fin de l'étude sur l'éclairage.

Pour établir les bases d'un devis des dépenses nécessaires à la création d'une usine à la Réunion, il nous faut d'abord connaître le nombre de lanternes à éclairer et la durée de leur fonctionnement. La comparaison entre les divers systèmes d'éclairage que nous étudions sera rendue plus facile en admettant, pour l'application de chacun d'eux, le même nombre de becs. Nous admettrons donc encore, pour la ville de Saint-Denis, le nombre minimum de 100 becs, pour remplacer les 100 fanaux à réverbère qui y existent actuellement, et celui de 50 becs pour éclairer les monuments publics, l'hôtel du gouvernement, le lycée, la caserne, l'hôpital et les hôtels des chefs d'administration ; car il est probable que le gouvernement local voudrait faire participer ces édifices du progrès de l'éclairage public.

Pour le service des rues de la ville, en défalquant le nombre des nuits éclairées par la lune, il reste 20 nuits par mois à dix heures de durée, ou soit 240 000 heures d'éclairage pendant l'année pour les 100 becs, comme nous l'avons vu pour l'application du système de l'huile de schiste.

Pour l'éclairage des édifices du gouvernement, le service devant être constant pendant toutes les nuits de l'année, nous aurons pour toute cette durée une somme de 182 500 heures qui, ajoutées aux 240 000 précédentes, donnent un total de 425 000 heures, en chiffres ronds.

Nous admettrons, pour la consommation du gaz, la quantité moyenne de 40 litres à l'heure par bec, ce qui correspond à l'intensité lumineuse de 10 bougies stéariques de 10 au kilog., ou soit à celle d'une lampe et tiers Carcel. Cette quantité représente une consommation totale de 17 000 mètres cubes de gaz pour l'année.

Un kilogramme de schiste bitumineux d'Écosse donne 300 litres de gaz d'une densité égale à 0,8. Il nous faudra donc, pour les 17 000 mètres cubes de gaz, une quantité de 57 tonnes de 1000 kilos de bog-head pour la provision d'une année. La tonne de bog-head vaut au Havre 75 francs, nous la coterons à ce prix, quoiqu'il nous fût possible de l'obtenir à meilleur compte en la tirant directement du lieu de production. En la surchargeant de la valeur de 50 francs pour le fret du Havre à la Réunion, les frais de débarquement et d'assurance, nous l'aurions, rendue à l'usine, au prix de 125 francs la tonne, ou soit à la somme totale de 7125 francs pour les 57 tonnes nécessaires au service de l'année.

Dans une grande usine où la fabrication est courante et non interrompue, l'on ne consomme guère en frais de combustible, pour décomposer le bog-head, que le tiers de son poids de houille; mais dans une petite usine, où les interruptions quotidiennes nécessitent des frais de chauffage inutiles, il faudra compter sur une consommation plus considérable; nous la porterons à plus de la moitié du poids du schiste ou soit à 30 tonnes de houille, qui, au prix de 80 fr. la tonne rendue à l'usine, feront un total de 2400 francs. Nous pourrions probablement réaliser quelque économie sur le combustible, en nous servant du coke, si ce résidu des fabriques de gaz était désormais importé en quantités notables à la Réunion, pour les diverses industries qui pourraient s'y monter.

Voici maintenant l'installation des appareils éclairants et de l'usine.

Nous avons dit qu'il nous faudrait 100 lanternes pour l'éclairage des rues. Celles qui existent actuellement seraient désormais sans aucun emploi dans ce système; celles qui seraient destinées à les remplacer sont analogues à celles qui servent pour le gaz de la houille; elles en différeraient cependant en ce que la base de la colonne serait un peu plus grosse, pour pouvoir loger dans sa capacité un petit cylindre contenant le gaz comprimé à la pression de 6 à 8 atmosphères. Cette base serait en outre munie d'une petite porte pour le service du robinet d'introduction, et pour surveiller, tous les jours, le fonctionnement du régulateur et son approvisionnement d'eau. Sur le cylindre serait placé ce petit régulateur à eau, servant à transmettre le gaz au bec, sous une pression constante de 10 à 20 millimètres. La capacité de ce cylindre serait au plus de 80 à 100 litres, puisqu'il ne devrait contenir que 500 litres environ de gaz comprimé, pour un éclairage de 10 heures. Les cylindres seraient introduits dans la base de la colonne par la partie inférieure, avant la pose de celle-ci, et les colonnes seraient ensuite vissées sur une pierre de taille enfouie dans le sol.

La valeur du cylindre, du régulateur, du robinet, de la colonne en fonte munie de sa lanterne et de son bec de gaz, et enfin de la pierre de taille qui sert de support, peut être évaluée à la somme de 500 francs pour chaque lanterne mise en place; c'est donc, pour les 100 lanternes publiques, une dépense de 50 000 francs.

Il faut aussi prévoir la dépense pour les appareils de grande capacité destinés à l'éclairage de l'hôpital militaire, du lycée, de la caserne, des hôtels des fonctionnaires supérieurs, etc.

Pour chacun de ces appareils, la dépense serait de 1000 à 1200 francs, sans y comprendre la pose et les conduits particuliers, dont la valeur s'élèverait suivant le nombre de becs à placer, la longueur et le nombre des conduits de distribution.

Ces dépenses seraient évidemment à la charge de la ville et du gouvernement local, comme le seraient à celle des particuliers les frais d'appareils placés au domicile des clients. L'usine ne devrait avoir à sa charge que la fabrication du gaz, son transport au domicile des consommateurs et l'entretien des appareils particuliers, par abonnement.

Pour l'usine, il nous faut d'abord un emplacement convenable. Un millier de mètres de superficie dans les hauts de la ville, à la rivière ou au quartier du Butor, où l'acquisition du terrain se ferait dans de bonnes conditions, suffirait à notre établissement, pourvu que le terrain fût muni d'une prise d'eau ou d'un puits. Nous porterons l'achat de ce terrain à la somme exagérée de. . . . . 4 000 fr.

Un bâtiment couvert de 64 mètres de superficie pour l'usine elle-même (évaluation à vérifier) 25 000

Construction de deux fours à trois cornues chacun, en birques réfractaires, dont un de prévision 6 000

Réfrigérants, épurateurs, gazomètres 16 000

Cette dernière évaluation pourrait peut-être paraître bien faible si on la comparait à celle nécessaire dans l'industrie du gaz de la houille ; mais on saisira parfaitement la différence de prix, en examinant la simplicité des appareils de l'industrie dont nous nous occupons : le gaz du bog-head entraîne du goudron et des huiles empyreumatiques dans sa distillation ; ces matières se déposent en grande partie dans le barillet et le réfrigérant, le réfrigérant condense les huiles qui échappent au barillet, mais il se dégage fort peu d'ammoniaque, et quelques traces à peine d'hydrogène sulfuré que quelques claies de chaux vive arrêtent dans l'épurateur. Le gazomètre lui-même n'est pas destiné à renfermer la provision de gaz ; il n'a d'autre usage que celui de récipient

A reporter. . . . . 51 000 fr.

Report. . . . . 51 000 fr.

provisoire; il est vidé à mesure qu'il se remplit. Aussi son volume est-il très-restreint, et, dans l'usine dont nous traçons le devis, usine qui n'aurait à produire que 60 mètres cubes environ de gaz par jour, un gazomètre de 5 à 6 mètres cubes de capacité suffirait largement au service; aussi ne serait-il pas nécessaire d'en construire la cuve en maçonnerie : une cuve en bois, une cloche en tôle mince rempliraient parfaitement les usages qu'on leur demanderait.

Une pompe double, transmission de mouvement, courroie, mise en place . . . . 10 000 fr.

1 machine à vapeur locomobile de 3 chevaux, système ordinaire ou système Lenoir, ce qui serait préférable, puisqu'on aurait le gaz pour fournir à son fonctionnement. 4 000

1 voiture renfermant le jeu de cylindres pour loger 50 à 60 mètres cubes de gaz condensé. . . 5 500

1 mule pour l'attelage 1 500

Outillages divers. 5 000

Frais imprévus. 3 000

Total. . . . . 80 000 fr.

Ainsi la ville ayant fait les frais d'installation des lanternes pour l'éclairage public, et le gouvernement local ayant déboursé le petit capital pour la pose des réservoirs particuliers aux édifices de sa dépendance, comme pourraient le faire les clients qui voudraient s'éclairer par le gaz comprimé, il resterait à la société qui voudrait fonder cette entreprise une mise dehors modeste de 80 000 francs.

Il sera facile maintenant de compter les dépenses annuelles.

L'intérêt du capital à 10 pour 100. . . . . . . 8 000 fr.

L'amortissement de ce capital. 4 000

Il faudra, pour les 57 tonnes de bog-head nécessaires au service de l'année, à 125 francs la tonne, une somme annuelle de. 7 125

Pour 30 tonnes de houille servant à la décomposition du bog-head, et pour 15 tonnes du même combustible pour faire fonctionner la locomobile, total 45 tonnes de houille à 80 francs l'une. . . 3 600

A reporter . . . . 22 725 fr.

Report. . . . . . . 22 725 fr.

Les cornues en terre durent 18 mois environ ;

Le four en service ayant 3 cornues, c'est une dépense annuelle de 2 cornues, à 150 francs l'une arrivée à l'usine, la dépense revient à. . .   300

Honoraires d'un ingénieur directeur de l'usine. 6 000

Ces honoraires sont peut-être trop modestes, mais l'usine montée, il ne restera guère d'autre travail au directeur qu'une surveillance facile et une administration peu compliquée.

3 chauffeurs ou allumeurs, à 500 francs l'un. 1 500

Un contre-maître mécanicien 3 000

Frais d'administration. 2 000

Menus frais et imprévus 2 475

Total. . . . . 38 000 fr.

Admettons même un chiffre rond de 40 000 francs de dépenses annuelles, qui doivent être supportées par les 17 000 mètres cubes de gaz, que nous avons évalués nécessaires à l'éclairage de l'année, et nous aurons la somme de 2 francs 35 centimes pour la valeur du mètre cube, prix de revient. En portant la vente du gaz au prix de 3 francs le mètre cube rendu à domicile, il restera un bénéfice de près de 30 pour 100 pour la Société.

Ce prix de 3 francs le mètre cube est un prix tout fictif, car le pouvoir éclairant du gaz portatif étant quadruple de celui de la houille, il en résulte que son prix réel comparé à celui de ce dernier, ne serait que le quart de cette somme, ou soit 75 centimes pour une somme de lumière égale à celle fournie par un mètre cube de gaz de houille ; c'est un peu plus du double du prix que le consommateur la paye à Paris, où le gaz courant se vend à 30 centimes le mètre cube ; c'est là valeur de la lumière fournie par le gaz de la houille dans bien des villes de province.

Je ne pense pas qu'une usine de gaz courant, à la houille, puisse jamais donner l'éclairage à un prix aussi modeste, dans les conditions où se trouve la ville de Saint-Denis, comme nous pourrons le voir ultérieurement.

Nous avons dit qu'il faudrait une quantité de gaz de 40 litres par bec pour l'éclairage d'une heure, ce serait donc une valeur de 12 centimes de dépenses par heure et par bec, ou soit une somme de 28 800 francs à payer annuellement par la ville pour ses 240 000 heures de son abonnement, et une somme de 21 900 francs à payer par le gouvernement local pour l'éclairage de ses édifices publics ou privés, dans l'hypothèse que tous les établissements réunis du gouvernement employassent la quantité de 50 becs à 10 heures par nuit.

Avec le matériel et le personnel de l'usine, tels que nous l'avons fixé, la Société pourrait fournir à une consommation double de celle que nous avons prévue. La vente du gaz diminuerait alors de prix, quoique les bénéfices dussent s'accroître pour la Société, puisque le capital premier suffirait, et que les dépenses d'administration n'augmenteraient pas sensiblement.

L'établissement d'une usine de gaz comprimé aurait cet avantage à la Réunion, c'est qu'elle pourrait s'établir à peu près dans telle situation de lieu qu'il plairait à la Société de la fixer, sans que cette position locale pût influer en rien sur la réussite de ses opérations; elle pourrait même devenir centrale pour la colonie entière, et expédier, par les voitures ordinaires, du gaz aux diverses villes de la colonie, pour éclairer leurs édifices publics, ainsi qu'aux diverses usines à sucre qui ne trouveraient pas, dans l'emploi de ce gaz, les inconvénients de l'éclairage à l'huile. Les riches propriétaires de la colonie trouveraient même dans ce système un moyen d'éclairer leurs habitations, précédant ainsi, dans cette voie de progrès, les maisons de campagne même de la métropole.

L'on a quelquefois parlé des dangers de l'emploi du gaz et des explosions terribles qu'elle peut entraîner; il est bon de se rendre compte de la cause de ces explosions, pour voir qu'elles sont encore plus rares avec le gaz comprimé qu'avec le gaz courant. Pour qu'une explosion soit possible, il faut que par une fuite des tuyaux, le gaz éclairant puisse se mêler à l'air ordinaire dans un lieu clos, un appartement par exemple; il se forme alors un mélange détonant que l'approche d'une bougie peut enflammer. Dans le gaz courant, une fuite accidentelle n'est pas facile à déceler; par un accident quelconque un tuyau peut laisser écouler son gaz, sans que rien ne vienne indiquer le lieu de la fuite. Dans les cylindres comprimés au contraire, une fuite serait immédiatement découverte par le manomètre qui accompagne ces récipients, elle se ferait reconnaître au sifflement que ferait le gaz en sortant sous une forte pression; le pourvoyeur du gaz qui alimente quotidiennement les cylindres du consommateur ne manquerait pas d'en être prévenu par l'impossibilité de charger, dans ces conditions, le cylindre à la pression voulue. L'on peut donc se rassurer sur le danger illusoire dont l'expression de *gaz comprimé* pourrait exagérer la pensée.

La création d'une industrie qui doit avoir pour but l'utilité publique, mérite peut-être de fixer l'attention du conseil général de la colonie et du conseil municipal de la ville de Saint-Denis. La dépense première d'une somme de 50 000 fr. pour l'établissement des 500 lanternes publiques, celle de quelques milliers de francs pour l'établissement des appareils dans les édifices du gouvernement, sont évidemment indispensables pour la création de l'industrie, mais qui veut la fin veut les moyens; il n'est pas de pouvoir constitué dans la société, qui soit plus à l'abri des accusations d'arbitraire, que le pouvoir municipal; son administration des dépenses et des recettes n'est pas autre que celle du chef de famille qui proportionne les unes aux autres, suivant ses ressources et ses besoins; je citerai une ville de France dont la situation topographique est assez analogue à celle de Saint-Denis, la petite ville de Vichy-les-Bains; cette localité, qui prend tous les jours de l'importance par l'affluence des étrangers, a reconnu la nécessité d'éclairer ses rues sans mettre à contribution les ressources de son budget municipal, elle a eu l'idée d'imposer à ses habitants l'obligation d'éclairer chaque porte ou barreau donnant sur la rue, depuis la fin du jour jusqu'à minuit. L'arrêté municipal a reçu son entière exécution sans la moindre opposition des habitants; les officiers municipaux ont donné le premier exemple. Dans ces conditions, une usine à gaz a trouvé des chances propices d'établissement, aucune mesure ne force les habitants à s'abonner au gaz; mais l'intérêt bien entendu d'un côté, et le désir de se mettre au niveau du progrès, d'autre part, font éteindre chaque soir quelque lanterne fumeuse que l'on remplace par un bec éclatant de gaz. Cet exemple pourrait peut-être être suivi par la ville de Saint-Denis et les principales villes de la colonie; ainsi seraient levées bien des difficultés qui rendent chanceux l'établissement d'une usine.

Le système que nous venons d'étudier offre d'immenses avantages sur le gaz courant de la houille, par la possibilité de l'emploi du gaz à quelque distance de l'usine que l'on se trouve de l'usine centrale, sans recourir à la pose d'une canalisation dispendieuse. Le transport du gaz comprimé, son emploi sont si faciles, que le chef de l'usine Hugon a fait placer un petit cylindre sous le siége même d'une voiture qui sert à son usage particulier. Ce cylindre alimente la lanterne de la voiture.

Il serait bien facile de faire à Saint-Denis et dans les autres villes de la colonie une expérience dans le but de se rendre un compte exact de ce que vaut la lumière du gaz comprimé. On pourrait faire venir dans la colonie 2 ou 3 cylindres tout chargés de gaz, avec leurs régulateurs installés, et les appareils préparés par l'usine de Charonne ne seraient pas perdus, car ils seraient utilisés plus tard, si une société se fondait à Saint-Denis pour éclairer tout ou partie de la ville.

Il nous reste à traiter du gaz courant par la houille, pour avoir passé en revue les systèmes généralement employés dans l'industrie métropolitaine pour l'éclairage des villes et des ateliers; mais l'on peut voir déjà par l'exposé qui précède, combien les frais généraux de préparation et d'administration générale renchérissent la valeur première d'une substance fabriquée; ainsi dans la préparation du gaz du bog-head, le gaz le plus éclairant qui existe, si l'on ne comptait que la valeur du combustible qui lui donne naissance, et de la houille employée à le décomposer, 10 000 francs de dépenses environ suffiraient pour éclairer la ville et les édifices du gouvernement pendant toute l'année, tandis que cette dépense est élevée à 50 000 francs environ par les divers autres frais généraux. Ce fait prouve, à lui seul, dans quelle erreur l'on tomberait en fondant une espérance de réussite sur l'emploi de la *mélasse et des résidus des sucreries*, substances dont la valeur peut paraître insignifiante par leur abondance et leur manque d'emploi. Dans le travail journalier d'une usine, on n'arriverait jamais à remplacer autre chose que les matières fournissant le gaz, c'est-à-dire une substance qui n'entre que pour 7000 fr. dans une dépense de 40 000 fr.; l'économie que l'on se proposerait de faire porterait sur une bien petite échelle, sans parler des difficultés que l'on rencontrerait pour l'extraction du gaz, de la quantité de houille à employer comme combustible, quantité qui dépasserait celle nécessaire à une fabrication de gaz ordinaire, et enfin de la nature absolue du gaz lui-même, qui ne peut pas être éclairant, comme nous l'avons déjà vu, par la composition intime de la matière sucrée.

3° Éclairage au gaz courant.

Pour terminer nos études sur l'éclairage public et particulier, et pouvoir en tirer une déduction logique sur le système qu'il serait préférable d'employer à la Réunion, dans les conditions que nous fait l'éloignement de la métropole, il nous faut traiter du gaz courant par canalisation.

Dans la préparation de ce gaz on peut employer, on le sait, non-seulement la houille et le bog-head, mais encore les corps gras, les huiles, celle de coco par exemple, ou toutes celles que le sol de la colonie ou son commerce avec l'Inde ou Madagascar pourrait nous procurer avec avantage, mais il est douteux que ces substances puissent donner du gaz à meilleur compte que celui de la houille.

Quoique depuis longtemps notre conviction soit établie, au sujet du système d'éclairage que la topographie particulière de Saint-Denis nous forcera d'adopter de préférence, cependant il est utile de faire partager nos idées aux Sociétés qui voudraient courir les chances d'une industrie nouvelle.

Les développements dans lesquels nous sommes entré à propos de l'éclairage par l'huile de schiste et le gaz portatif, nous permettront d'être plus concis dans cette étude.

Le système du gaz par canalisation est le plus compliqué des systèmes d'éclairage que nous passons en revue, il n'offre l'économie qui l'a fait adopter préférablement à tout autre, qu'autant qu'il est appliqué sur une vaste échelle, et qu'un grand nombre de becs sont alimentés par une usine, sur un espace de terrain relativement limité. Les dépenses de premier établissement sont si considérables, qu'en général il n'y aurait guère de bénéfice à espérer dans la création d'une usine qui, dans les conditions ordinaires des villes d'Europe, ne pourrait pas compter sur un écoulement journalier de 1000 à 1500 becs.

La substance habituellement employée à l'extraction du gaz, est la houille, c'est elle qui le fournit au meilleur compte possible, puisque d'après les expériences de la commission officielle désignée par l'Empereur, en opérant sur un mélange des diverses houilles du commerce d'une valeur moyenne de 25 francs la tonne de 1000 kil., le mètre cube de gaz n'est revenu qu'à 2 centimes 1/2. On n'a fait entrer dans ce prix de revient, que la valeur absolue de la houille et du coke employé à décomposer celle-ci ; les divers frais d'administration, d'ustensiles, d'intérêts de capitaux, etc., élèvent ensuite le prix du gaz à la somme de 12 centimes le mètre cube, et la Société le vend à 15 centimes à la ville, et à 30 centimes aux particuliers.

Voici en quelques mots le procédé d'extraction en usage : dans un four chauffé par un foyer unique, se trouvent 3, 5 ou 7 cornues, suivant le débit de gaz que possède l'usine. En règle générale, il y a plus de bénéfice à opérer sur les fours qui renferment un plus grand nombre de cornues. La dépense en combustible y est moins considérable, et l'opération se dirige plus facilement. Ces cornues ressemblent à celles dont nous avons parlé pour le gaz du bog-head, seulement elles n'ont qu'un seul compartiment. Elles peuvent être en terre ou en fonte ; les premières sont plus économiques, mais exigeant plus de soins dans le chauffage, elles ne supporteraient des alternatives de chauffe et de refroidissement, que par les plus grands ménagements ; elles sont préférées dans les grandes usines. Les petites fabrications font généralement choix de cornues en fonte. La durée moyenne des unes et des autres est de dix-huit mois. C'est dans ces cornues que l'on enfourne la houille par l'ouverture antérieure, on adapte ensuite la porte en fonte que l'on serre au moyen d'une vis ; toutes les fentes dans l'ajustage sont prévenues au moyen d'un peu d'argile délayée dans l'eau.

Le foyer est alimenté par le coke, ou charbon que laisse la houille qui a rendu tout son gaz ; 20 kilos de coke suffisent pour décomposer entièrement 100 kil. de houille, et comme celle-ci en laisse 75 kil. pour résidu de la décomposition, il en résulte qu'il y a une production courante de 55 kil. de coke par 100 kil. de houille. Ce coke est un combustible d'une grande valeur pour d'autres industries ; il trouverait un écoulement facile à la Réunion, où la rareté et la cherté du bois rendent toutes les opérations industrielles si dispendieuses.

À l'extrémité antérieure de la cornue, et en dehors du massif de maçonnerie, est adapté un tuyau par lequel se dégage le gaz produit. Tous les tuyaux de toutes les cornues viennent se rendre dans un long cylindre de fonte horizontal nommé le *barillet*. Ce cylindre est à moitié plein d'eau, et les tuyaux plongent dans cette eau, de 1 à 2 centimètres. Là, le gaz se dépouille en grande partie du goudron, de l'eau et de l'ammoniaque produits en même temps que lui, par la décomposition de la houille. L'eau du barillet augmente, par conséquent, constamment de volume, mais son niveau est maintenu constant au moyen d'un trop-plein, pour que la pression ne change pas dans les cornues.

L'effet du barillet est d'intercepter la communication des cornues avec le restant des appareils, pendant que l'on charge et décharge les cornues; le gaz déjà produit, ne peut ainsi rebrousser chemin, et l'inflammation des dernières portions de gaz ne peut se communiquer au delà, lorsque l'on ouvre les cornues pour les décharger.

En sortant du barillet, le gaz est conduit, par un tuyau unique, dans une série de tubes verticaux, qui composent l'appareil désigné sous le nom de *réfrigérant*. Là, se déposent la vapeur d'eau, les divers sels ammoniacaux et le goudron échappé au barillet; ces substances se rendent dans de petites caisses en fonte, que l'on vide au moyen d'un robinet. L'épuration s'achève enfin en faisant traverser au gaz deux caisses munies de quatre à cinq claies en fer superposées; ce sont autant de diaphragmes que l'on charge de chaux hydratée en poudre. Cette chaux retient en combinaison les gaz étrangers qui souilleraient celui de l'éclairage.

Le gaz suffisamment épuré est ensuite dirigé dans le *gazomètre*. C'est une vaste cloche en tôle qui doit renfermer et emmagasiner la provision de gaz nécessaire pour la consommation journalière; cette cloche plonge dans un réservoir en maçonnerie rempli d'eau, qu'on nomme la *cuve*. Dans les petites usines la cuve est quelquefois établie, plus économiquement, en fonte; cette disposition serait même avantageuse dans notre colonie, où le prix élevé de la chaux et de la main-d'œuvre rendraient fort dispendieuse la construction en maçonnerie. Ces cuves étant isolées permettent d'être facilement visitées, et réparées au besoin, s'il s'y produisait quelques fuites.

La cloche est maintenue par des contre-poids, pour que le gaz n'ait qu'une pression déterminée à soulever, celle de 10 à 20 centimètres d'eau. Une pression plus forte se communiquerait jusqu'aux cornues, et pourrait y déterminer des fuites.

Du gazomètre, et au moyen de la pression déterminée par l'excès de poids de la cloche, le gaz s'échappe par un tuyau fixe, ou articulé et mobile, et vient parcourir le réseau des canaux souterrains. Ces canaux sont d'un gros calibre d'abord, ils diminuent ensuite progressivement de diamètre, et ils se terminent enfin par de petits tuyaux en plomb qui aboutissent au bec; suivant les localités, les tuyaux sont en fonte, en tôle galvanisée à l'intérieur et revêtus de bitume sablé à l'extérieur, ou en terre cuite. Ce dernier genre ne serait avantageux que dans les localités où peut se fabriquer la poterie. A la Réunion, il serait difficile d'adopter ce système si économique, puisque n'ayant point les moyens d'en fabriquer, nous serions obligés de payer le transport d'une matière si fragile, au même prix que les tuyaux métalliques, qui ne sont sujets qu'à de minimes déchets.

Nous nous arrêterons là dans les détails des appareils de l'usine, notre but n'étant pas de donner un traité pratique de l'art qui nous occupe, mais seulement d'esquisser rapidement les divers organes du fonctionnement d'une usine à gaz, pour en apprécier ensuite la valeur.

Nous admettrons encore, comme dans le devis des systèmes d'éclairage que nous avons passés en revue, que la ville de Saint-Denis emploiera 100 becs de gaz pour son éclairage public, et que les hôtels des fonctionnaires supérieurs, le lycée, la caserne, l'hôpital militaire, en emploieront 50. Les premiers s'éclairant seulement pendant 20 nuits par mois, à 10 heures par nuit, et les seconds s'éclairant pendant le même nombre d'heures, pendant toute l'année.

Il serait difficile d'établir une usine qui ne dût fabriquer que la petite quantité de gaz nécessaire à cette modeste consommation; le pourrait-on encore, qu'il conviendrait de lui donner un plus grand développement en prévision d'une consommation triple ou quadruple; les frais généraux n'en seront augmentés que dans une proportion insensible.

Il nous faudra encore admettre ici que le matériel de l'éclairage local sera fourni par les consommateurs, c'est-à-dire que la ville fera la dépense de ses lanternes, et le gouvernement celle des becs et des petits tuyaux de transmission du gaz dans les édifices.

Le système de lanternes publiques le plus simple et le moins dispendieux, est celui qui consiste à souder une simple colonne de fonte sur une base en pierre taillée, comme on l'a fait à Vichy-les-Bains. Ces colonnes sont légères et ne coûtent que 28 francs l'une, prises en fabrique. Rendues à la Réunion elles reviendraient, en y comprenant les frais de transport, etc., à 40 francs l'une. La base en pierre de taille serait exécutée à la Réunion, avec les pierres d'origine volcanique qui n'y manquent pas. La façon de la pierre, la plomberie, la lanterne elle-même, et la pose du tout pourraient revenir à 110 francs, ou soit pour l'appareil entier mis en place à 150 francs. Les 100 lanternes publiques reviendraient ainsi à la somme de 15 000 francs.

Les becs d'éclairage dans l'intérieur des édifices du gouvernement seraient d'un prix moins élevé, puisqu'il n'y aurait pas de colonnes à poser ; on peut les évaluer à 100 francs l'une, total 5000 francs de dépense première à la charge du gouvernement. Cette dépense pourrait du reste être augmentée ou diminuée, suivant le degré de luxe que l'on admettrait pour les appareils d'éclairage intérieur.

L'on compte généralement qu'un bec de gaz consomme 134 litres de gaz à l'heure. Nous avons 20000 heures d'éclairage par mois, pour les lanternes publiques et 15 000 heures pour l'éclairage mensuel des édifices du gouvernement, total 35 000 heures d'éclairage, lesquelles, à 134 litres par heure, donnent une consommation de 4690 mètres cubes, ou soit une moyenne, en chiffres ronds, de 160 mètres cubes par jour, ou soit enfin un total de 60 000 mètres cubes environ par an. Nous construirons notre usine dans la prévision probable d'une consommation triple dans l'avenir, soit que la ville voulût augmenter le nombre de ces lanternes, soit que l'usage de l'éclairage se répandît chez les particuliers.

Il nous faudra d'abord choisir un emplacement pour y bâtir l'usine. Le choix de la localité n'est pas arbitraire à Saint-Denis, à cause de la position de cette ville bâtie sur un terrain incliné. Si l'usine était située sur la partie élevée de la ville, les becs de gaz qui se trouveraient placés dans les quartiers les plus bas, éprouveraient une augmentation de pression, puisque la colonne d'air s'y trouverait plus élevée ; comme il serait nécessaire de contre-balancer cette pression par un poids ajouté aux gazomètres, l'augmentation de pression se communiquerait naturellement à l'intérieur des cornues et des appareils, et pourrait y déterminer les inconvénients que nous avons déjà signalés. Les pertes éprouvées par ces diverses causes s'élèvent généralement à 15 pour 100.

Il convient donc, pour diminuer les chances de ces pertes, de choisir un emplacement dans les quartiers les plus bas de la ville, aux environs de l'embouchure de la rivière Saint-

Denis, par exemple, ou au Butor, dans les terrains qui avoisinent le cimetière de la ville, ce dernier point paraît le plus convenable, puisqu'il est le plus rapproché du centre de la population.

Deux à trois mille mètres de terrain, en superficie, pourraient suffire largement à l'établissement de l'usine et de tous les annexes; la valeur du terrain dans ces localités porterait l'acquisition de l'emplacement, et tous les frais qui en dérivent à une somme totale de.................... 15 000 f.

La maison d'habitation du directeur, construite en France, expédiée à la Réunion et mise en place sur les lieux reviendrait à...................... 25 000

L'atelier principal, bâtiment couvert, de 64 mètres carrés de superficie (prix à vérifier)......... 25 000

Construction de deux fours à trois cornues chacun, en briques réfractaires. 6 000

Barillet et réfrigérant. 10 000

Les épurateurs à claie. 10 000

Un gazomètre en tôle de 3 millimètres d'épaisseur pouvant contenir 450 à 500 mètres cubes de gaz. Il conviendrait d'adopter le système de gazomètres à télescope, c'est-à-dire de ceux dont la cloche est divisée en deux parties rentrant l'une dans l'autre. Ce système nous paraîtrait convenir le mieux à la Réunion, puisqu'il exigerait une cuve moins élevée, d'où diminution dans le volume de la bâtisse ou dans le poids de la fonte, suivant le système que l'on adopterait pour la construction de la cuve. Un pareil gazomètre mis en place reviendrait à...... 15 000

Une cuve en fonte coûterait moins qu'une cuve en maçonnerie, à cause du prix élevé de la main-d'œuvre et des matériaux dans la colonie; elle présenterait du reste moins de chances de fuites, difficiles à réparer dans la maçonnerie, et auxquelles il serait facile de porter remède dans une cuve isolée de toutes parts; cette cuve reviendrait à la somme de. 20 000

Il faudra un deuxième gazomètre de prévision, pour assurer le service en cas de réparation du premier. Nous ne lui donnerons que la capacité de 80

A reporter. . . . . . 126 000 f.

Report . . . . 126 000 f.

à 100 mètres. Quoique cette quantité de gaz fût insuffisante à l'approvisionnement d'une nuit, le service pourrait cependant se faire en continuant la fabrication du gaz à mesure de sa consommation, on en profitant, pour l'époque de ces réparations, des nuits éclairées par la lune, alors que les fanaux publics ne consomment pas de gaz, et qu'il n'y a que les becs des particuliers qui fonctionnent. Construit dans les mêmes principes que le précédent, son prix ainsi que celui de sa cuve en fonte pourra s'élever à la somme de. 25 000

Nous arrivons maintenant à la dépense la plus considérable, celle de la canalisation des rues, pour porter le gaz aux becs distribués dans toute la ville. Nous avons mesuré, dans le temps, pour une étude analogue, l'espace à canaliser, en supposant l'usine placée au voisinage du cimetière. De ce point de départ, il faudra faire rayonner les tuyaux de conduite du gaz dans toutes les rues de la ville parallèles ou à peu près aux rues principales de *Saint-Joseph*, du *Barachois*, de *Paris*; nous n'y comprenons pas les rues qui coupent ces dernières, puisque celles-ci ne devraient pas être canalisées, que dans le cas où la consommation du gaz s'étendrait, un jour, jusqu'aux maisons particulières ; les becs de gaz ne doivent être placés, pour le moment, qu'au croisement des rues. Cette étendue linéaire est de 25 kilomètres environ, en y comprenant l'embranchement pour la rue de la Boulangerie à la rivière, et l'îlette de la Redoute.

Sur ces 25 kilomètres de canalisation, nous n'aurons guère que deux grosses artères principales à poser : l'une partant de l'usine, et parcourant les rues des *Limites*, *Sainte-Marie*, *Saint-Joseph*, traversant la rue *Dauphine*, et se terminant à la rue *Bertin*, la seconde longeant le chemin du *Butor*, la rue du *Grand-Chemin*, le rempart, descendra la *Rampe de l'hôpital*, traversera le pont de la rivière pour aller se terminer au voisinage de la caserne

A reporter . . . . 151 000 f.

Report . . . . . . 151 000 f.

de l'infanterie de marine. Ces deux parcours réunis représentent une distance linéaire de 3 kilomètres environ.

Dans ce parcours, l'on pourrait poser des canaux en terre de 60 centimètres de longueur et de 8 à 14 centimètres de diamètre, suivant les distances de l'usine ; ces conduits, posés sur un lit de mortier et soudés entre eux au ciment de Grenoble, ainsi que je l'ai vu pratiquer à Vichy-les-Bains, offrent toute la solidité désirable, et ne reviennent qu'au prix de 4 francs le mètre courant, tout posés ; mais en considérant la distance de la Réunion aux manufactures de ces conduits, le prix du transport, les chances de déchet, la plus grande valeur du mortier et du ciment, dans la colonie, le prix en serait bien certainement élevé à plus du double ; il est donc préférable de choisir les tuyaux métalliques dont la pose est plus simple, plus facile, qui sont moins sujets à se briser pendant le voyage, etc.

Il nous restera donc le choix entre les tuyaux de conduite en fonte et ceux en tôle bituminée. Les seconds ont une valeur plus de moitié moindre que les premiers, mais leur adoption aurait un inconvénient que nous devons signaler et qui les rendrait probablement impropres au service à la Réunion. La température que le sol acquiert, dans la saison chaude, risquerait de faire fondre le bitume qui les recouvre.

Quel que soit le choix auquel nous nous arrêtions, nous prendrons pour la grande artère de canalisation les plus petits tuyaux qui se fabriquent dans ce genre, et qui ont 81 millimètres de diamètre. Chacun de ces tuyaux pourra suffire à l'écoulement de 70 mètres cubes de gaz par heure, sous la pression de 10 millimètres d'eau, et alimenter ainsi 500 becs de gaz. Il n'y a donc pas lieu de craindre qu'ils deviennent insuffisants dans l'avenir, quelque développement que prenne l'industrie.

A reporter. . . . . 151 000 f.

Report . . . . 151 000 f.

Le prix du mètre linéaire de ces tuyaux pesant 22 kilos est à Paris de 8 francs 48 centimes, tous frais payés, d'achat, de creusement et remblayement de la voie. Par les frais occasionnés à Saint-Denis pour le fret, le charroi, le taux élevé du travail, nous pouvons porter, sans crainte d'exagération, ce prix à la somme de 12 francs par mètre courant. Ce serait donc, pour les 3 kilomètres, une somme de 36 000 francs, si nous adoptions les tuyaux en fonte. Nous porterons seulement notre estimation sur les tuyaux en tôle bituminée, dont le prix d'achat sera de moitié moindre ; les divers frais de port et de travaux restant les mêmes. Soit une somme de 24 000

Quant aux 22 kilomètres de canalisation qui resteraient à établir comme canaux secondaires, nous ne trouverions économie qu'en y employant des tubes de plomb ; ce métal se ploie avec facilité à toutes les sinuosités du terrain ; il n'est pas nécessaire de l'enterrer à de grandes profondeurs, ce qui facilite la pose et les réparations. L'administration parisienne, il est vrai, n'emploie plus que des tuyaux en fer dans l'intérieur des appartements, par la fréquence des explosions auxquelles donnaient lieu les tuyaux en plomb. Ces derniers sont en effet faciles à percer par des circonstances accidentelles ; mais ces circonstances n'existent pas pour les tuyaux enterrés, et les explosions ne sont jamais à craindre en dehors des lieux clos. On peut donc, sans hésitation, employer le plomb, qui, dans les conditions où nous le plaçons, est préférable au fer, d'une oxydation rapide, et facile alors à se percer. Nous emploierons des tuyaux de 27 millimètres de diamètre, du poids de 7 kilos le mètre courant, soudures comprises. Le prix du plomb ouvré est de 55 centimes le kilo ; le mètre courant reviendra donc à 3 francs 85 centimes. En y joignant le prix du transport, de la pose, etc., nous le porterons seu-

A reporter . . . . 175 000 f.

Report. . . . . 175 000 f.

lement à 5 francs le mètre; ce serait pour les
22 kilom. une somme de. 110 000ᶠ
Outillage et frais imprévus 15 000

Total du capital . . . . 300 000 f.

Il nous faudrait donc une somme de 300 000 francs pour
monter l'usine. Cette somme est bien loin d'être exagérée,
l'on peut s'en convaincre en sachant qu'une usine semblable,
établie depuis peu de temps à Vichy-les-Bains, a coûté
208 000 francs d'établissement premier; elle n'avait cependant
que 6 kilomètres de canalisation à établir, ce qu'elle a
fait avec des tuyaux de poterie à 4 francs le mètre courant;
elle n'a donc dépensé qu'une somme de 24 000 francs en canaux,
tandis que celle de 134 000 francs est nécessaire pour
notre usine.

Voilà pour le capital premier; voyons maintenant les dépenses
annuelles et les recettes prévues.

Intérêt du capital à 10 pour 100 . . . . 30 000ᶠ
Amortissement 15 000
Entretien et réparation des conduits, ustensiles,
appareils, constructions, etc. 15 000
Honoraires d'un ingénieur, directeur de l'usine. 8 000
Un commis aux écritures 1 200
Frais d'administration, de recouvrement, fournitures
d'imprimés, etc. 2 000
Un contre-maître mécanicien, pour tous les travaux
métallurgiques 2 400
Deux chauffeurs, deux allumeurs alternant pour
tous les services, à 2 francs par jour 2 800
100 kilos de houille donnant 23 mètres cubes
de gaz, les 60 000 mètres cubes qui nous seront
nécessaires pour l'éclairage de l'année exigeront,
en chiffres ronds, 260 tonnes de houille. Nous
porterons ce combustible au prix de 80 francs la
tonne, prix minimum auquel on pourrait peut-être
en faire un approvisionnement suffisant. Total . . 20 800
50 barriques de chaux hydratée en poudre pour
épurer le gaz, à 25 francs la barrique. 1 250
Frais imprévus. 1 550

Total de la dépense annuelle. . . . . . 100 000 f.

De laquelle somme il faudrait soustraire la valeur de 143 tonnes de coke, vendu au même prix que la houille. La houille n'exige, en effet, pour être décomposée dans une fabrication courante, que 20 kilos de coke pour 75 qu'elle en produit. Ce serait une rentrée de 11 440 francs qui ramènerait la dépense annuelle à la somme de 90 000 francs environ.

Quant à la valeur du goudron, des eaux ammoniacales, etc., produits secondaires de la fabrication, il y a peu de chances à espérer qu'il s'élevât des usines dans la colonie, pour tirer parti d'aussi petites quantités que celles produites par une usine à gaz aussi modeste.

Nous avons concédé un bénéfice de 30 pour 100 aux entrepreneurs du gaz portatif; il faut donc prévoir un bénéfice égal pour cette industrie; ce seraient 25 000 francs qui, ajoutés à la somme de 90 000 francs des dépenses, donneraient un total général de 115 000 francs.

Cette somme de 115 000 francs serait donc à diviser par 60 000, ou nombre de mètres cubes de gaz produits dans l'année, ce qui porte le prix du mètre cube de gaz à 1 franc 92 centimes, et celui de l'heure d'éclairage à 27 centimes et quart.

La ville aurait ainsi 65 000 francs à payer pour son éclairage annuel, et le gouvernement 50 000 francs pour ses édifices publics, ses hôtels, etc.

Dans toutes les villes dotées d'un éclairage public par le gaz, les sociétés gazières font une remise assez forte aux communes, sur le prix du gaz qu'elles consomment; cette réduction est en quelque sorte le loyer du privilége d'établissement accordé par la commune. La ville de Saint-Denis ne devrait pas compter sur une pareille réduction, elle devrait plutôt s'imposer un sacrifice pour encourager l'établissement d'une usine semblable. Il est peu probable, en effet, que la clientèle de l'usine serait assez considérable pour lui assurer un jour un bénéfice satisfaisant, car, à part quelques industries forcées de tenir boutique ouverte pendant la soirée, les commerçants de la ville jugeront toujours, avec raison, que la journée est assez longue pour la vente, sans avoir à se tenir encore, pendant la soirée, à la disposition des acheteurs.

Il ne resterait donc d'autres clients éventuels que les maisons bourgeoises, pour l'éclairage des varangues. Pourrait-on réellement compter, en tout, sur une centaine de becs, à trois heures d'éclairage par soirée? Ce seraient 9000 heures d'éclairage par mois, le cinquième environ de la consommation par l'éclairage public, ce qui pourrait ramener un jour l'heure de l'éclairage au prix de 18 à 20 centimes, et la valeur du mètre cube de gaz à 1 fr. 30 ou 1 fr. 40 cent., ou soit enfin l'abonnement de la commune à la somme de 50 000 fr.

CONCLUSIONS.

Comme on a pu en juger, dans l'exposé des systèmes d'éclairage que nous avons passés en revue, nous n'avons pas eu d'opinions préconçues en faveur de tel ou tel système; nous n'avons fait que poser des chiffres, d'après les renseignements que nous nous sommes procurés auprès des usines montées en France, et dans les conditions les plus rapprochées de celles dans lesquelles nous nous trouvons à la Réunion. Il nous sera facile maintenant de nous résumer, de mettre en présence les trois systèmes d'éclairage que nous avons étudiés, et de juger, par là, quel est celui qu'il nous serait le plus utile d'adopter, suivant l'avenir que nous pouvons prévoir à l'agrandissement de l'industrie.

Certainement s'il ne fallait qu'une mise de fonds, un peu plus considérable, pour l'adoption de l'éclairage au gaz courant, nos vœux seraient entièrement pour ce système ; il est, en effet, le plus généralement répandu, c'est celui dont les particuliers pourraient user avec le plus de facilité, dès l'instant où la canalisation des rues achevée permettrait d'établir telle conduite secondaire que l'on désire ; malheureusement les conditions particulières que nous fait la topographie de la ville de Saint-Denis, et son éloignement des ressources industrielles de la métropole, élèvent tellement la valeur du capital d'installation, et par suite le prix de la lumière, qu'une alternative quelconque entre les divers systèmes ne peut guère nous être laissée, comme on peut s'en convaincre par le tableau suivant :

Capital à débourser par la ville pour l'installation première d'un éclairage public par 100 becs.

Par le système de l'*huile de schiste*.................. 10 000 fr.
Par celui du *gaz portatif*......................... 50 000
Par celui du *gaz courant*.......................... 15 000

		Intérêts du capital.	Total.
Par l'*huile de schiste*	21 000 f	1000 f	22 000 f
Par le *gaz comprimé*	28 800	5000	33 800
Par le *gaz courant*	65 000	1500	66 500

Prix comparé de la lumière fournie par les trois systèmes.

Une lampe Carcel prise comme type brûle par heure 42 grammes d'huile de colza épurée, du prix de 1 fr. 40 cent. le kilo en France ; rendue dans la colonie, cette huile coûterait 2 fr. 50 cent., ou soit pour les 42 grammes brûlés en une heure 0f,105

Huile de schiste. Un litre suffit à l'éclairage d'un bec de 14 *lignes* pendant 20 heures, et produit une lumière double de celle donnée par la lampe Carcel. Ce seraient donc 40 heures d'un éclairage identique à celui de la lampe Carcel, que fourni-rait un litre d'huile, du prix de 1 fr. 50 cent. L'heure reviendrait donc à 0f,0375

Gaz comprimé. Il faut 20 litres de gaz par heure pour donner une lumière égale à celle de la lampe Carcel ; à 3 fr. le mètre cube de gaz, l'heure re-vient à. 0,06

Gaz courant. Un bec d'Argant, de 20 trous, brûle 88 litres par heure ; à 1 fr. 92 cent. le mè-tre cube ; l'heure revient à. 0,1689

4° Éclairage par carburation du gaz.

Je ne citerai guère, que pour mémoire, un procédé em-ployé depuis quelques années en France, pour donner au gaz de la houille et à tous les gaz légers la propriété de fournir une lumière, dont l'intensité devient ainsi de 30 à 50 pour 100 supérieure. Ce procédé pourrait trouver une utile appli-cation à la Réunion, si l'extraction d'un gaz inflammable par la mélasse, recevait un jour un développement que je ne prévois pas cependant.

Davy a démontré, comme nous l'avons dit, que la lumière du gaz éclairant provenait d'un excès de carbone qui se pré-cipite dans la flamme ; l'ignition de cette infinité de petites parcelles solides de carbone est la cause de l'intensité de la lumière. Cette théorie a reçu une entière confirmation par l'invention des systèmes de carburation de l'alcool et du gaz. Ainsi, la flamme de l'alcool n'est pas éclairante par elle-même, mais si l'on mélange à ce liquide un peu d'essence de térébenthine ou d'autres carbures d'hydrogène, tels que l'huile de schiste, la benzine, etc., la flamme devient alors éclairante.

Si la fabrication de l'alcool concentré, dans la colonie, pouvait un jour abaisser le prix de l'esprit de mélasse à celui de 50 à 80 centimes le litre, du litre de 38° cartier, ce procédé pourrait recevoir une application utile à la Réunion, pour donner un débouché aux mélasses, dont on perd une si grande quantité.

La carburation réussit encore mieux avec les gaz peu éclai-rants ; on sature ceux-ci de carbure hydrique avant de les faire arriver aux becs. Le gaz devient ainsi d'un pouvoir éclairant plus du double de celui qu'il possédait antérieurement ; il a entraîné 40 grammes environ de carbure par mètre cube. Cette opération s'exécute en faisant circuler le gaz dans un vase clos, qui renferme le carbure liquide volatil. Ce carbure doit offrir une grande surface, telle que celle que peut donner une quantité suffisante de mèches de coton suspen-dues dans le vase clos, et touchant le carbure par la partie inférieure. Les mèches, en vertu de la capillarité, s'imprei-gnent de liquide, et le gaz s'en sature facilement sans aug-mentation de pression.

Ce procédé est aujourd'hui employé en France pour le gaz de houille, et l'on se procure ainsi une lumière plus in-tense, tout en consommant moins de gaz.

Cette théorie a sans doute guidé M. Schmith dans son in-génieuse invention. Dans des expériences qui ne remontent qu'au mois de juin dernier, cet industriel a démontré devant la Société d'encouragement, dans une séance à laquelle j'as-sistais, que ce n'était pas seulement le gaz inflammable qui pouvait recevoir une augmentation d'éclat par cette opéra-tion, mais que le gaz atmosphérique lui-même pouvait pa-raître inflammable, et être rendu parfaitement éclairant, en traversant un appareil clos renfermant des carbures volatils. Au moyen d'un ventilateur mû par un mouvement d'horlo-gerie, M. Schmith injecte de l'air dans le vase clos qui ren-ferme le carbure, et l'air saturé de vapeurs carburées est conduit par des tuyaux ordinaires jusqu'aux becs, où l'on peut l'enflammer comme on ferait du gaz ordinaire. L'air atmosphérique, en mouvement, n'a d'autre usage ici que de servir de véhicule au carbure.

L'on ne connaît pas encore le prix de cette lumière; elle doit être évidemment fort économique, si le privilége du brevet ne la renchérit pas de beaucoup.

Si la ville de Saint-Denis adoptait le système de l'huile de schiste, le plus économique, pour l'éclairage public de ses rues, comme cette huile ne peut guère être employée dans les salons, à cause de son odeur, le système de M. Schmith pourrait être adopté concurremment avec avantage pour l'éclairage intérieur des édifices publics ou du gouvernement. A l'hôtel de la mairie, par exemple, on pourrait, avec quelques modifications dans les lustres actuels, employer ce système, et multiplier, à peu de frais, les réunions si agréables du soir, dont la municipalité nous a donné l'avant-goût. L'hôtel du gouvernement, les hôtels des fonctionnaires supérieurs, la caserne, l'hôpital militaire, le lycée pourraient aussi adopter avec avantage le système de M. Schmith.

Ce système paraît avoir un bel avenir dans ses applications restreintes aux limites d'un court trajet du gaz, et dans les pays chauds. Dans d'autres conditions, si par exemple le trajet de l'air saturé était considérable, et la température assez basse, il est probable que le carbure dissous dans l'air se déposerait de nouveau, à l'état liquide dans les tuyaux réfrigérants, et l'air perdrait la propriété de s'enflammer.

PRÉPARATION

DE LA GLACE ARTIFICIELLE.

Parmi les découvertes modernes basées sur l'application des principes de la science, il en est une qui serait déjà éminemment curieuse, si elle n'était pas encore plus utile. Faire de la glace en tout temps, en tout lieu, sans trop de dépenses, de manière à pouvoir la donner à vil prix aux classes les moins aisées, n'est pas seulement un progrès au point de vue de la science, c'en est encore un immense au point de vue de l'humanité.

L'usage des boissons glacées n'est pas seulement une satisfaction donnée au goût, c'est encore un besoin pour la santé ; les boissons froides sont toniques, elles excitent l'appétit ; et sous les régions intertropicales, où l'on relève la saveur des aliments par des ingrédients énergiques, la santé s'accommoderait encore mieux de l'usage de l'eau glacée, lorsque ce liquide est presque l'unique boisson de la majeure partie de la population.

Cette nécessité n'a pas besoin d'être démontrée, il suffit pour en être convaincu de voir avec quelle sollicitude, aux prix de quelles dépenses les classes aisées cherchent à se procurer de l'eau fraîche. A Saint-Denis (Réunion) l'on emploie la journée presque entière d'un domestique pour aller puiser de l'eau à la source du haut de la ville ; et dans les campagnes l'on a recours aux moyens dispendieux que la science avait préconisés jusqu'à ce jour : la dissolution des sels dans l'eau ou même dans les acides.

Le principe sur lequel reposent ces derniers moyens est celui-ci : « *Tout corps qui se dissout dans un liquide, en abaisse la température ; l'abaissement de température est d'autant plus grand que la dissolution est plus rapide.* » Nous ne parlons ici que de la dissolution mécanique, et non de la dissolution chimique (celle d'un métal dans un acide, par exemple) qui jouit de propriétés toutes contraires. Le principe dont l'application fait la base des procédés proposés aujourd'hui par les nouveaux inventeurs n'est plus le même, quoiqu'il appartienne encore à la série des phénomènes physiques : « *Tout corps liquide qui s'évapore, absorbe la chaleur des corps avec lesquels il est en contact.* » En absorbant la chaleur des corps, il est évident qu'il doit en abaisser la température, qu'il les rendra plus froids en d'autres termes.

Ainsi par exemple : nous trempons notre main dans l'eau, et la retirons immédiatement, au contact de l'air nous éprouvons une sensation de froid, qui est d'autant plus vive que l'évaporation de cette eau est plus rapide. Si nous mettons la main dans un courant d'air, si nous soufflons sur notre main, la sensation est plus vive, l'impression du froid augmente encore. Cette sensation sera encore plus perceptible, si au lieu de l'eau nous employons de l'esprit-de-vin, de l'éther ; alors l'évaporation est si rapide, que la chaleur soustraite à notre main devient considérable. Si l'on répétait cette expérience sur un thermomètre, l'on pourrait parfaitement noter de combien de degrés ce refroidissement a lieu, et comparer entre eux les divers liquides sur cette propriété.

Nous n'avons parlé jusqu'ici que des corps habituellement liquides à la température ordinaire : l'eau, l'alcool, l'éther ; mais il est des corps habituellement gazeux qui, dans certaines conditions, deviennent liquides ; ces corps auront évidemment une grande propension à redevenir gazeux dès l'instant où ils seront soustraits à ces conditions. Ainsi, le gaz *carbonique*, le gaz *sulfureux*, le gaz *ammoniac*, etc., peuvent devenir liquides, si on les comprime de manière à les renfermer dans un appareil 10, 20, 100 fois moins considérable, en capacité, qu'il ne faudrait pour le contenir à l'état

gazeux. Si, lorsque ces gaz sont devenus liquides, on ouvre
brusquement le récipient qui les renferme, le gaz reprend
sa forme primitive ; mais comme pour prendre cet état il lui
faut du calorique, il l'emprunte aux corps environnants dont
il abaisse la température à un point tel, que si l'on entoure
ce récipient avec de l'eau, cette eau se glace ; et si l'on ne
met pas de l'eau autour du récipient, l'humidité naturelle de
l'air s'y dépose, y formant ainsi une couche de neige.

Une expérience curieuse, qui est répétée dans les cours de
physique, surprendrait les spectateurs qui ne seraient pas au
courant de ces principes d'une extrême simplicité. Si l'on
fait rougir au feu un creuset en argent ou en platine, que
l'on y projette de l'eau tenant une grande quantité de gaz
sulfureux en dissolution, l'on retirera presque immédiatement un glaçon du creuset. Faire ainsi de la glace au milieu d'un brasier est un prodige qui eût valu les honneurs
du bûcher à un chimiste qui l'eût tenté il y a quelques siècles ; on aurait vu dans cette œuvre une influence du mauvais esprit, et cependant c'est un fait tout naturel et d'une
explication on ne peut plus simple.

C'est sur le principe que nous venons d'exposer que les
chimistes d'aujourd'hui font reposer les innovations qu'ils
ont proposées pour fabriquer la glace d'une manière avantageuse pour l'économie domestique. *Rendre liquide un corps
naturellement gazeux, ou qui a de la propension à le devenir,
puis profiter de l'absorption de la chaleur qui lui est nécessaire
pour redevenir gazeux, en mettant à son contact de l'eau qui
lui cède sa température ;* voilà tout le système, que l'emploi
des machines simplifie plus ou moins.

Ce bulletin n'étant pas scientifique, et n'ayant qu'un but
pratique, nous nous abstiendrons de prendre part aux questions de priorité élevées entre les divers auteurs ; nous ne
traiterons la question qu'au point de vue de l'économie et
de la commodité des procédés, pour nos besoins.

Le premier écho de ces applications qui parvint à la
Réunion fut pour le système de l'éther. Quel qu'en fût l'auteur, il était évidemment une conséquence, quoique nouvelle
dans l'application, du système des chaudières à vapeur de
M. du Tremblay. Dans ce système dont je n'ai pu voir les
applications à Paris, quoique je me sois trouvé en rapport
avec les auteurs et les fabricants, l'*éther*, liquide très-vola-
til, s'évapore dans une capacité close dans laquelle on a fait

le vide. En s'évaporant il absorbe la chaleur d'une eau rendue incongelable par le sel marin ; c'est dans ce liquide incongelable, qui devient ainsi seulement un conducteur du calorique, que l'on met refroidir les tubes renfermant l'eau que l'on veut congeler. Cet éther reprend ensuite la forme liquide en traversant des serpentins refroidis par un courant d'eau ordinaire, qui finalement absorbe toute la chaleur retirée de l'eau à glacer. Cette eau ainsi réchauffée est rejetée.

Il n'y a pas d'appareil à éther fonctionnant en ce moment. Les constructeurs en fabriquent sur commande, et n'en font que pour des débits de glace considérables. Je n'ai donc pu juger du mérite de l'invention qu'au point de vue théorique, qui me paraît incontestable ; mais ce système exigeant l'emploi d'une force constante pour faire le vide, il est à craindre que l'on ne puisse l'appliquer à de petites productions ; car il faudra toujours emprunter cette force à l'homme ou à la vapeur, et en régulariser l'emploi par les machines, ce qui ne pourrait avoir lieu que pour des appareils en grand.

Le deuxième système est basé sur la vaporisation d'un corps habituellement gazeux, mais que la compression a rendu momentanément liquide : le gaz *ammoniac*.

Dès le principe, ma préférence serait donnée à ce système, à cause des dangers d'incendie que présente l'éther, liquide plus inflammable encore que l'esprit-de-vin le plus concentré, si les avantages qui résultent de l'emploi de l'ammoniaque n'étaient pas encore plus patents.

Ici ce n'est plus un corps habituellement liquide que l'on vaporise, mais bien un corps naturellement gazeux. Sa propension à reprendre l'état normal sera bien plus grande que celle de l'éther, et l'abaissement de température bien plus considérable.

Du reste, ce n'est plus la théorie que les auteurs m'ont exposée, mais bien des faits. J'ai assisté à la fabrication de la glace. J'ai vu, dans l'usine de Ménilmontant, l'eau se congeler sous mes yeux, par une température ambiante de 28° centigrades, analogue à la température ordinaire de l'île de la Réunion pendant l'été ou hivernage. J'ai pu toucher d'énormes glaçons de 4 kilog., en rompre des fragments, et en manger.

La pratique de l'opération est aussi simple que la théorie.

Que l'on suppose un tube creux en métal excessivement résistant, capable de supporter une pression de plusieurs atmosphères. On éprouve ces tubes à une pression de 30 atmosphères, quoiqu'ils ne doivent fonctionner qu'à 7. Ce tube sera courbé en fer à cheval et parfaitement fermé à ses deux extrémités. Si l'on suppose maintenant qu'avant d'être fermé ce tube aura été rempli dans une de ses moitiés par de l'*ammoniaque liquide*, qui n'est autre chose que du *gaz ammoniac* dissous dans l'eau, pour laquelle il a une puissante affinité, l'on aura tout l'appareil de M. Carré dans sa plus grande simplicité.

Pour le faire manœuvrer, l'on chauffera à un feu assez doux la portion du tube qui renferme le liquide ammoniacal, et l'on fera refroidir l'autre moitié dans de l'eau ordinaire. Par l'action de la chaleur, le gaz ammoniac se dégage de l'eau qui le tient en dissolution, il va dans l'autre portion du tube qui est refroidie, et s'y condense sous forme liquide, par la compression qu'il y éprouve, puisque, à l'état gazeux, l'ammoniaque occupe un volume bien plus considérable qu'à l'état liquide. Dès l'instant où tout l'ammoniaque est condensé, on retire le tube du feu, et si alors l'on plonge la portion qui le renferme dans un récipient d'eau, le gaz ammoniac absorbe la chaleur de cette eau, reprend sa forme gazeuse, et va se condenser dans la portion du tube qui renferme de l'eau, pour laquelle on connaît sa puissante affinité. On peut recommencer cette opération aussi souvent qu'on le voudra ; les alternatives de gazéification et de liquéfaction du gaz ammoniac produiront au gré de l'opérateur autant de glace que la capacité de l'appareil le permet, sans aucune perte.

L'appareil en petit de M. Carré n'est pas autre chose que celui que nous venons de décrire : seulement ce tube a une forme appropriée à sa destination, et un thermomètre régulateur permet d'apprécier la température à laquelle l'opération est achevée, et le moment précis auquel il convient d'enlever l'appareil du feu pour le porter dans l'eau.

Toutes ces conditions sont réglées par une instruction qui accompagne chaque appareil. Les dépenses sont presque nulles pour chaque opération ; elles se réduisent à quelques hectogrammes de charbon de bois, et la direction de l'appareil ne présente pas de plus grandes difficultés que celles d'un pot-au-feu de ménage.

Avec des appareils du prix de 150 à 300 francs, on peut

faire, non-seulement un bloc de glace de 1 à 3 kilogrammes, mais encore une quantité égale de crème glacée, puis refroidir ou frapper deux à trois carafes d'eau ou de vin.

Ces appareils conviennent parfaitement à de petites consommations, dans les habitations éloignées d'une usine montée en grand; et après une ou deux instructions pratiques, un domestique pourra en exécuter facilement le service sans aucun effort d'intelligence.

Mais là ne se borne pas la perfection du système, et des appareils sur une plus vaste échelle permettent de fabriquer de la glace, d'une manière constante, et sans autre intermittence que celle du repos indispensable à tout travailleur.

Le principe sur lequel ces appareils reposent est toujours le même. C'est toujours la gazéification de l'ammoniaque rendu liquide par compression, qui soustrait le calorique à de l'eau qu'elle congèle.

Une petite chaudière de 100 litres environ de capacité pour une production de 200 kilogrammes de glace à l'heure, est chauffée à feu nu; elle renferme de l'eau ammoniacale. Le gaz ammoniac s'en dégage, s'épure dans des appareils laveurs convenablement disposés, se refroidit dans des réfrigérants alimentés d'eau courante à la température ordinaire, puis vient se condenser dans un serpentin entouré d'un liquide incongelable qui sert de conducteur; ce liquide est la *glycérine*, liquide d'un vil prix, qui est adopté par M. Carré.

Le gaz ammoniac liquéfié par la compression et le refroidissement reprend ensuite sa forme gazeuse, et, comme il ne peut le faire qu'au moyen d'une quantité considérable de calorique, il emprunte ce calorique à la glycérine, qui elle-même le reprend à de grands tubes pleins d'eau, qui se congèlent alors. C'est là le but final de l'opération. Les tubes congelés sont vidés, et présentent d'énormes cylindres de glace trèscompacte, très-propre, qu'on livre à la consommation. Ces tubes sont de nouveau remplis d'eau, et soumis à de nouvelles congélations, de manière à présenter un roulement continuel de tubes à remplir d'eau, et à désemplir de glaçons solides.

Le gaz ammoniac, volatilisé par la chaleur empruntée à la glycérine et à l'eau congelée, est ensuite renvoyée à la chaudière primitive au moyen d'une petite pompe mue par une force quelconque.

L'emploi d'une machine à vapeur de la force de trois chevaux serait nécessaire pour un appareil pouvant donner 200 kilogrammes de glace à l'heure.

Si nous avons été assez explicite dans notre démonstration, cet appareil présente l'image d'une véritable circulation non interrompue d'un gaz liquéfié par compression, reprenant sa forme primitive en empruntant du calorique à de l'eau qu'il congèle, et repassant à l'état liquide par son absorption dans l'eau de la chaudière. La chaleur empruntée à l'eau congelée est finalement cédée à un courant d'eau qui se renouvelle constamment.

Il n'y a dans cette fabrication d'autre dépense que celle du charbon nécessaire à chauffer la première chaudière, et la production de force nécessaire à la compression du gaz ; en admettant toutefois que l'appareil sera à proximité d'un cours d'eau, qui puisse recevoir la chaleur soustraite aux tubes congelés. On doit aussi compter, quoique pour peu de chose, la perte de l'ammoniaque, par les fuites accidentelles de l'appareil, et les pertes insignifiantes de la glycérine ou liquide conducteur du calorique.

Voici le prix des appareils continus, dits *manufacturiers*, pris à Paris :

Production à l'heure.		Prix.
25 kilogrammes	....	4 200 fr.
50 —	....	7 500
100 —	....	12 000
200 —	....	22 000

auxquelles sommes il faut joindre la valeur des emballages, fret et construction d'un fourneau en briques.

Nous avons fait le devis exagéré des dépenses[1] qu'occasionnerait l'établissement d'un appareil faisant 200 kilogrammes de glace à l'heure, ou soit 2000 kilogrammes par journée de travail ; nous avons trouvé que les frais d'acquisition et d'installation exigeraient l'émission d'un capital de 36 000 francs et que les dépenses annuelles s'élèveraient à 32 000 francs.

En fixant le prix de vente à 0^f,075 le kilogramme, les recettes quotidiennes opérées par la vente de 2000 kilogrammes de glace donneraient une somme de 150 francs ou de 54 000 francs par an ; l'excédant des recettes sur les dépenses serait donc de 22 000 francs.

---

1. Voir le *Moniteur de la Réunion* du 7 août 1861.

Si l'on admet des pertes, des chômages forcés, évalués au dixième, l'on peut admettre une compensation par des journées de douze à quinze heures de travail. Car cette fabrication n'exige d'autres peines de la part du directeur-mécanicien qu'une surveillance, qu'il ne tardera pas à déléguer, en temps ordinaire, aux ouvriers qu'il formera, et de la part des ouvriers que le rechange périodique des tubes congelés contre des tubes pleins d'eau.

Les moments actifs de la journée seront ceux du débit de la glace, aux heures qui précèdent les repas, heures auxquelles les demandes des consommateurs seront plus nombreuses.

Je pense qu'un pareil établissement aurait de fortes chances de réussite à Saint-Denis, et je ne crois pas que le chiffre de 2000 kilogrammes de glace par jour soit exorbitant pour cette ville. Saint-Denis renferme certainement plus de deux mille familles assez aisées pour s'imposer sans gêne la dépense quotidienne de 7 cent. 1/2 de glace. Les communautés, les hôpitaux, les habitations en consommeraient des quantités plus considérables; et les hôtels et les cafés ne pourraient se dispenser d'en avoir toujours un approvisionnement, soit pour la préparation de leurs crèmes et sorbets, soit pour frapper leurs boissons.

Les consommateurs enverraient chercher leur provision de glace dans des paniers, où elle serait déposée dans plusieurs doubles de tissus de laine ou de flanelle : ce moyen suffirait pour emporter de la glace même aux distances plus considérables des habitations et des quartiers voisins, ce qui augmenterait d'autant le débit, en propageant les bienfaits de cette fabrication.

Sur l'application des propriétés de l'ammoniaque, M. Haussmann fait en ce moment construire chez MM. Desrones et Cail, des appareils différents de ceux de M. Carré et qui simplifieraient peut-être encore l'opération de la congélation, dont nous n'avons fait qu'énoncer le principe théorique. Ces appareils ne tarderont pas à fonctionner; l'inventeur espère arriver à un résultat plus économique que par le procédé de M. Carré.

FABRICATION

DE LA CHAUX GRASSE

NÉCESSAIRE A L'INDUSTRIE SUCRIÈRE OU A L'INDUSTRIE
DES BÂTIMENTS.

EMPLOI DE LA CHAUX MAIGRE DES CORAUX

A L'AGRICULTURE.

Si l'agriculture métropolitaine compte la chaux au nombre de ses agents les plus utiles, l'industrie de la Réunion doit l'admettre au nombre de ses agents indispensables, puisque c'est par son emploi que l'on arrive à épurer convenablement les vesous dans l'opération de la défécation, et que l'élément calcaire, comme j'ai pu m'en assurer par l'analyse chimique, manque complétement dans la couche végétale du sol du pays.

La colonie est abondamment pourvue de blocs calcaires, et l'exploitation des récifs madréporiques qui entourent les quartiers de Saint-Gilles à Saint-Pierre lui fournirait aisément toute la quantité de chaux nécessaire à ses industries, si la chaux extraite de ces coraux réunissait toutes les conditions nécessaires à ces divers usages; mais ces conditions n'existent pas dans la chaux extraite du règne animal, et sans nous lancer dans des théories scientifiques, que nous avons le soin d'éviter autant que possible dans nos études, nous dirons, en quelques mots, les conditions que l'on recherche dans la chaux propre aux opérations de la sucrerie, comme dans celle nécessaire à l'industrie des bâtiments.

Si pour la confection de la chaux l'on se servait toujours de calcaire parfaitement pur, tel qu'est celui provenant du marbre (*carbonate de chaux*), l'on aurait évidemment toujours de la chaux pure et possédant des propriétés identiques ; mais il s'en faut de beaucoup que les pierres calcaires soient d'une composition identique, et souvent elles renferment des éléments étrangers, tels que l'*argile*, le *sable* ou *silice*, la *magnésie*, le *fer*, etc., qui changent complétement les propriétés de la chaux.

Or l'on nomme *chaux grasse* celle qui se rapproche le plus de la chaux chimiquement pure ; elle a pour propriété, lorsqu'elle est encore *vive*, c'est-à-dire qu'elle est encore sèche, soit parce que sa fabrication est toute récente, soit parce qu'elle a été conservée à l'abri de l'humidité, de produire un dégagement considérable de chaleur, lorsqu'on l'arrose avec de petites quantités d'eau. Cette chaleur est assez considérable pour mettre feu aux substances végétales, papier, feuilles sèches, bois, etc., ce qui explique le danger qu'il y aurait à embarquer une pareille chaux sur des navires, où le contact presque inévitable de l'eau en nature, ou même de l'humidité seule, pourrait devenir la cause de fréquents incendies.

La chaux vive, ainsi arrosée d'un peu d'eau, craque avec bruit, se désagrége d'abord en menus fragments, puis en poudre ; son volume augmente considérablement. Alors, si l'on ajoute de nouvelles quantités d'eau, elle forme une bouillie pâteuse, onctueuse comme le savon sous la pression du doigt, et ne présentant comme lui aucune granulation. De cette dernière propriété lui vient son nom de *chaux grasse*. Mais si le calcaire renferme au contraire des éléments autres que le carbonate de chaux, tels que l'*argile*, la *silice*, la *magnésie*, ou autres, ces éléments n'ayant pas les propriétés de la chaux, ou même pouvant les annuler en partie en se combinant à elle, il en résulte que la chaux qui en provient n'a pas, lorsqu'elle est éteinte, le même toucher doux, savonneux ; l'on sent des granulations sous les doigts ; or toutes ces granulations sont des parties inertes pour l'usage auquel on destine la chaux. On nomme cette espèce de chaux, *chaux maigre* ; elle a pour propriétés de se déliter difficilement par l'eau, de rester longtemps avant de se réduire en poudre, et de ne produire par l'extinction, qui est fort longue, qu'une minime quantité de chaleur. C'est évidemment à cette classe de chaux que l'on doit rapporter les chaux des coraux de Saint-Gilles, Saint-Leu, Saint-Pierre, etc.

Ce n'est pas par un vice de préparation que ces chaux présentent ces propriétés; leur mode de préparation, que j'ai pu voir dans ces quartiers, est à l'abri de tout reproche; c'est par leur composition intime même. Ces chaux sont encore utiles pour l'art de la maçonnerie, mais on leur préférera toujours la chaux grasse de France pour cette destination, et on les exclut complétement de l'industrie sucrière, ou si on les emploie quelquefois, ce n'est que dans des cas forcés et faute d'autre.

Je ne parlerai pas des autres sortes de chaux, dans lesquelles la présence de quelques éléments étrangers constitue une propriété qui les fait rechercher dans l'art de la bâtisse. Ces éléments, par leur mélange avec l'eau, forment une combinaison capable d'acquérir en peu de temps une grande solidité, ce sont les *ciments romains* et les *chaux hydrauliques*. Les seules chaux qu'il nous importe d'étudier ici sont les *chaux grasses*.

C'est qu'en effet leur étude est d'une importance capitale dans la colonie, où l'on a vu souvent cet élément premier de notre industrie sucrière s'élever à un prix fabuleux par le fait de sa rareté ou de la spéculation, et nécessiter des mesures exceptionnelles de la part de l'autorité supérieure, pour l'introduction provisoire des chaux étrangères.

Le mètre cube de bonne chaux grasse en pâte se paye 10 francs dans le midi de la France, hors barrière des villes, tous frais de transport, d'extinction, etc., payés. Il est rare que la chaux de France descende sur le marché de Saint-Denis au-dessous du cours de 20 francs la barrique de 225 litres. Or, à ce prix, le mètre cube revient à 90 francs. La différence est, on le voit, assez large pour compenser les débours occasionnés par le fret, l'achat des vieilles barriques pour la loger, et les frais d'embarquement et de débarquement; et cependant l'industrie sucrière n'aurait jamais élevé de plaintes si le cours de la chaux était resté à ce taux modéré; mais nous avons vu dans ces dernières années la barrique s'élever au prix de 25, 30 et même 40 francs, ou soit jusqu'à 130 et 175 francs le mètre cube, dont la valeur réelle en France est de 10 francs au plus.

Ce prix de 10 francs n'est point hypothétique, il résulte

de renseignements certains, car il m'est arrivé plus d'une fois de faire éteindre de la chaux et de la payer à ce prix, après le mesurage dans les fosses, ainsi que cela se pratique dans le midi de la France.

Il est bien évident que si l'on trouvait le moyen de se procurer toujours de la chaux grasse dans la colonie, et à un prix modéré, ce serait une ressource précieuse pour l'industrie, et je comprends toute la préoccupation de la chambre d'agriculture sur cette question.

Sans résoudre le problème d'une manière immédiate, puisque le sol volcanique de l'île de la Réunion exclut évidemment toute supposition de gîte minéralogique calcaire, nous pourrons peut-être arriver à un résultat avantageux par un moyen détourné.

Tout propriétaire d'usine peut parfaitement préparer la quantité de chaux qui lui est nécessaire pour sa manipulation, sans grands embarras et avec fort peu de dépense, au moyen du calcaire et du combustible expédiés de France. La pierre calcaire est si abondante aux environs de Marseille, de Nantes, et sur tout le littoral français, qu'il ne coûterait guère plus aux navires de s'approvisionner d'un lest d'une certaine valeur, que d'un lest sans prix. Le meilleur combustible à employer pour la cuisson du calcaire est le coke, ou charbon résidu de la distillation de la houille dans les usines à gaz de la France. Or le commerce de Marseille livrerait telle quantité de coke qu'on lui demanderait au prix de 35 francs les 1000 kilogrammes.

L'avantage que présenterait l'importation, à la Réunion, du coke et du calcaire nécessaires à la préparation de la chaux, ressortira évidemment des chiffres que nous poserons plus loin. Le coke et le calcaire sont deux substances faciles à transporter ; elles n'exigent aucun emballage particulier, elles se logent en grenier dans la cale, ne craignent en rien l'humidité. Les sucriers peuvent s'en approvisionner au besoin par prudence, ils n'ont rien à craindre de leur détérioration ; dans un temps quelconque, ces deux substances auront toujours la même valeur, comme au jour de leur embarquement ; en vingt-quatre heures, au besoin, leur conversion en chaux serait opérée, dans un cas pressant ; sans compter encore l'avantage que trouverait la colonie dans l'importation d'un combustible aussi énergique que le coke, dans un pays où le bois est si rare et si cher.

Cependant j'espère arriver à mieux, et prouver que la préparation permanente de la chaux par ce système serait encore plus utile à la colonie que par le mode de simple prévoyance.

L'appareil dont on se servirait pour la préparation de la chaux est facile à exécuter ; il peut être établi partout soit à demeure, soit momentanément. En voici la description telle que je l'ai vu fonctionner dans diverses localités du midi de la France.

Pour un four continu, on fera bien de se servir de briques réfractaires pour revêtir les parois intérieures d'un massif en maçonnerie; pour un appareil volant, un simple trou dans la terre suffit, pourvu que la terre présente une assez grande consistance d'agrégation, et que le terrain offre une pente assez rapide, comme nous le verrons. Dans tous les cas, la paroi intérieure du fourneau représente un cône tronqué renversé, dont les dimensions varieront suivant la quantité de chaux que l'on voudra préparer, mais qui seront telles cependant que la hauteur totale soit au moins double de celle du gueulard ou bouche supérieure du fourneau, et l'ouverture inférieure d'un diamètre d'un tiers environ de celui du gueulard. Ainsi, par exemple, pour un four qui devrait donner 10 à 12 hectolitres au moins de chaux vive par vingt-quatre heures, l'on construirait en briques réfractaires, entourées d'un massif en maçonnerie, un cône renversé d'une hauteur de 4 mètres, d'un gueulard de 2 mètres de diamètre, et d'un orifice inférieur de 75 à 80 centimètres de diamètre. Cette partie du cône doit être accessible latéralement au moyen d'un conduit voûté, pour pouvoir retirer la chaux calcinée.

Ce four étant construit, et l'on voit que sa construction exige peu de frais et peu de soins, il est facile d'en diriger le service pour fabriquer la chaux. On jette quelques fagots dans la portion inférieure du four, on recouvre ces fagots d'un peu de bois, et l'on garnit par-dessus avec un lit de coke, 2 hectolitres environ. On jette par-dessus le coke 1 hectolitre de pierres calcaires de la grosseur des macadams, et l'on continue ainsi successivement par lits de coke et de macadams calcaires, dans la proportion de 3 volumes de coke contre 8 volumes de calcaire. Il sera utile, pour que les ouvriers ne se trompent jamais dans ces proportions, de faire construire des mesures en bois ou des paniers d'une capacité de 9 litres pour le coke, et de 24 litres pour le calcaire; ainsi l'on pourra mettre alternativement une mesure de chaque substance.

Quand on aura chargé un tiers environ de la hauteur du four, l'on mettra le feu par la partie inférieure, et quand on s'apercevra qu'il aura gagné la partie supérieure des matériaux du four, l'on chargera encore 50 à 60 centimètres, l'on attendra que le feu ait atteint la partie supérieure, et l'on continuera ainsi jusqu'à chargement complet du four. Dès l'instant où le four est en activité, son service devient facile; on attend pour retirer la chaux par le foyer inférieur, que celle-ci présente une couleur blanche, que sa température ne soit plus élevée ; on l'en extrait alors au moyen d'un ringard, et on l'emporte à l'abri de la pluie, s'il en survenait, jusqu'au moment de l'éteindre. Ce moment doit être assez rapproché de celui de la calcination.

Au fur et à mesure que l'on retirera de la chaux par la partie inférieure, il faudra charger le four de nouveaux matériaux ; car ceux-ci s'affaisseront, autant par ce que l'on en aura retiré par en bas, que par la combustion du coke, qui se consume entièrement, ne laissant qu'un résidu insignifiant de 15 pour 100 environ.

Deux noirs employés à ce service pourront, avec les matériaux à leur proximité, servir ce four pendant le jour; pendant la nuit, un seul noir suffira, il ne fera pas d'extraction de la chaux, il bornera ses soins à entretenir le feu en jetant de temps en temps des lits alternatifs de matériaux. Les premières extractions du matin seront alors plus considérables.

Nous avons dit qu'un four ayant les dimensions données ci-dessus pourra produire 10 à 12 hectolitres de chaux vive par vingt-quatre heures. Il conviendra dès lors d'arrêter la fabrication à l'instant où la provision de chaux sera suffisante, ou plutôt il vaudra mieux ne l'arrêter que lorsque l'on aura achevé la consommation des matériaux, car la chaux éteinte ne s'altère par le temps que dans les barriques ; on pourrait la conserver pendant des années, avec les soins que nous allons énumérer.

On creusera dans le sol une fosse carrée de dimensions appropriées à la quantité de chaux à éteindre. Si l'on doit se servir couramment du système, il vaut mieux faire construire cette fosse en pierres ou en briques ordinaires, ou seulement revêtir cette fosse, creusée dans le sol, en planches sur les parois. Ces précautions n'ont qu'un seul but, celui d'empêcher la chaux de se mélanger avec des pierres ou de la terre, par la négligence des ouvriers chargés de la vider ultérieurement; encore ne sont-elles pas indispensables, puisque la chaux employée à la défécation est délayée dans l'eau et décantée.

On mettra donc un lit de chaux vive dans le fond de la fosse et on l'arrosera légèrement avec de l'eau; cette eau sera absorbée immédiatement, la chaux craquera, fera entendre un sifflement analogue à celui d'un fer rouge plongé dans l'eau, elle se brisera en morceaux, puis tombera en poussière fine qui augmentera beaucoup de volume, et d'épaisses vapeurs d'eau s'en dégageront. A ce moment l'on pourra augmenter la quantité d'eau, que l'on ajoutera successivement avec de nouvelles quantités de chaux. La masse entrera en ébullition. Quand toute la chaux sera éteinte, on brassera le mélange avec un ringard, pour en faire une pâte homogène, et on laissera le tout en repos pendant deux ou trois jours. La température sera alors abaissée, on recouvrira la fosse avec quelques planches, et finalement on la recouvrira de terre que l'on mouillera et battra avec force, pour empêcher le contact de l'air.

La chaux ainsi préparée peut se conserver indéfiniment. Quand on veut l'employer, on ouvre la fosse par un des côtés, que l'on dégarnit de terre, et l'on coupe la masse par tranches, à la pelle ou à la pioche.

Nous pouvons maintenant établir nos calculs pour le prix de revient de la chaux préparée par le système que nous proposons.

Nous prendrons d'abord pour prix de base de la chaux dans la colonie, le prix de 20 francs la barrique de 225 litres, ce qui porte le prix du mètre cube à 90 francs, en chiffres ronds.

Ce prix est, je crois, celui minimum que la chaux a pu atteindre dans ces dernières années. Au prix de 5 et 6 piastres, qui est le prix plus normal, la chaux revient à 111 et 133 francs le mètre cube.

Le calcaire est un composé de :

Chaux	56 %
Acide carbonique	44
Total	100

Sa calcination a pour résultat d'en chasser l'acide carbonique ; il reste les 56 pour 100 de chaux. La théorie est, comme
on le voit, fort simple. On admet dans la pratique de la chau-
fournerie que, par le mouillage ou l'extinction, la chaux re-
gagne en eau un poids égal à celui de l'acide carbonique
perdu, de manière que les 56 centièmes de chaux redevien-
nent 100 de chaux grasse.

D'un autre côté, l'on peut admettre, sans erreur sensible,
que la pesanteur du mètre cube de calcaire divisé en fragments de la grosseur du poing, est de 1500 kilogrammes,
poids qui est aussi, fort approximativement, celui du mètre
cube de chaux. Il en résulte qu'un mètre cube de chaux
grasse en pâte est d'un poids de 1500 kilogrammes.

Nous pouvons dès lors évaluer les diverses dépenses occasionnées par un four aux dimensions ci-dessus indiquées, qui
doit donner 12 hectolitres de chaux par vingt-quatre heures :
nous supposerons qu'il marchera pendant 10 jours.

Nous aurons ainsi une production de 129 hectolitres de
chaux grasse, ou soit 12 mètres cubes, l'équivalent de 54 barriques environ de chaux, qui, au prix de 4, 5 ou 6 piastres,
forment une valeur de 1080, 1350 ou 1620 francs en l'ache-
tant aux cours de la place.

Voici maintenant les débours occasionnés, par la fabrication dans la colonie, avec le coke et le calcaire venus de
France.

Il nous faudra 12 mètres cubes de calcaire, qui, d'après
l'estimation que nous en avons faite sur les lieux, à Marseille,
reviendraient, rendus au quai, au plus haut prix, à 10 francs
le mètre, soit pour les 12 mètres.................. 120 fr.

Pour ces 12 mètres de calcaire, il faudrait, d'après
les dosages établis plus haut, 4 mètres et demi de
coke, qui, d'après la densité de ce produit, pèse-
raient 1485 kilogrammes. Le prix courant du coke
étant de 35 francs les 1000 kilogrammes, ce serait
donc pour les 1485 kilogrammes une somme de...   52

Ces 12 mètres de calcaire et les 4 mètres et demi
de coke feraient 16 tonnes et demie, qui, pour frais
d'embarquement à Marseille et de débarquement à
la Réunion, reviendraient à 10 francs la tonne, soit
pour les 16 tonnes et demie, à...................   165

A reporter...........   337

Report........... 337 fr.

Le fret de ces 16 tonnes et demie, à raison de
35 francs l'une 577

30 journées ou nuits d'ouvriers, pour alimenter
le four, à 1 franc l'une, total..................... 30

Entretien du four en briques, assurance de la
marchandise................................... 16

Total.............. 960

La somme de 960 francs représente donc le total des dépenses occasionnées par la fabrication de l'équivalent de 54 barriques de chaux, du prix de 1080 à 1620 francs.

Nous n'avons pas compris dans ce calcul le prix du transport des matériaux des points de débarquement à l'usine, puisque nous n'en avons pas fait mention, non plus, pour la chaux en barrique. Tous ces chiffres sont certainement exagérés, et cependant il reste encore une marge assez large aux bénéfices, qui ne pourraient que s'accroître dans l'avenir; car il est bien évident que la dépense la plus forte dans ce système porte sur le fret. Or il est à supposer que la plupart des armateurs qui envoient leurs navires à la Réunion, en partie sur lest sans valeur, ne demanderaient pas mieux que de charger un lest d'une certaine valeur, dont ils réduiraient le fret au-dessous de celui des autres marchandises qui exigent plus de soins pour l'expédition.

Je sais qu'il est bien difficile d'introduire des innovations chez les habitants; les travaux de l'agriculture et ceux de l'usine suffisent, et au delà, à absorber tous leurs instants, et de nouvelles occupations qui, dans leur grande industrie, ne réaliseraient que des économies de quelques milliers de francs, seront difficilement adoptées. Mais une pareille introduction, faite en prévision des hausses exagérées sur la marchandise, n'eût-elle que le mérite de servir de régulatrice du prix de la chaux, qu'elle devrait être essayée. Les sucriers n'accepteraient ainsi jamais que des prix raisonnables, quand la rareté de la marchandise ou la spéculation pourrait la faire élever à un prix exagéré.

Si les usines à sucre n'adoptaient pas ce moyen de fabrication de leur chaux grasse, notre système pourrait devenir, entre les mains de quelques industriels qui le tenteraient en grand, une source certaine d'une fortune considérable; car toutes les économies, minimes pour les habitants en parti-

culier, se monopoliseraient entre leurs mains, et donneraient
ainsi un revenu fort raisonnable; sans compter qu'ils rendraient un service signalé à l'industrie sucrière, à celle des
bâtiments et à l'agriculture du pays. — Cette industrie ne
porterait aucun préjudice aux chaufourneries de la colonie
dans les quartiers approvisionnés de coraux, car la chaux
maigre préparée au moyen du coke, d'une manière plus
économique qu'elle ne l'est aujourd'hui au moyen du bois,
pourrait être utilisée à l'agriculture, qui en réclame impé-
rieusement l'emploi, dans nos terres complétement dépour-
vues de l'élément calcaire. Déjà, dans quelques travaux spéciaux sur l'agriculture locale, j'ai préconisé son emploi dans
la culture de la canne à sucre ; je suis heureux de pouvoir
étayer aujourd'hui mon opinion de celle d'un chimiste qui
fait autorité en pareille matière. Voici le résumé des observations de M. Payen sur les effets de la chaux employée
comme amendement en agriculture ; je regrette que les limites de cette étude m'empêchent de le citer en entier.

Une foule de faits pratiques ainsi que les déductions de divers faits scientifiques ont démontré qu'un excès d'acide est
généralement nuisible aux plantes cultivées ; or l'un des
produits de la germination est un acide excrété par les racines de plusieurs espèces de plantes, et rejeté dans le sol.
Presque tous les débris végétaux en se décomposant donnent
des produits acides ; il est évident que le carbonate de chaux
des marnes et des cendres, les alcalis des cendres incomplétement épuisées, peuvent saturer les acides même les
plus faibles; il est évident encore que la chaux éteinte ou
hydratée sature ces acides avec encore plus d'énergie, et
peut rendre solubles ou même gazeux des produits azotés,
indispensables à la nutrition des plantes , et maintenir une
légère réaction alcaline favorable à la végétation.

En saturant les acides végétaux, le carbonate de chaux
peut déterminer un autre résultat avantageux; il laisse dégager lentement de l'acide carbonique, et celui-ci devient,
par l'absorption des feuilles des plantes, l'un des principaux
agents de la nutrition; comme nous l'avons décrit dans
notre *Introduction à l'étude de la chimie agricole*, les plantes
s'assimilent son carbone, et l'oxygène est restitué à l'air.
Ces effets sont produits aussi avec la chaux, parce que
celle-ci s'unit rapidement à l'air ambiant, et offre alors un
carbonate calcaire d'autant plus favorable qu'il est plus

divisé, plus pur et plus facilement attaquable que le calcaire des marnes et des diverses roches semblables.

La chaux est encore fort utile comme moyen de désagréger et d'utiliser aussi comme engrais les débris ligneux trop consistants qui pourraient être nuisibles, dans le sol, par leur volume et leur dureté, ainsi que l'a préconisé Jauffret dans la préparation de son engrais.

La chaux peut être employée dans tous les sols, mais en proportion différente. Si elle n'est utile, dans quelques-uns, que pour donner une légère réaction alcaline, stimulante, ou aider à la désagrégation des débris végétaux; dans les autres, comme celui de notre colonie, elle est destinée à fournir le carbonate calcaire qui leur manque, et à réparer chaque année la déperdition qui s'en fait, par les sels à base de chaux assimilés par la canne, et enlevés par la récolte ; c'est ainsi qu'une quantité de chaux égale au millième du volume de la couche labourable, ou son équivalent en cendres de bois ou de bagasse, ou encore un centième de marne *peuvent améliorer le sol au point d'augmenter de 25 à 50 pour 100 les récoltes* (Payen). Les sols argileux, schisteux, sableux, ne produisant pas d'effervescence par les acides, sont ceux où les amendements calcaires et la chaux en particulier conviennent le mieux et doivent être employés en plus forte proportion.

La dose de chaux moyenne à introduire annuellement, d'après Payen, serait d'environ 3 hectolitres par hectare de terrain analogue à ceux que j'ai cités, soit qu'on l'introduise chaque année, soit que l'on mette le triple ou le quintuple tous les trois ou cinq ans.

En tout cas, cet amendement ne doit pas dispenser de l'emploi des autres engrais azotés; au contraire, on mettra d'autant plus de ces derniers, que les récoltes auront été plus abondantes et auront conséquemment enlevé plus de matériaux azotés à la terre. C'est faute d'avoir eu ce soin que dans plusieurs localités on a épuisé la fécondité de la terre par l'addition seule de la chaux; de là le proverbe que *la chaux enrichit le père et ruine les enfants*, proverbe qu'il est aisé de faire mentir en entretenant son fonds inépuisable, et lui rendant tout ce qu'une riche végétation lui enlève.

Le procédé le plus simple, dans les terres arables, est de répandre uniformément la chaux sur le sol; mais dans nos cultures de cannes à sucre, je crois que le moyen le moins coûteux est de la jeter dans les trous de cannes, comme le font quelques habitants, qui se trouvent bien de cet emploi, en diminuant considérablement la dose usitée en France, et la proportionnant à la petite étendue des trous de cannes dans lesquels elle se trouve concentrée.

PRÉPARATION DU SUCRE PUR

DE LA DOUBLE CARBONATATION.

Nous avons déjà dit qu'il existait en France des procédés de fabrication de sucre qui n'en étaient plus à l'état d'essai, et qui, adoptés par un grand nombre de fabriques, permettaient de livrer à la consommation du sucre parfaitement pur à 1 fr. 20 c. le kilogramme, en comprenant dans ce prix les droits de fisc, le transport, la commission, etc. Il est donc utile aux colonies de connaître la pratique de ces procédés.

S'il ressort de cette étude que l'outillage employé actuellement dans les usines coloniales ne peut s'adapter complétement aux procédés suivis dans la métropole, au moins la théorie des opérations et la description détaillée de toutes leurs phases permettra aux investigations ingénieuses de nos industriels créoles de s'exercer, pour se rapprocher du but à atteindre, avec les ressources actuelles des colonies, en attendant que l'usure de l'ancien matériel permette de le remplacer par les nouveaux appareils ; nous essayerons nous-même d'esquisser un plan des changements à opérer actuellement à nos usines, pour leur permettre de mettre en pratique les nouveaux procédés sans fortes dépenses.

L'on comprendra aisément que, nos rapports n'étant point rédigés en vue d'une critique scientifique, nous nous taisions d'une manière absolue sur les procédés nouveaux qui n'ont point encore fait leurs preuves d'une manière péremptoire, et qui n'en sont encore qu'à l'état d'expérimentation ; il nous serait facile d'y revenir un jour si le problème recevait, par leur emploi, une solution satisfaisante. Pour le moment, nous ne devons traiter que des procédés adoptés déjà par l'industrie.

Ces procédés sont ceux qui ont pour principe la saturation plus ou moins complète du sucre contenu dans les jus saccharins au moyen de la *chaux*, et la précipitation de cette chaux par sa combinaison avec l'*acide carbonique*. Les matières colorantes du jus sont entraînées, sous forme de *laque*, avec le *carbonate de chaux* produit.

L'idée première de la transformation du sucre en *saccharate de chaux*, à décomposer ultérieurement par l'acide carbonique, remonte déjà assez loin. Les travaux de Barruel, puis ceux de Pelouze et de Peligot ont démontré que le sucre n'éprouve aucune altération dans sa combinaison avec la chaux, et qu'on peut l'en retirer avec toutes ses propriétés primitives En 1838, Kulmann proposa l'application de ces principes chimiques dans l'industrie, pour éviter l'altération des jus sucrés et arriver à une meilleure épuration. Ses expériences se bornèrent cependant aux essais du laboratoire et ne reçurent aucune application sérieuse dans l'industrie.

Dix ans plus tard, Rousseau reprit les essais de Kulmann et parvint à déterminer dans le laboratoire les conditions précises pour le succès des opérations industrielles. Ses idées furent mises en pratique sur une grande échelle, et plus d'une fabrique dut son succès à l'application de ce procédé.

Rousseau mettait dans le jus assez de chaux, non-seulement pour opérer une défécation complète, mais encore pour former une combinaison chimique de la totalité du sucre avec elle. Cette quantité de chaux allait jusqu'à 2 kilogrammes et demi par hectolitre de jus de betterave, d'une densité de 4 à 5 degrés Beaumé. Après défécation et première filtration sur le noir animal, on décomposait le sucrate de chaux par un courant d'acide carbonique impur, fabriqué par le passage forcé de l'air à travers un cylindre rempli de charbons incandescents. L'acide carbonique, préalablement dépouillé des cendres qu'il pouvait entraîner, venait barboter dans la chaudière qui renfermait le jus saturé de chaux ; là il s'appropriait cet alcali, formant ainsi avec lui un composé insoluble de carbonate de chaux qui entraînait toutes les matières colorantes à l'état de laque ; le sucre restait en liberté dans le jus, et, par une nouvelle filtration sur le noir en grains, on obtenait un jus presque incolore. Ce dernier était évaporé et cuit comme dans le procédé ordinaire, et donnait du sucre parfaitement blanc et tout à fait propre à entrer dans la consommation sans avoir besoin d'être raffiné.

MM. Possoz et Périer ont fait, dans ces dernières années, l'application d'un nouveau procédé fondé encore sur le même principe de M. Kulmann ; mais, bien que ce nouveau mode de traitement emploie, comme celui de Rousseau, un excès de chaux et la saturation ultérieure par l'acide carbonique, les détails du manuel opératoire s'écartent assez du premier procédé de Rousseau pour en constituer un réellement nouveau, et dont les avantages, comme quantité de rendement et beauté des produits, sont incontestables.

Nous le décrirons en entier, tel que nous l'avons vu fonctionner dans des usines installées depuis peu, et munies, par conséquent, des derniers perfectionnements apportés par les auteurs du procédé chimique et par ceux de l'outillage.

Si la manipulation de la canne à sucre diffère sensiblement de celle de la betterave dans les premières phases des opérations, en raison de la nature même des produits premiers, il n'en est pas moins vrai qu'à partir du moment où les deux substances végétales ont fourni leurs sucs, les opérations subséquentes deviennent presque identiques, et ne diffèrent guère dans leurs détails qu'en raison des quantités différentes de substances étrangères qui sont mêlées au suc.

La structure organique de la canne à sucre, bien différente de celle de la betterave, permet de retirer la majeure partie de son suc par une simple pression entre des cylindres horizontaux en fonte ; la betterave, au contraire, d'un tissu compacte, exige l'emploi de râpes pour diviser complétement les cellules ; mais, dès l'instant où la racine est réduite en pulpe, l'action des presses hydrauliques, facilitée par quelques légères additions d'eau, épuise complétement la betterave de son suc, et le marc ne retient plus que des atomes de sucre ; le marc de la canne à sucre retient au contraire une grande quantité de vesou que la pression des cylindres ne saurait lui enlever.

Je sais que l'absence complète de tout autre combustible que la bagasse, dans les colonies, comme moyen d'évaporation, rendra bien difficile l'introduction d'un autre système d'extraction du suc, mais peut-être, si l'on calculait bien, comme le disait M. le baron Darricau, verrait-on que la bagasse est le plus cher des combustibles. Pour moi, je suis persuadé que l'introduction, dans nos sucreries, des moyens de division et de pression des fabriques de la métropole suivra de fort près la propagation des appareils évaporatoires dits à *triple effet*, parce qu'il est impossible qu'un industriel qui se rend compte de tout ce qui se fait dans sa fabrique, n'arrive pas à reconnaître que brûler une partie de la récolte qu'il a eu tant de peine à mener à point, est un acte tout à fait irrationnel, et que, à quelque prix que lui revienne la houille, dût-elle lui coûter 100 francs la tonne, rendue à l'usine, il lui sera toujours plus profitable de l'employer à la marche de ses appareils mécaniques ou à l'évaporation des jus, que d'y consacrer du sucre du prix de 600 francs.

Il ne sera peut-être pas hors de propos de citer le résultat de quelques expériences à l'appui de cette idée. J'ai souvent analysé des bagasses de diverses provenances à la Réunion, quelquefois officiellement, pour des travaux de commission scientifique, d'autres fois pour mes études spéciales; je ne resterai pas au-dessous de la vérité en estimant que le sucre qui reste dans la bagasse est l'équivalent du tiers de la récolte totale, ou soit égal à la moitié de celle emmagasinée.

En effet, l'on peut prendre comme terme moyen de la densité des vesous le chiffre de 10 degrés Beaumé, ce qui, à 1820 grammes de sucre par degré et par hectolitre, donne un peu plus de 18 kilogrammes de sucre par hectolitre de vesou. 100 kilogrammes de cannes à sucre donnent, par la pression d'un bon moulin à trois cylindres, de 60 à 70 kilogrammes de vesou, soit en moyenne 66 kilogrammes. Il reste 34 kilogrammes de bagasses, composées elles-mêmes de 10 à 12 de ligneux et de 22 à 24 kilogrammes d'humidité, ou de vesou au même titre que celui extrait par les cylindres. Si les cylindres expriment les deux tiers du vesou, il reste donc un tiers de la récolte que l'on brûle, avec ce combustible, dans la manipulation des colonies. Ces 22 kilogrammes de vesou de la bagasse contiennent donc 4 kilogrammes de sucre d'une valeur de 2 fr. 40 c., au prix de 60 centimes le kilogramme; et comme par la dessiccation les 34 kilogrammes de bagasse ne présentent plus qu'un poids de 15 kilogrammes environ de combustible, il en résulte que

les 15 kilogrammes de ce combustible valent réellement
2 fr. 40 c., ou soit 160 francs la tonne de 1000 kilogrammes.
. Si une tonne de bagasse sèche remplaçait utilement une
tonne de houille au prix de 100 francs, le désavantage pourrait être compensé par les embarras de se procurer un autre
combustible; mais, comme nous l'avons déjà dit dans une
étude antérieure [1], la bagasse, dont le pouvoir calorifique est
de 2.800, exige une quantité de 2570 kilogrammes pour remplacer utilement 1000 kilogrammes de houille, dont le pouvoir calorifique est de 7.200. Ce n'est donc plus 160 francs
que coûterait la tonne de bagasse destinée à remplacer une
tonne de houille au prix de 100 francs, mais bien deux fois
et demi cette somme, ou soit 400 francs ; sans parler encore
des inconvénients et des dépenses qui résultent de l'emploi
d'un combustible d'un volume immense, qu'il faut pelleter
longtemps au soleil, sur l'aire, emmagasiner à l'abri des in-
tempéries de la saison, du développement immense des foyers
pour brûler cette masse d'un aliment que le feu dévore en un
instant, lorsque, après tout, cette substance trouverait un emploi si avantageux dans l'engrais naturel de la canne à sucre.
Je sais que, dans un traité spécial de chimie industrielle
justement apprécié, il est dit que l'on doit se garder d'exprimer complétement la canne, pour ne pas enlever à la bagasse
tout son pouvoir calorifique en lui enlevant tout son sucre.
mais l'expérience directe m'a prouvé que tout le sucre qui
reste dans la bagasse est détruit, sans profit pour la combustion, par la fermentation spontanée sur les aires ou dans les
hangars, et que la matière sucrée se convertit en alcool qui
se volatilise en pure perte par la dessiccation des bagasses ;
en sorte qu'il y aurait tout avantage à abandonner un jour le
procédé de pression des cannes par les cylindres, et de recourir aux procédés perfectionnés de la métropole, la râpe et la
presse hydraulique, avec addition d'eau ou de vapeur, pour
utiliser complétement tout le sucre de la récolte, en deman-
dant à la houille le combustible nécessaire à la manipulation.
Cette substitution serait évidemment une réforme complète
dans nos usines, mais si cette réforme constitue un progrès
réel pour l'industrie, pourquoi les usines nouvelles n'en es-
sayeraient-elles pas ? Une augmentation d'un tiers dans le

---

1. Introduction à la *Chimie agricole*, page 62.

6

rendement n'est pas à dédaigner, et la bagasse trouverait comme engrais, dans l'agriculture, un emploi utile qui ne la laisserait pas sans valeur. On ne peut pas admettre qu'un procédé qui condamne au feu, comme simple combustible, une substance dont la valeur saccharine égale au moins celle de la betterave, que la métropole exploite comme matière première, soit un procédé rationnel qu'on doive admirer, sous peine d'hérésie industrielle ; quelque vénération que nous ayons pour les doyens et les créateurs de l'industrie sucrière dans les colonies, quelque admiration que nous professions pour les progrès incontestables qu'ils lui ont fait faire, nous ne pouvons nous empêcher de dire qu'il reste encore beaucoup à faire pour atteindre le progrès de l'industrie similaire en France, qui traite avec profit des produits bien pauvres et bien impurs, comparativement au suc riche et peu coloré de la canne.

Cette digression de notre sujet n'est pas inutile, car elle a pour but de ramener l'unité dans l'industrie sucrière, et de faire profiter ainsi les colonies de tous les progrès qui peuvent se réaliser dans la métropole.

Dès l'instant où le procédé d'extraction du jus serait le même en France et dans les colonies, il n'y aurait presque pas de changements à faire dans les appareils extracteurs, et il resterait aux colonies l'avantage de n'avoir à traiter que des sucs de beaucoup plus riches et plus purs. Cannes ou betteraves, préalablement nettoyées des matières étrangères, seraient présentées aux cylindres dentés et dévorées en un instant ; la pulpe subirait ensuite les mêmes traitements dans les deux industries.

Dans le procédé Possoz et Périer, procédé dit de *la double carbonatation*, les betteraves, préalablement mondées de toutes leurs radicelles, sont apportées dans un cylindre à grillage, tournant dans une auge à moitié pleine d'eau ; ce cylindre horizontal est légèrement incliné, de manière que les betteraves introduites par l'extrémité la plus relevée sortent, par l'effet de la rotation continue, par l'extrémité la plus basse. Le frottement dans l'eau les dépouille de toute la terre qui pouvait adhérer à leur surface, elles perdent même une partie de leur cuticule externe, et se trouvent en partie grattées au vif, elles tombent de là dans une trémie qui les conduit à la râpe. Celle-ci est constituée par un cylindre dans lequel sont enchassées, à deux centimètres de distance l'une de l'autre, des lames d'acier dentées comme une scie; la râpe exécute huit cents tours par minute. Les betteraves sont dévorées en un instant et converties en une pulpe blanche, qui ne tarde pas à se colorer en rouge brun au contact de l'air; celle-ci tombe dans une auge.

Un ouvrier l'y puise avec une pelle, et l'introduit dans un sac de tissu de laine que lui présente un autre ouvrier; chaque sac ne reçoit qu'une pelletée de pulpe, de manière à ce que celle-ci n'occupe qu'une faible épaisseur de cinq centimètres environ. Le sac est alors déposé sur une claie en lames de fer à grillage, et son ouverture repliée par-dessus; une nouvelle claie est posée sur le sac, et alternativement ainsi, l'on superpose les sacs et les claies, de manière à former une pile de cinquante centimètres de hauteur environ. La pile est alors poussée mécaniquement sous une presse à vis, qu'une détente met en jeu au moyen de la machine à vapeur motrice de l'usine; la pulpe est rapidement pressée et donne la majeure partie de son jus, qui se rend dans un bac commun à tous les sucs exprimés par les diverses presses de l'atelier. Mais là ne se borne pas l'opération de la pression; quand la presse à vis a donné toute son étendue, une nouvelle détente la fait resserrer, et la charge est retirée pour faire place à une nouvelle que l'on a eu le temps d'édifier.

Les sacs sont alors de nouveau retirés l'un après l'autre, et empilés de nouveau de manière à changer les côtés de place. Ce changement a pour but de niveler les surfaces, de manière à rendre la pression identique partout. Les sacs ayant beaucoup diminué d'épaisseur, deux charges de la presse à vis sont empilées pour en faire une seule nouvelle. Celle-ci est poussée sur le plateau d'une presse hydraulique que l'on fait immédiatement fonctionner.

La force qui agit sur cette pile de sacs est évaluée à six cent mille kilogrammes. Un quart d'heure suffit pour que la pulpe ait cédé tout le jus qu'elle doit donner sous cette pression. La charge arrivée au terme de sa diminution de volume exigé par l'expérience, le robinet du cylindre de la presse s'ouvre, et le plateau redescend au moyen de contrepoids.

Toutes ces opérations se font mécaniquement, de manière que la surveillance des ouvriers n'influe en rien sur elles, et qu'elles soient toutes identiques. Là se borne la pression de la pulpe. Dans quelques usines on y mêle un peu d'eau avant de la mettre en sacs; la densité du jus est diminuée, il est vrai, mais le produit absolu est plus grand. Les piles sont déchargées, et les sacs portés par brouettes dans l'atelier de désemplissage.

Là, des femmes prennent les sacs, les secouent, les vident, et le marc est emmagasiné pour la vente. Il est fort recherché pour la nourriture des bestiaux.

Le marc représente en poids le cinquième des betteraves manipulées. Cent kilogrammes de racines donnent donc quatre-vingts kilogrammes de jus et vingt de marc. La valeur de ce dernier est de dix francs les mille kilogrammes pour les cultivateurs qui fournissent leurs betteraves à l'usine, et de quinze francs pour les étrangers. Il est bien entendu que chaque cultivateur n'a droit qu'à la quantité de marc produite par les betteraves.

Les jus de toutes les presses, avons-nous dit, sont recueillis dans un bac commun. Dès l'instant où ce bac renferme la quantité de jus nécessaire à une défécation, c'est-à-dire la capacité de seize à dix-sept hectolitres que peut renfermer la chaudière à déféquer, une sonnette avertit l'ouvrier défé-queur, la vapeur est lâchée dans le bac, et, par la pression qu'elle y détermine, le suc est amené par un monte-jus dans la chaudière.

L'on sait qu'en France les sucreries sont soumises à la surveillance incessante du fisc, qui entretient les agents dans les usines. Dans celles qui payent leurs droits par abonne-ment, l'instant du remplissage des chaudières est le seul qui soit surveillé; c'est un agent du fisc qui ouvre les robinets du monte-jus, qui les ferme quand le liquide a atteint le niveau admis, et qui prend note de la densité des jus. Ces annotations, ainsi que l'heure exacte du commencement et de la fin des opérations, sont enregistrées et signées par le chef ouvrier et l'agent du fisc. La quantité de sucre à imposer est évaluée à 1425 grammes par hectolitre et par degré. Dans les fabriques non abonnées, toutes les phases des opérations sont surveillées; c'est le fisc qui a les clefs des magasins; le sucre ne paye alors les droits qu'à la sortie de l'usine.

Les chaudières à défécation ne diffèrent en rien de celles que nous employons à la Réunion; elles sont à double fond, conséquemment chauffées à la vapeur. Elles sont placées à la partie la plus élevée de l'usine, pour que le jus, une fois monté à la défécation, puisse, sans l'emploi d'aucune force nouvelle, couler naturellement dans les autres appareils qui doivent l'épurer plus tard.

Ici commence la série des opérations qui rentrent spécialement dans le procédé Possoz et Périer.

La quantité de chaux à employer dans la défécation est beaucoup plus considérable que dans le procédé des colonies. Cette quantité dépend aussi de la qualité même de la chaux; elle sera d'autant moindre qu'elle est plus grasse et plus pure. Il faut croire aussi que le degré d'impureté des jus doit influer sur la quantité de chaux nécessaire, et que dans les colonies il nous en faudrait moins que dans les sucreries de betteraves. La meilleure méthode pour déterminer la quantité de chaux est d'en faire un lait parfaitement homogène d'une densité de vingt-cinq degrés Beaumé. On commence à élever la température du jus jusqu'à soixante-quinze degrés, en notant le moment précis au moyen du thermomètre à bain, et l'on projette rapidement quarante litres de ce lait de chaux dans la chaudière de seize à dix-sept hectolitres de capacité. Le mélange est fortement brassé au moyen d'une planche emmanchée, et l'on donne la vapeur jusqu'à ce que la température soit à quatre-vingt-dix degrés environ. On ne devra jamais arriver à l'ébullition.

Les écumes se forment; un chapeau consistant surmonte le jus, il se fendille sur les bords, laissant suinter un liquide presque incolore. A ces signes l'on reconnaît que l'opération est achevée, et qu'elle a complétement réussi. L'on ouvre le robinet inférieur, et le suc coule naturellement dans une autre chaudière placée au-dessous de la première. Quand le suc a coulé, les écumes prendraient aussi passage par la même voie; mais le robinet est à double clef, on fait donc déverser par son moyen les écumes dans un bac commun à toutes les écumes de l'usine. Celles-ci sont mises plus tard dans des sacs en toile pelucheuse, exprimées à la presse, et le jus qui en découle est mélangé au liquide de la première chaudière de carbonatation. Quant au marc qui reste dans les sacs, il renferme toutes les matières albuminoïdes du jus combinées à la chaux ; elles constituent un excellent engrais d'une grande valeur.

Le suc déféqué est reçu, disons-nous, dans une deuxième chaudière. Sa réaction au papier tournesol est fortement alcaline, son odeur et sa saveur accusent la présence d'une forte quantité de chaux ; on augmente encore cependant la proportion de cette dernière ; dans ce but, l'on a versé préalablement dans la chaudière cinquante litres d'eau de chaux au même titre de vingt-cinq degrés. L'on brasse de nouveau le mélange pour le rendre homogène.

C'est alors qu'on fait arriver le premier courant de gaz acide carbonique, préparé comme nous le dirons plus bas. La température de la première chaudière de carbonatation ne doit pas s'élever au-dessus de soixante à soixante-cinq degrés pendant toute la durée de l'opération. L'expérience a démontré qu'à cette température le départ du carbonate de chaux s'opérait le plus convenablement.

Le gaz arrive au fond de la chaudière par un tube circulaire criblé de trous, il barbote dans le jus. Comme ce gaz est loin d'être pur, et qu'il est mélangé, comme nous le verrons tantôt, avec quatre cinquièmes environ de gaz non absorbables par la chaux, il se forme dans la chaudière une vive ébullition factice, qui n'entraîne pas moins avec elle tous les inconvénients d'une ébullition dans un liquide visqueux ; il se forme une mousse abondante, et bien souvent l'ouvrier est obligé de calmer l'effervescence au moyen d'un balais trempé dans du beurre fondu, qu'il promène à la surface du liquide. Pour s'éviter la peine de rompre l'ébullition par le brassage, l'ouvrier abuse souvent de cette pratique, qui facilite son travail aux dépens de la qualité du produit ultérieur, car un excès de beurre nuit à la cristallisation du sucre, et communique à ce dernier une odeur caractéristique peu agréable.

L'opération de la première carbonatation dure douze minutes environ ; on en reconnaît la terminaison à ce qu'une cuillerée du liquide, prise comme essai, laisse voir une séparation franche d'un précipité grenu et un liquide surnageant très-clair.

La première carbonatation ne doit pas être poussée jusqu'à la saturation complète de la chaux ; il doit rester au jus, après le passage du gaz, une réaction alcaline accusant la présence d'un excès de chaux non saturée. Si le gaz carbonique était en excès, comme cet acide dissout le carbonate calcaire pour former un bicarbonate soluble, il en résulterait qu'une portion du précipité serait redissoute dans le liquide, et avec lui une certaine quantité de matière colorante que le précipité calcaire avait entraînée avec lui.

L'opération achevée, l'on réchauffe le jus à soixante-quinze degrés, et l'on ouvre rapidement le robinet de la chaudière ; le jus s'écoule dans un bac d'une capacité égale ; c'est le *débourbeur* dans lequel, par un repos de dix minutes environ, le jus dépose tout son précipité calcaire. Lorsque le liquide surnageant est limpide et presque incolore, on ouvre le robinet de décantation, et le jus s'écoule du débourbeur dans une seconde chaudière de carbonatation.

Là, on l'additionne encore de vingt litres de lait de chaux à vingt-cinq degrés, on brasse le mélange, et l'on fait passer de nouveau un courant de gaz acide carbonique, comme dans la première chaudière.

Dans cette seconde opération l'on ne doit pas craindre d'employer le gaz en excès, car il faut que toute la chaux soit entraînée, pour qu'il n'en reste pas dans le jus. L'on sait combien la présence de cet alcali nuit à la nuance et même à la formation du grain ; mais pour qu'un excès d'acide carbonique ne redissolve pas le précipité calcaire, vers la fin de l'opération l'on donne la vapeur à la chaudière, à trois reprises différentes, pour déterminer trois forts bouillons. L'on chasse ainsi l'acide carbonique. Cette opération est de toutes celles de la manipulation la plus délicate, celle dont dépend le succès de la fabrication ; aussi l'ouvrier qui la surveille est-il muni de réactifs, pour pouvoir apprécier exactement le moment où toute la chaux a disparu du liquide[1].

Lorsque l'ébullition du liquide a chassé tout l'acide carbonique en excès, l'ouvrier ouvre le robinet de la chaudière, et le jus est envoyé au second débourbeur, dans lequel un repos de quinze minutes laisse déposer tout le carbonate en suspension.

---

1. Ces réactifs sont deux petites fioles contenant, l'une une dissolution de *cyanure ferroso-potassique*, l'autre une dissolution de *sulfate ferreux*. L'ouvrier prend une certaine quantité de jus dans un verre à expérience, il y mélange une mesure de la première fiole ; après agitation des deux liquides il dépose une goutte du mélange, au moyen d'une tige de bois, sur une feuille de papier blanc, à côté d'une autre goutte de dissolution de sulfate ferreux. En faisant communiquer les deux gouttelettes, il se forme, au point de contact, une coloration bleue très-appréciable, si le jus ne contient plus de chaux. S'il ne se forme pas de coloration, c'est que le jus renferme encore de la chaux.

Cette réaction fort ingénieuse est très-simple ; le sulfate de fer, en effet, donne un précipité de bleu de Prusse dans la dissolution de cyanure ferroso-potassique ; mais, comme la chaux elle-même décompose le cyanure, il en résulte que si la chaux existe encore dans le jus, le cyanure est détruit et ne peut donner formation à la couleur bleue caractéristique.

Après ce repos l'on décante, et le jus s'écoule par le robinet, sur le filtre à la Dumont, chargé de dix hectolitres de noir animal en grains qui a servi déjà, pendant quinze heures, à filtrer du sirop, et que l'on fait servir de nouveau, pendant quinze heures, à filtrer du jus décarbonaté.

Je dois avouer ici que je ne comprends guère l'utilité de cette filtration sur le noir, car le jus est entièrement clair avant le filtre, et ne gagne rien en décoloration. Il est seulement plus limpide après la filtration, car le filtre a retenu toutes les matières en suspension. Un diaphragme de laine ou de coton, ou seulement quelques décimètres de sable produiraient le même résultat que le charbon, qui a déjà épuisé tout son pouvoir décolorant dans la filtration du sirop. Du reste, cette opération n'entraîne aucune dépense nouvelle, puisque le charbon existait déjà dans le filtre pour une opération préalable.

Une série de six filtres disposés les uns à la suite des autres, servis par une même rigole, et surveillés par le même ouvrier, suffit pour une manipulation de mille hectolitres de jus par vingt-quatre heures.

Comme chaque filtre renferme dix hectolitres de charbon, mais qu'il peut fonctionner pendant trente heures, c'est une dépense de quatorze hectolitres de charbon pendant vingt-quatre heures à calculer pour les six filtres. A la vérité, ce charbon, en sortant des filtres, est revivifié et sert à de nouvelles opérations, sans beaucoup de pertes ; mais il n'en est pas moins vrai que l'emploi du charbon constitue une dépense indispensable dans la fabrication du sucre de betteraves, comme nous le verrons pour la décoloration des sirops, tandis qu'avec le jus de la canne cet emploi serait complétement inutile, par la pureté du vesou ; c'est ce dont j'ai pu m'assurer dans des essais faits sur des cannes de la Martinique, manipulées dans le laboratoire de M. Possoz. Ces cannes ont fourni des sucres complétement incolores, sans la moindre addition de charbon animal.

Comme on peut le voir maintenant, la base fondamentale du procédé nouveau est la saturation de la chaux par l'acide carbonique. Il est donc nécessaire de se procurer une source abondante et économique de ce gaz.

Dans l'usine de M. Périer à Flavy-le-Martel, le gaz carbonique est tout simplement aspiré dans la cheminée de l'usine. Ce système est évidemment le plus économique et pour-

rait s'adapter partout, puisque partout l'on emploie le feu
pour les générateurs de la force mécanique, ou l'évaporation
des sucs ; mais il est évident que cette méthode doit présenter, au maximum de son intensité, l'inconvénient que nous
avons signalé pour la mousse de la première carbonatation,
puisque, en outre de l'acide carbonique, il y a dans le gaz
aspiré les quatre cinquièmes d'azote, qui entraient comme
partie constituante de l'air de la combustion, plus, la grande
quantité d'air qui traverse le foyer sans se combiner au combustible, et enfin les autres gaz de la combustion. Pour diminuer ces inconvénients, l'on emploie dans la plupart des
usines un procédé ingénieux qui a le double avantage de
fournir à la fabrication la chaux qui lui est nécessaire, et
de donner du gaz carbonique moins impur que celui des
cheminées.

Un four à chaux est construit dans les mêmes conditions
que celui que nous avons déjà décrit dans la préparation de
la chaux grasse par le coke et le calcaire ; seulement, le
combustible ne s'y mêle point avec la pierre à chaux ; dans
ce but, on construit un foyer latéral à la partie inférieure du
four, et la flamme du combustible est portée par un large
carneau vers trois embouchures qui s'ouvrent sur un même
plan horizontal, et à égale distance l'une de l'autre dans le
four, à quelques décimètres de la sole, et à la base du cône
tronqué.

Du côté opposé au foyer se trouve une porte latérale, par
laquelle on retire la chaux qui tombe par son propre poids
sur un plan incliné.

La partie supérieure du cône tronqué est surmontée d'une
hotte en fer qui communique directement avec l'aspirateur
mécanique ; et, par une porte latérale, on charge le four de
calcaire à mesure que l'on retire la chaux calcinée par la
porte inférieure. Dans ce four, le tirage ou la ventilation est
conduit artificiellement au moyen d'une pompe aspirante et
foulante. L'air atmosphérique entre par le foyer, brûle le
combustible, et les gaz enflammés traversent le calcaire et
le décomposent. Le gaz aspiré se trouve donc composé
d'acide carbonique provenant de la combinaison de l'oxygène
de l'air avec le coke, et du gaz carbonique provenant de la
décomposition du calcaire. Il est évident qu'il renferme encore en mélange l'azote de l'air et de l'oxyde de carbone qui
se forme toujours dans une combustion imparfaite, lesquels

gaz ne peuvent entrer en combinaison avec la chaux mélangée au jus; c'est ce qui forme en grande partie l'ébullition factice qui produit la mousse dans la carbonatation.

Peut-être que dans les colonies l'on pourrait arriver un jour à préparer du gaz carbonique très-pur et, conséquemment, complétement assimilable, en recueillant celui qui se perd inutilement dans la fermentation des mélasses pour la préparation des rhums et tafias. Dans ce cas, il faudrait que les guildiveries fussent placées comme annexes aux usines à sucre, ou que les sucreries vendissent leurs mélasses aux distillateurs à l'état de vins fermentés. Le gaz provenant de la fermentation en vase clos serait recueilli sous des gazomètres en tôle et à télescope, semblables à ceux décrits pour la préparation du gaz de l'éclairage; et sans aucune force motrice, par l'effet de la pression seule du gazomètre, le gaz irait barboter dans les chaudières à carbonatation.

Quoi qu'il en soit, dans le procédé actuel tel qu'il est employé dans les usines de betteraves, le gaz, en outre des impuretés dont nous avons parlé, contient encore des poussières emportées par la ventilation, et est doué d'une température telle qu'on ne pourrait l'employer directement à la carbonatation sans salir le produit, et augmenter considérablement la température au-dessus du degré convenable à l'opération; aussi, avant d'être injecté dans les chaudières, le gaz doit-il être refroidi et épuré par des lavages; ce qui se fait en lui faisant traverser une colonne de fonte munie de quatre à cinq diaphragmes horizontaux. Ces diaphragmes sont autant de cuvettes d'un décimètre de hauteur remplies d'eau, et percées de petits trous de un centimètre de diamètre dont la somme est égale à la section des tubes d'entrée et de sortie du gaz.

Un courant d'eau froide continu alimente les diaphragmes qui communiquent les uns aux autres au moyen de troppleins. L'eau entre dans l'appareil par la partie supérieure, et sort par la partie inférieure; l'on en règle l'écoulement de manière qu'elle sorte à la température de cinquante degrés environ. Il est évident que le gaz ne peut avoir alors que ce degré de chaleur au plus, et que l'eau soustrait l'excédant de calorique que l'on rejette. Cette eau, déjà chauffée, peut servir à l'alimentation des chaudières de l'usine.

L'on calcule que quarante litres d'eau froide, à la température initiale de douze degrés, suffisent pour laver et refroidir, à cinquante degrés, soixante mètres cubes de gaz d'une température de trois cents degrés.

Le gaz carbonique aspiré par la pompe aspirante, lavé et refroidi, est refoulé dans un tube conducteur unique, qui vient longer toute la série des chaudières de carbonatation, et sur lequel sont soudées des prises de gaz, au moyen de tubes plus petits qui viennent s'enrouler en guise de serpentins au fond des chaudières. Ces serpentins, criblés de trous, donnent passage au gaz lorsque l'ouvrier ouvre le robinet partiel.

Quand les chaudières ne fonctionnent pas, et même pendant le fonctionnement des chaudières, comme la somme du gaz aspiré, produit par le four, est beaucoup plus considérable que celle nécessaire aux opérations, l'excès se dégage à l'extrémité du grand conduit, terminé par une soupape s'ouvrant sous une pression constante.

Si l'emploi du procédé se propageait un jour aux colonies, il serait évidemment utile de recourir à la méthode que j'ai indiquée, pour fabriquer la chaux grasse; c'est-à-dire de faire venir de France, en guise de lest pour les navires, le coke et le calcaire nécessaires à l'usine. Les coraux ou roches madréporiques qui se trouvent en grande quantité sur les côtes de la Réunion pourraient aussi donner, et dans les mêmes conditions, le gaz nécessaire à la manipulation. Seulement, la chaux qui en proviendrait, on le sait, n'est pas de qualité supérieure pour les usines à sucre, et en calculant exactement les frais nécessités pour l'exploitation et le transport de ces roches, peut-être arriverait-on à ce résultat, que la chaux grasse des calcaires de France coûterait moins que celle de la colonie.

Nous avons laissé les opérations de la manipulation, à l'instant où le jus de la deuxième carbonatation sort du filtre, complétement dépouillé des matières en suspension qui pouvaient troubler sa limpidité.

Ici commence la deuxième série des opérations, celle de la concentration des jus et leur conversion en grains.

Les sucreries de la métropole ont renoncé entièrement à l'évaporation à feu nu. Si les chaudières à la Gimard, si les rotateurs de Wetzel ont fait faire un progrès immense à la sucrerie coloniale, ces systèmes ont éprouvé le sort de toutes les inventions humaines : ils ont été dépassés par des combinaisons plus avancées auxquelles ils ont eu le mérite de servir de transition. Plusieurs fabriques cuisent aujourd'hui leur sucre dans l'appareil dit à *triple effet*, déjà employé dans un petit nombre d'usines à la Réunion.

Nous ne décrirons pas cet appareil ; une description sans les planches qui le représentent risquerait d'être peu comprise ; il nous suffira d'en indiquer le principe pour en faire apprécier les avantages. La concentration du sirop dans cet appareil a lieu au moyen de la chaleur de toutes les vapeurs perdues dans l'usine. Les vapeurs déjà utilisées pour donner la puissance motrice aux machines de l'atelier, ou qui s'échappent des retours des chaudières à déféquer, à carbonater..., etc...., sont amenées dans un réservoir commun en tôle, cuivre, ou fonte parfaitement clos, pour être dirigées de là dans un système particulier de chaudières cylindriques closes, posées verticalement. Ces cylindres sont chauffés, aux deux tiers inférieurs de leur hauteur, par la vapeur circulant entre deux fonds autour de soixante tubes adaptés à ces deux fonds, comme dans le système des chaudières tubulaires. Le sirop se meut librement dans ces tubes, pour descendre sous le fond inférieur ou monter au-dessus du fond supérieur.

Le premier de ces cylindres est chauffé directement par la vapeur du réservoir commun, dont nous avons parlé, circulant entre les soixante tubes. L'évaporation est facilitée par l'abaissement de la pression atmosphérique, qu'une pompe pneumatique amène jusqu'à soixante centimètres environ.

La vapeur engendrée par cette première chaudière sous une faible pression, et douée par conséquent de moins de calorique, se rend entre les tubes de la deuxième chaudière où l'on maintient un vide plus complet. On le pousse généralement jusqu'à la pression représentée par vingt-huit centimètres du baromètre.

Enfin la vapeur engendrée par l'évaporation de cette deuxième chaudière vient parcourir l'espace entre les tubes de la troisième chaudière ; dans celle-ci la concentration est favorisée par un vide plus complet que dans la seconde, on le porte jusqu'à quinze centimètres.

Les avantages de ce système d'évaporation sont de deux sortes. D'abord, comme le sirop ne se trouve jamais exposé à feu nu, il en résulte qu'il ne peut subir les altérations d'une température élevée, qui augmente, comme on sait, la proportion des mélasses. Ensuite, et c'est là surtout l'avantage qui doit le faire adopter tôt ou tard exclusivement aux colonies, il en résulte une économie d'un tiers de combustible, puisque le calorique absorbé par les vapeurs des générateurs est presque complétement appliqué à l'évaporation des sirops, après avoir donné son effet utile comme source de force mécanique.

Le nom de *triple effet* donné à ce système lui vient, comme on voit, de ce que la vapeur des générateurs est appliquée : 1° à développer la force mécanique dans les chaudières à haute et moyenne pression, mais sans condensation; 2° de l'emploi de cette vapeur, qui n'a perdu qu'une faible partie de son calorique, dans le développement de la force motrice, à l'évaporation de la première chaudière tubulaire, et 3° enfin, de l'emploi de la vapeur émanée de cette première chaudière, et engendrée aux dépens de la condensation de la première vapeur, au chauffage et à l'évaporation dans la deuxième et la troisième chaudière.

La diminution de pression dans ces chaudières augmente de beaucoup l'évaporation, en abaissant le degré de température de l'ébullition, et l'on proportionne cette diminution à la densité des sirops, de sorte que dans la première chaudière, où l'on pousse la concentration des jus jusqu'à huit ou neuf degrés, l'ébullition a lieu à la température de quatre-vingt-dix degrés; elle a lieu à soixante-quinze ou quatre-vingts dans la deuxième chaudière, où l'on évapore jusqu'à quinze degrés, et enfin à cinquante ou soixante dans la troisième où l'on cuit jusqu'à vingt-cinq degrés.

Les sirops passent de la première chaudière dans les deux autres, successivement, par des robinets particuliers de communication, et par l'effet seul de la différence de pression. Des tubes en verre extérieurs permettent de juger constamment du niveau du sirop dans les chaudières; ce niveau doit toujours dépasser la hauteur des tubes intérieurs.

Le sirop amené dans ces appareils à la densité de vingt-cinq degrés est rejeté de nouveau sur des filtres de charbon neuf. Ce sont ces mêmes filtres qui, après avoir servi pendant quinze heures à cette première filtration, servent, pendant le même espace de temps, à la filtration du jus au sortir de la seconde carbonatation.

Après avoir traversé les filtres, le sirop à vingt-cinq degrés est amené dans un bac, d'où on le pompe continuellement pour l'amener dans la chaudière particulière à cuire dans le vide.

Cette chaudière est complétement indépendante du triple effet. Elle est déjà assez répandue dans les colonies pour que tous les industriels la connaissent dans ses détails. Elle est aussi complétement indépendante du système de Possoz, en sorte qu'on pourrait employer le procédé de la double carbonatation en supprimant le triple effet et la cuisson dans le vide, et se servir des moyens évaporatoires usités généralement dans les colonies, savoir : de la chaudière Gimard pour l'évaporation du jus, et des rotateurs Wetzel pour la concentration et la formation du grain à basse température. Mais la chaudière à cuire dans le vide est un appareil perfectionné qui, par un tour de main particulier, permet d'obtenir directement le sucre en cristaux diaphanes et de la plus grande pureté ; or ce sucre tend tous les jours à remplacer dans la consommation particulière le sucre en pain, dont les frais de fabrication élèvent le prix sans rien ajouter à ses qualités réelles.

Le tour de main pour obtenir ces jolis cristaux menus se nomme *système à cuites rechargées*, il donne lieu en même temps à l'évaporation et à la cristallisation du sucre, dans la chaudière même. On obtient ces deux effets en évaporant rapidement une première charge ; lorsque par la sonde l'on reconnaît, au toucher du sirop, qu'il s'est formé une granulation microscopique, on amène de nouveaux sirops ; le grain augmente progressivement de grosseur, et ce qu'il y a de singulier, c'est que la température du sirop est moins élevée que celle d'un autre sirop qui renfermerait la même quantité de sucre demeuré liquide. C'est que, par le dépôt des particules de sucre à l'état de cristaux, le sirop diminue de densité et doit bouillir conséquemment à une plus basse température ; le mélange lui-même des particules solides favorise la formation des vapeurs, en sorte que l'on a réellement économie de temps et de chaleur, et formation de grains réguliers, qui sont une garantie de pureté de la marchandise.

Une cuite dure de douze à quinze heures dans cet appareil, par le système des recharges continuelles, elle peut donner de cinq à six mille kilogrammes de sucre. On vide la chaudière par un large conduit inférieur, et on reçoit la masse pâteuse, formée de cristaux reliés par un sirop épais, dans un bac d'où on le charge immédiatement dans de petits cristallisoirs en tôle de quarante à cinquante kilogrammes de capacité. On superpose ces cristallisoirs, les uns au-dessus des autres, dans un local entretenu à une température de trente à trente-cinq degrés environ, et contigu à celui des forces centrifuges. Vingt-quatre heures suffisent dans des réservoirs de cette petite capacité pour achever la cristallisation, ce qui permet de compléter toutes les opérations en peu de temps.

La matière est alors passée à l'appareil centrifuge. Le turbinage dure de huit à dix minutes ; vers la fin de l'opération, l'on claince la charge avec de petites quantités d'eau fraîche, un tiers de litre environ, et l'on facilite le lavage par l'injection d'un courant de vapeur, au moyen d'un conduit qui s'ouvre vers l'axe de l'appareil.

L'on obtient ainsi de quinze à vingt kilogrammes de sucre d'un joli grain et d'une blancheur irréprochable.

Un hectolitre de matière cuite fournit soixante-dix kilogrammes de sucre de premier jet.

Les sirops sortant des turbines sont chauffés à une température voisine du point d'ébullition, passés sur le filtre à noir animal et recuits dans le vide. Cette seconde opération se fait rapidement : elle dure quelques minutes à peine ; la masse est reçue dans des cristallisoirs de vingt-cinq hectolitres ; elle y reste pendant huit jours, après lesquels on procède à un second turbinage. L'on obtient un sucre de deuxième jet, dont la blancheur se rapproche du premier ; la quantité obtenue est de cinquante-cinq kilogrammes par hectolitre de matière cuite.

Les nouveaux sirops sont encore recuits et placés dans des citernes de cent hectolitres ; ils y séjournent pendant quarante jours, le local étant entretenu à une température de vingt-cinq degrés environ, qui facilite beaucoup la cristallisation. Après ce terme de quarante jours environ, un peu plus, un peu moins, suivant la presse du travail dans l'usine, on procède à des opérations semblables aux premières, et l'on obtient vingt-cinq kilogrammes de sucre de troisième jet par hectolitre de matière.

Les dernières mélasses sont enfin recuites de nouveau et jetées dans une citerne de mille hectolitres. On ne les traite qu'à la fin de la campagne sucrière ; elles donnent encore douze kilogrammes, par hectolitre, en sucre de quatrième jet.

Les sucreries qui ont adopté ce procédé ne mettent pas en circulation dans le commerce du sucre inférieur en qualité à celui du premier jet. Dans ce but, les deuxième et troisième jets sont redissous dans l'eau, convertis en sirops à vingt-cinq degrés, qui sont mélangés aux jus de ce titre sortant du triple effet pour aller sur les filtres à noir. L'on ne fait ainsi qu'une seule nuance, qui entre directement dans la consommation sans raffinage.

Quant aux quatrièmes jets ou sucres de mélasse, ils sont généralement exportés en Angleterre pour la fabrication de l'alcool et de la bière, et les mélasses sont vendues aux distillateurs.

La betterave, avons-nous dit, donne quatre-vingts pour cent de jus d'une densité de trois degrés et demi à quatre degrés et demi Baumé, en moyenne, quatre degrés. — Ces quatre-vingts litres, à mille huit cent vingt grammes de sucre par hectolitre et par degré, devraient donner théoriquement cinq kilogrammes huit cent vingt-quatre grammes de sucre. Par ce procédé, l'on obtient généralement cinq kilogrammes environ, ce qui est un rendement supérieur à celui obtenu comme moyen terme dans les colonies, en comparant, bien entendu, les densités respectives du jus de betterave et du vesou de la canne.

S'il est possible d'étudier, dans une usine où l'on est admis à titre de complaisance, les méthodes d'exploitation, et de se rendre un compte aussi exact que possible de la théorie des diverses opérations, il l'est beaucoup moins d'arriver à connaître exactement les résultats financiers qu'elles peuvent atteindre; l'on en comprend les motifs. Cependant, comme en industrie tous les progrès, qu'ils aient pour but l'augmentation du rendement ou de la qualité, doivent finalement se résoudre par une question de bénéfice réel pour l'exploitant, il convient aux colonies de connaître au moins approximativement les forces d'une industrie rivale, avec laquelle la lutte doit bientôt changer de conditions.

Nous allons donc essayer d'apprécier les ressources de l'industrie sucrière en France, et la valeur minimum à laquelle peuvent atteindre les sucres, pour juger par là des forces de notre concurrent comparées aux nôtres.

La betterave est vendue à l'usine, par les producteurs, à raison de dix-neuf à vingt francs les mille kilogrammes. Nous avons vu qu'elles donnaient quatre-vingts pour cent de leur poids en suc, ou soit huit cents litres pour les mille kilogrammes. Les huit cents litres de suc valent donc une somme brute de vingt francs, dont il faut retrancher la valeur de deux cents kilogrammes de marc à dix francs les mille kilogrammes, reste dix-huit francs.

En portant la valeur saccharimétrique du degré de densité à 1820 grammes par hectolitre, ces 800 litres, d'une densité moyenne de quatre degrés, produiraient une quantité de 58 kilos. C'est en effet le chiffre très-approximatif du rendement accusé par les bonnes sucreries. L'on obtient généralement 5 pour 100 du poids des betteraves, ou 50 kilos par tonne.

Nous admettrons donc ce chiffre de 50 kilos, qui coûtent en valeur d'achat au fabricant 18 francs, ou soit 36 francs les 100 kilos, à laquelle somme il faut ajouter les droits du fisc, qui montent à 33 francs; c'est donc à 69 francs que revient le prix d'achat des 100 kilos de sucre au fabricant, et comme il les vend à 119 francs, c'est une différence de 50 francs par 100 kilos, sur laquelle on doit faire porter tous les frais de préparation, d'intérêt de capitaux, d'administration, et les bénéfices à réaliser.

D'après les renseignements pris dans les usines et dans les ateliers spéciaux de machines, le matériel des engins revient, mis en place, à 500 000 francs, les bâtiments et dépendances, et les fonds nécessaires à l'exploitation peuvent s'élever à la moitié de cette somme, ou soit 250 000 francs pour le capital industriel.

L'intérêt de cette somme à 5 pour 100 donne une dépense annuelle de. . . . . 37 500 f.

La réparation des machines et l'amortissement, 10 pour 100. . . . . 75 000

Les ouvriers employés à chauffer et diriger les machines pour une usine fabriquant cinq tonnes de sucre par jour, ceux employés à porter les betteraves, à charger les sacs de pulpe, au service des presses, les femmes employées à secouer, laver ou réparer les sacs; les contre-maîtres et ouvriers employés à la défécation, aux carbonatations, au four à chaux, aux filtres, à la cuite, etc., élèvent le personnel au nombre de soixante-dix personnes pour le service de jour, et autant pour le service de nuit, soit cent quarante ouvriers, au prix moyen de 2 francs la journée; c'est une dépense quotidienne de 280 fr. pendant les cent jours que peut durer la campa-

A reporter. . . . . 112 500 f.

Report . . . . 112.500 f.

gne sucrière; et en comprenant dans la dépense
les divers travaux de l'usine pendant toute l'année, le total peut s'élever à. 36 000

Frais d'administration, honoraires du gérant,
ceux de trois commis aux écritures 15 000

Combustible pour le four à chaux et les trois
générateurs, pour développer une force mécanique de soixante chevaux, et la vapeur destinée
à la manipulation (la quantité de charbon, calculée à raison de 5 kilos par heure et par force
de cheval, au prix de 25 francs la tonne), pendant le temps de la campagne. 20 000

Luminaire, sacs de crins, graisse pour les machines et frais imprévus. 16 500

Total des dépenses annuelles. . . . . . . 200 000 f.

Une usine qui produit 5000 kilos de sucre par jour avec
100 000 kilos de betteraves, produirait pendant la campagne
sucrière 500 000 kilos de sucre, lesquels, à 50 francs par
100 kilos, différence calculée entre le prix d'achat des betteraves, impôt payé, et la vente, constitueraient un bénéfice
brut de 250 000 francs.

Si l'on défalque de cette somme la valeur des frais généraux, ou soit 200 000 francs, il reste à peine un bénéfice net
de 50 000 francs, qui, ajouté à l'intérêt 5 pour 100 du capital,
donne un intérêt approchant de 12.

L'on ne saurait guère se contenter d'un moindre bénéfice
dans une industrie aussi chanceuse, qui peut avoir des chômages forcés par mille circonstances.

Le prix de 119 francs les 100 kilos de sucre ne peut donc
pas être abaissé au-dessous du cours actuel, puisqu'il est faiblement rémunérateur de la production. Les colonies peuvent
donc le prendre fort approximativement comme base de leurs
calculs, dans l'appréciation des conditions nouvelles de leur
rivalité avec l'industrie métropolitaine.

Nous venons de décrire, dans ses moindres détails, la préparation du sucre de betteraves dans les usines munies de
tous les appareils perfectionnés, et se servant du procédé qui
paraît atteindre le mieux de prime abord la purification de
la substance sucrée; est-ce à dire pour cela que nous con-

seillons à l'industrie créole d'abandonner immédiatement ses engins actuels pour adopter complétement les nouveaux? Nullement; les transformations, nous le savons, ne s'opèrent pas par secousse; elles ont lieu progressivement et avec économie. Que de nouvelles usines se créant adoptent le nouvel outillage en entier, dont le prix d'achat en fabrique dépasse la somme de 400 000 francs, et reviendrait à moitié en sus au moins, sinon au double, mis en place dans les colonies, cela se comprendrait ; mais l'on ne saurait abandonner un outillage déjà installé, et dont le capital atteint un chiffre fort élevé.

Les modifications à apporter aux sucreries actuelles pour les adapter au procédé de la double carbonatation ressortent évidemment des idées particulières de chaque industriel sur ce sujet ; il suffit d'en connaître parfaitement les principes pour atteindre le but désiré, sinon avec toute la célérité des sucreries métropolitaines, au moins avec assez d'économie pour arriver à un résultat satisfaisant.

1° Préparation du jus.— Le système des cylindres broyeurs laisse perdre, à la vérité, une partie de la récolte, mais on peut l'utiliser encore, jusqu'à la grande révolution du système de chauffage qui nous paraît prochaine, car les sucriers reconnaîtront un jour que brûler du sucre pour évaporer des sirops, est un acte par trop primitif dans une industrie conduite avec intelligence.

2° Notre vesou préparé marque 9 à 12 degrés ; il a par conséquent une valeur du double au triple de celui du jus de la betterave. De plus, il contient fort peu de matières étrangères, et il ne faudra pas beaucoup de peine pour le rendre complétement pur. Il faut éviter ici l'altération subite que le vesou peut éprouver dans les bacs depuis le moment de son expression de la canne jusqu'à celui de son traitement. Cette altération, que l'on désigne communément sous le nom de fermentation, mais qui est bien loin d'être la fermentation alcoolique, a pour résultat, ainsi que je m'en suis assuré par l'expérience, de donner naissance à une quantité notable d'un acide volatil analogue à l'*acide formique*. Cet acide décompose une partie du sucre en le transformant en *glucose* incristallisable, il augmente la quantité de mélasse produite, et gêne beaucoup à la cristallisation. Le meilleur moyen d'en éviter la formation serait, à mon avis, d'ajouter du lait de chaux sur les cannes mêmes au moment de leur introduction sous les cylindres, ou au suc à l'instant où il sort des presses, de manière que le vesou n'éprouvât jamais le contact de l'air qu'en présence d'un excès de chaux, qui non-seulement neutralise l'action de l'acide formique, mais en empêche même la production.

Nous ne parlons ici que pour les sucreries de la Réunion; car, si nous avons étudié avec soin la nature des cannes de cette colonie, nous sommes loin de croire que le même système doive s'appliquer identiquement à toutes nos possessions sucrières; ainsi, nous avons vu des cannes de la Martinique expédiées à Paris pour essais, et dont les bagasses, après trois ou quatre jours de préparation, ne possédaient aucune réaction acide, tandis que celles de la Réunion donnent à la distillation un liquide fortement acide. Il y a donc une étude spéciale à faire dans chaque colonie pour connaître la nature particulière de leurs productions.

Le vesou traité ainsi par deux litres et demi d'eau de chaux à 25 degrés du pèse-sirop, par hectolitre, soit au moment de la pression, soit immédiatement après, pourra être reçu dans le bac, et monté par le monte-jus dans les chaudières à défécation actuelles. Elles subiront là l'opération ordinaire, c'est-à-dire que l'on brassera et l'on chauffera à 90 degrés. On laissera former les écumes, et l'on décantera comme d'habitude en séparant le jus de ces dernières.

3° Le jus fortement alcalin sera envoyé dans un bac, où il rencontrera deux litres et demi d'eau de chaux par hectolitre; on brassera le mélange, la présence de cette forte proportion de chaux empêchera toute altération, au moins pendant quelques heures.

Les sucreries actuelles ne possèdent pas les deux séries de chaudières à carbonatation; mais, comme ces chaudières ne diffèrent en rien de celles à défécation actuellement employées, si ce n'est par l'addition du tube criblé de trous, il faudra nécessairement employer ces dernières à toutes les phases des opérations du système, ce que l'on pourra faire en installant un service de jour et de nuit. Le service de jour exprimerait la canne, déféquerait le vesou, ferait la cuite des sucs carbonatés pendant la nuit; et, dans le service de nuit, on traiterait les jus déféqués par les opérations de la double carbonatation.

Il faudrait installer dans chaque chaudière le tube criblé de trous, qui ne gênerait en rien à la défécation du jour.

Du bac, le monte-jus enverrait donc le vesou, pendant le service de nuit, aux chaudières à double fond munies de ce tube criblé. Comme nous avons déjà fait dans le bac la deuxième addition de chaux, il serait inutile d'en ajouter encore. On se bornera donc à rechauffer le mélange à 60 ou 65 degrés, et à faire passer le courant d'acide carbonique, sur lequel nous reviendrons tantôt. On rechauffera à 75 degrés lorsque l'action de l'acide carbonique sera jugée suffisante.

4° De la chaudière, le liquide en entier sera envoyé dans le débourbeur, où il passera un quart d'heure environ à se déposer. L'installation de ces débourbeurs n'est pas d'une difficulté sérieuse; un grand nombre d'usines les emploient déjà à la Réunion à l'épuration du jus après la défécation. On pourra tout aussi bien les construire en tôle de fer qu'en cuivre, puisque la présence de la chaux s'oppose à l'altération du fer.

5° Du bac débourbeur le jus serait remonté dans la série des chaudières à double fond. Comme les usines aux colonies en possèdent ordinairement de six à huit, on pourrait diviser cette quantité en deux séries : les trois premières chaudières serviraient à la première carbonatation, les autres à la deuxième.

Troisième addition d'eau de chaux, un litre et quart par hectolitre. Nouvelle carbonatation jusqu'à excès d'acide carbonique. On donne trois forts bouillons pour chasser l'excès de gaz.

6° Retour du jus dans un nouveau débourbeur d'une capacité suffisante pour recevoir toute la quantité du jus traité pendant la nuit, de manière à pouvoir attendre le travail du jour, savoir : la cuite.

7° La sucrerie métropolitaine filtre le jus sur du noir ayant déjà servi aux sirops. Mais si, dans notre opinion, cette opération n'ajoute rien à la qualité du jus de la betterave, à plus forte raison la croirions-nous inutile à nos vesous si purs. Il suffira donc de faire traverser au jus un simple filtre mécanique, pour le débarrasser de toutes les matières en suspension qui pourraient troubler sa limpidité. A ce sujet, nous donnerons le plan d'un filtre mécanique fort économique, dont nous avons, dans le temps, conseillé l'emploi à un industriel de la Réunion.

Dans ce système de filtration, le liquide arrive par la partie inférieure du filtre, qu'il traverse de bas en haut. Supposons une caisse de deux mètres de hauteur, fermée à sa partie inférieure, et munie dans son milieu d'un diaphragme ou double fond à grillage. Sur ce grillage l'on dispose un lit de galets propres assez volumineux, par-dessus, un autre lit de galets de plus en plus petits, et enfin un lit de gravier mélangé avec du charbon; on recharge un nouveau lit de galets de bonnes dimensions pour maintenir le tout.

Dans la partie inférieure de la caisse, à un décimètre environ au-dessous du diaphragme, on pratique une ouverture munie d'un tuyau par lequel arrivent les liquides à filtrer, sous une faible pression communiquée par la différence des niveaux. Le suc traverse les couches filtrantes, mais les matières en suspension n'en obstruent pas les interstices, car elles se déposent, par leur propre poids, au fond de la caisse. A la fin de la journée, on les retire par une large ouverture, munie d'un robinet, pratiquée au fond même de la caisse. Toutes les matières qui avaient pu se loger dans les interstices des matériaux filtrants se détachent par le retour du liquide, qui agit à contre-sens.

Ce filtre peut servir indéfiniment, puisqu'il n'est pas sujet à s'obstruer, par la nature même de sa construction, et que tous les jours il se lave de lui-même. Ce n'est là assurément qu'un filtre mécanique, nullement décolorant; mais il suffira à l'exploitation de la canne, dont le vesou n'a pas besoin des moyens énergiques de décoloration nécessaires au suc de la betterave.

8° Enfin, le jus entièrement épuré est soumis à la concentration. Il est évident que les usines qui possèdent l'appareil du triple effet auront les plus belles chances pour arriver à produire de beaux sucres; mais le triple effet n'est nullement indispensable à l'application du procédé *Possoz*, et les usines qui se servent du système à serpentin ou à double effet évaporatoire, celles qui possèdent la chaudière de *Gimard*, les rotateurs de *Wetzel*, peuvent parfaitement continuer leurs systèmes de cuite. Le vesou purifié par le nouveau procédé leur donnera toujours de plus beaux produits, et en quantité plus considérable.

Enfin, la partie essentielle du système, comme dans celui primitivement employé par Rousseau, est la production de *l'acide carbonique*.

Quatre méthodes se présentent au choix des industriels pour préparer ce gaz dans les colonies.

A. La méthode employée par Rousseau. Une pompe dont

le piston sera mû par un renvoi de la machine à vapeur peut lancer continuellement de l'air atmosphérique au-dessus de la grille d'un four clos, en tôle, de forme cylindrique, et doublé intérieurement d'une couche de terre réfractaire ou même d'une épaisseur de briques.

. Ce four sera chargé préalablement, par un trou d'homme supérieur fermant à étrier, avec du charbon de bois et du coke. Le charbon de bois est allumé en chargeant le four, et communique le feu au coke sous l'influence du courant d'air artificiel. Il se produit de l'acide carbonique aux dépens de l'oxygène de l'air, et ce gaz, mélangé d'azote, d'excès d'oxygène non combiné et de particules de cendres, va se laver dans un barboteur clos, à moitié plein d'eau, que l'on change continuellement à mesure que la température s'en élève. Le gaz va se répartir, au moyen de robinets particuliers, dans les diverses chaudières à carbonatation. Ce procédé est peut-être le plus simple et le plus immédiatement applicable avec les ressources des colonies.

B. La seconde méthode serait celle décrite pour le procédé Possoz, celle du four à chaux, qui a l'avantage de donner en même temps le gaz carbonique et la chaux nécessaire aux opérations. Les inventeurs du procédé chimique et de ses appareils mécaniques ont à la Réunion un ingénieur représentant de leur maison, qui peut leur donner toutes les indications sur les dépenses que nécessiterait la construction de cet appareil spécial.

C. La méthode usitée à Flavy-le-Martel, la prise de l'acide carbonique dans la cheminée même de l'usine, méthode qui a l'inconvénient de prendre une quantité énorme de gaz non condensables qui provoquent des effervescences.

D. Enfin, le moyen que j'ai donné de l'emploi de l'acide carbonique dégagé pendant la fermentation des mélasses, moyen qui fournirait du gaz parfaitement pur et complétement assimilable à la chaux. Cette méthode nécessiterait la confection de cuves de fermentation closes, et d'un ou plusieurs gazomètres articulés, dans le genre de celui que nous avons décrit dans l'article *Gaz pour l'éclairage.* La pression seule du gazomètre sous la charge de quatre à cinq décimètres d'eau suffirait pour l'injection du gaz dans les chaudières à carbonatation.

Comme on a pu le voir dans cette étude, le principe du procédé de la double carbonatation est essentiellement rationnel, et l'outillage compliqué et dispendieux qui en facilite la marche dans les usines de betteraves n'est pas strictement nécessaire à son application, surtout avec les jus si purs de la canne. Rien n'empêche de l'adopter dans les colonies, avec quelques modifications aux appareils actuellement employés.

Son adoption dans les colonies doit leur faire produire immédiatement du sucre parfaitement pur, et propre à la consommation directe, sans passer par l'opération du raffinage, qui en augmente le prix, sans rien ajouter à ses qualités.

Dans la lutte de l'industrie coloniale et de l'industrie métropolitaine, nous avons pour nous un préjugé qui a sa raison d'être, et dont il nous faut profiter. Il existe une espèce de réprobation universelle contre le sucre de betteraves, réprobation telle qu'il ne se vend pas une once de sucre de ce dernier aux consommateurs sans qu'il s'abrite sous l'étiquette de *sucre de cannes*. C'est qu'en effet lorsque le sucre de betteraves n'a pas reçu cette purification complète qui en fait une *substance chimique*, il conserve un goût et une odeur particuliers qui le font repousser par les consommateurs. Pour qu'il puisse être admis dans le commerce, il faut qu'il soit dépouillé de toute odeur qui trahirait son origine.

Le sucre de cannes, au contraire, plaît au goût et à l'odorat, même dans ses qualités les plus inférieures; et bien des gourmets préfèrent au sucre en pain, la modeste cassonade, dans laquelle l'on retrouve le goût savoureux presque entier de la canne.

Il sera donc utile peut-être, sans rien enlever au degré de blancheur qu'il faut atteindre pour rivaliser le sucre de betterave, de ne pas pousser le clairçage en turbine au point de dépouiller entièrement le sucre de toute sa saveur caractéristique, car c'est à cette saveur qu'il devra de ne pas être confondu avec son rival sur les marchés d'Europe, et d'avoir toujours une juste préférence dans le choix du consommateur.

DES BUANDERIES ÉCONOMIQUES.

Parmi les diverses industries dont l'application rendrait d'utiles services aux colonies, il en est une sur laquelle les dames créoles me sauront peut-être gré de leur fournir quelques renseignements. Il n'est pas nécessaire d'avoir habité longtemps l'île de la Réunion, pour avoir à se plaindre de la rapidité avec laquelle s'y use le linge blanc; il est un fait certain, c'est que, dans la colonie, le linge s'use beaucoup moins par l'usage que par le lavage; il est bien rare qu'une pièce revienne du lavoir une seconde et une troisième fois sans être frangée et percée de mille trous, et sans que pour cela elle ait beaucoup gagné en propreté.

Chacun connaît la cause de ces inconvénients, qui sont une conséquence inévitable du système que l'on emploie pour laver le linge; de quelque nature que soit ce dernier, linge de corps ou de cuisine, à quelque degré de malpropreté qu'il soit arrivé par l'usage, c'est par le savon et à froid qu'on le blanchira. Les noirs employés au service du blanchissage, trouvant trop long et trop pénible le froissement dans les mains du linge savonné, emploient alors le procédé du batteur de blé, et se servant du linge comme d'un fléau, ils frappent à tour de bras contre les galets de la rivière.

Vouloir changer le mode de lavage des noirs serait peine perdue; l'on ne déracine pas facilement un usage qui rend le travail plus facile, quels que soient les inconvénients pour la matière employée; c'est le système général de blanchissage qu'il faut changer, et là-dessus, l'industrie parisienne offre une ressource qui sera généralement employée bientôt dans les colonies, dès l'instant où quelques personnes d'initiative auront bien voulu en essayer.

Si toutes les substances qui tachent le linge étaient de même nature, il ne serait pas difficile de trouver un agent chimique qui pût les dissoudre ; mais il s'en faut de beaucoup que la nature des taches soit identique, et le linge de cuisine taché par des corps gras exigerait d'autres dissolvants que le linge de corps souillé par la sueur. Fort heureusement, il est une substance, facile à se procurer partout, et dont l'action sur toutes les taches est suffisante pour les rendre, sinon solubles dans l'eau, du moins susceptibles d'être entraînées par ce liquide. Cette substance est l'*alcali fixe*, celui des cendres de bois, (*la potasse*) ou celui des cendres de plantes marines (*la soude*).

L'on trouvera peut-être que l'application du *lessivage*, dont nous allons parler, n'est pas chose bien nouvelle. Cela est vrai, et ce n'est pas en France seulement que la propreté du linge se fait au moyen des alcalis ; il faudrait même remonter bien haut dans l'histoire des peuples, pour trouver l'origine de cette première application. Dans le livre de Job, dont l'ancienneté est déjà assez grande, l'on voit que les Hébreux lavaient leur linge avec le *borith*, alcali retiré des cendres de quelques bois particuliers, et le prophète Jérémie disait aux juifs, sept cents ans avant J. C. : « Quand vous vous laveriez avec du *neter* et du *borith* (de la soude et de la potasse) vous resteriez souillés de vos iniquités. »

D'après Homère, *Nausicaa*, la fille d'un roi, ne dédaignait pas de présider elle-même au blanchissage du linge de la maison, en coulant sa lessive.

Comme on voit, nous ne contestons pas l'ancienneté des procédés que nous allons décrire, mais cette ancienneté même doit rendre plus surprenant que la pratique des procédés suivis couramment par les peuples de la plus haute antiquité, ne se soit pas encore introduite, d'une manière générale, dans une colonie qui fait partie de la France. Il y a donc quelque utilité à indiquer les préceptes d'une opération de première nécessité pour les besoins généraux.

Le mode de blanchissage le plus ancien et le meilleur est le lessivage par l'eau rendue alcaline. Voici comment on y procède, et sur quels principes le système est basé.

Le linge à laver est d'abord *essangé*, c'est-à-dire mouillé d'une manière égale et complète avec de l'eau ordinaire; il est ensuite placé couche par couche dans une cuve de bois, de manière que le linge le plus grossier et le plus sale soit au fond de la cuve, et le linge du tissu le plus délicat dans les couches supérieures. La cuve est percée dans son fond d'une ouverture que l'on rend accessible à l'eau qui s'égouttera du linge, au moyen de quelques branches de bruyère ou d'autres menues broussailles, faisant office de diaphragme. D'un autre côté, l'on fait bouillir de l'eau renfermant une certaine quantité de cendres de foyer, dans une chaudière de 10, 15 ou 25 litres, suivant l'importance de la lessive, et l'on verse cette eau bouillante sur le cuvier plein de linge, en garantissant la surface du contact des cendres, au moyen d'un linge grossier. L'eau rendue caustique par la potasse des cendres, traverse le linge, couche par couche, entraînant avec elle toutes les souillures que l'action de l'alcali a rendues solubles, elle arrive peu à peu, jusqu'aux couches inférieures, et s'écoule enfin par l'ouverture. On la reçoit dans une terrine de grès, ou un autre vase; on la fait bouillir dans la chaudière pour la jeter de nouveau sur la cuve, et l'on continue ainsi, pendant huit à dix heures, ce manége alternatif de faire chauffer l'eau à l'ébullition, et la répandre sur la cuve.

Après ce laps de temps, la masse de linge en entier a acquis une température voisine de celle de l'eau bouillante; on la laisse alors en repos; l'eau s'écoule presque en entier, et en supposant que l'opération ait été achevée le soir, ce n'est que le lendemain matin que l'on retirera le linge du cuvier. Ce linge n'est point encore propre, mais il se trouve dans d'excellentes conditions pour le devenir, car toutes les impuretés qui l'imprégnaient sont devenues miscibles dans l'eau, et un simple rinçage dans l'eau courante de la rivière, et un léger savonnage lui donneront, sans addition de couleur bleue, cette franche blancheur que l'on désire.

Ce système est excellent dans les localités où l'on en connaît la pratique, et pour les ménages ou les communautés, dans lesquels la quantité de linge accumulé est considérable; mais il demande, comme on le voit, beaucoup de temps, et les ménages modestes ne sauraient guère en user, car on ne fait pas une lessive pour quelques pièces de linge.

On ne peut en outre se dissimuler qu'il y a là un inconvénient assez grave, c'est que les impuretés du linge le plus sale se dissolvent dans l'eau, et sont reversées sur le linge le plus propre et le plus délicat, de manière à rendre toute la cuvée identique. Ces inconvénients disparaissent par l'emploi d'un petit appareil bien commode, dont l'idée et l'application premières sont dues au comte Chaptal, chimiste et ministre des travaux publics sous le premier empire, mais qu'un industriel de Paris a approprié, en le simplifiant, aux besoins du ménage.

J'ai pu voir fonctionner cet appareil chez l'inventeur lui-même[1], dans le magasin duquel on répète tous les jeudis des expériences publiques. Les personnes qui veulent voir fonctionner l'appareil, trouvent là des employés qui fournissent tous les renseignements désirables, et répondent à toutes les objections qu'on leur pose; cet appareil est réellement économique, et remédie à tous les inconvénients que j'ai signalés sur le mode employé dans les colonies, ou celui usité généralement en France.

Une cuve en fer battu et étamé, d'une dimension calculée suivant les besoins du ménage, est destinée à recevoir le linge humecté; cette cuve est munie, à la partie inférieure, d'une capacité que l'on remplit d'eau ordinaire, et qui est séparée du linge par un diaphragme sur lequel le linge repose. Cette capacité inférieure est une véritable petite chaudière qui repose directement sur un foyer chauffé au bois ou mieux au charbon. Pour faire fonctionner l'appareil, on commence par tremper le linge dans une eau alcalisée par des cristaux de *carbonate de soude* à un degré que donne l'instruction qui accompagne l'appareil. On empile le linge dans la cuve, en disposant le plus sale à la partie inférieure, et les tissus les plus propres et les plus délicats, dans les couches supérieures. Quelques bâtons d'un petit diamètre sont disposés perpendiculairement, on les retire après l'installation du linge, ils laissent ainsi des vides qui forment autant de bouches d'échappement à la vapeur de la chaudière.

Quand tout le linge est disposé, l'on allume le feu, l'eau entre en ébullition, les vapeurs traversent le linge, s'y condensent, et cette eau condensée s'écoule à travers le linge, et retombe dans la chaudière qui est ainsi sans cesse alimentée. L'eau qui s'écoule entraîne avec elle toutes les impuretés

---

1. M. Charles, quai de l'École, 16, à Paris.

qui souillaient le linge, et qui ont été rendues miscibles par la soude, elle est remplacée par de nouvelles vapeurs condensées.

L'avantage de ce système est surtout celui-ci, c'est que les impuretés une fois entraînées dans la chaudière, ne repassent plus à travers le linge, comme dans l'ancien système. La vapeur ne peut en effet renfermer que des substances volatiles, et aucune qui soit fixe; il en résulte un blanchissage plus complet. Si l'on ajoute dans la chaudière quelques plantes aromatiques, comme on le fait dans le midi de la France, le linge acquiert une odeur balsamique fort appréciée par les ménagères.

Quand toute la masse du linge a acquis une température égale, ce qui arrive suivant l'importance de la lessive après un laps de temps de une à trois heures, l'opération est terminée, on laisse le feu s'éteindre, et la masse entière se refroidit insensiblement.

Si l'opération a été commencée le soir, on laisse le tout en repos pendant la nuit, et le lendemain on retire le linge, que l'on envoie savonner et rafraîchir à la rivière, sans le battre.

Le linge ainsi traité se conserve fort longtemps sans s'user par le blanchissage, car l'eau alcalisée l'est à un faible degré, et ne saurait avoir d'action sensiblement destructive sur les tissus.

Ce système a été récompensé par une médaille de platine à la Société d'encouragement, ce qui témoigne assez de son mérite.

Voici la valeur de ces appareils pris en fabrique:

Une buanderie pour 15 kilos de linge pesé sec, coûte 60 fr.

	pour 45	—	—	90
	pour 60	—	—	120

L'inventeur expédie aussi du carbonate de soude en cristaux, pour alcaliser l'eau de la lessive; mais ici, je crois pouvoir affirmer que l'action des cendres du foyer, ou de celles des usines à sucre, est complétement identique; et l'on peut s'éviter l'embarras du transport, et des dépenses inutiles, en employant la cendre ordinaire. Dans les divers procédés, dans l'ancien comme dans celui que nous venons de décrire, lorsque l'on emploie les cendres du foyer ou celles de la bagasse, leur nature variable, suivant le combustible qui les a produites, rendrait bien difficile de préciser un poids exact qui fût identique pour toutes. L'habitude qu'ont de cette opération les ménagères de France fait qu'elles peuvent se servir indifféremment de toutes cendres, sans se tromper sur le degré de causticité qu'il faut donner à la lessive, degré qui, après tout, n'exige pas une rigoureuse exactitude, et n'a guère besoin de l'aréomètre pour être déterminée.

Il y aurait plus de chances de se tromper sur la quantité utile d'alcali, en employant la soude et la potasse du commerce, qui sont bien souvent falsifiées, et dont les doses doivent varier suivant leur nature.

Pour 25 litres d'eau l'on emploie habituellement :

3 kilos de sel de soude,

Ou 1 kilog. et quart de potasse de Russie,

Ou 4 kilos de soude brute,

Ou 12 kilos environ de cendres de foyer.

Ces quantités d'alcalis, dissoutes ou délayées dans les 25 litres d'eau, peuvent lessiver 50 kilog. de linge pesé sec qu'on a préalablement *essangé*, c'est-à-dire mouillé avec de l'eau ordinaire avant de l'entasser dans la cuve, si l'on suit le procédé ancien. Si le linge n'était pas essangé, il faudrait doubler la quantité d'eau, pour la même dose d'alcali.

L'opération de l'*essangeage* est-elle réellement utile? Curandeau, qui s'est beaucoup occupé de blanchissage, soutient le contraire, et pense que la lessive pénètre moins bien le linge essangé, et trouve dans son tissu une masse considérable d'eau qui diminue la force de la lessive; mais l'opération de la teinture dans les arts prouve le contraire. En effet, quand une pièce d'étoffe n'est pas préalablement mouillée avant son passage dans le bain teinturier, la couleur ne s'y fixe pas uniformément, et il s'y produit des taches. Le système décrit plus haut remédie réellement à tous les inconvénients, car il essange le linge avec la lessive elle-même, et l'on peut être certain ainsi que l'alcali est uniformément répandu dans la masse du linge.

Une buanderie en grand, montée sur le modèle des buanderies de France, trouverait, je pense, quelques chances de réussite, sinon dans les quartiers de la colonie, au moins à Saint-Denis, où le nombre de fonctionnaires et d'employés divers n'ayant pas leur ménage à la Réunion, fournirait une clientèle assez considérable pour la rendre prospère.

Les procédés que nous venons de décrire pour les besoins

du ménage, sont les mêmes pour l'application en grand; le volume seul des appareils doit varier suivant la masse du linge à lessiver. Il est évident que dans de pareils établissements, les diverses espèces de linge seront lessivées à part, suivant leur nature.

Les cuves peuvent être fabriquées en bois sur les lieux mêmes. Si l'on emploie le système que nous indiquons, la chaudière pourra être ou non séparée de la cuve, pourvu qu'elle soit placée inférieurement à celle-ci, et que les vapeurs condensées par le linge puissent se réunir de nouveau dans la chaudière au moyen d'un tuyau métallique. Si au contraire l'on emploie le procédé de Chaptal et de Gauthier de Claubry, la chaudière ou générateur de vapeurs séparée de la cuve devra fournir de la vapeur qui viendra se rendre à la surface même du linge entassé; elle le pénètre peu à peu en s'y condensant, et déplaçant l'eau alcaline qui gagne ainsi la partie inférieure de la cuve, elle finit par s'écouler par une ouverture percée de trous ou diaphragmes; le linge y sera entassé, en ménageant, comme dans l'appareil décrit plus haut, des issues longitudinales, au moyen de bâtons posés debout, que l'on retire après. Il est évident que pour que les vapeurs puissent traverser le linge, l'appareil doit être clos supérieurement, au moyen d'un couvert fortement pressé par des boulons.

Pour un appareil de 200 litres qui peut renfermer 750 kilog. de linge pesé sec, l'on brûle 150 kilog. de houille, pour produire la vapeur nécessaire. L'opération dure de six à sept heures; ce n'est que lorsque la cuvée a perdu sa haute température, qu'on en retire le linge pour l'envoyer à la rivière.

La surveillance du savonnage et du rinçage sera rendue plus facile, lorsque l'établissement possédera un cours d'eau suffisant sur les lieux mêmes; aussi, à Saint-Denis, l'emplacement d'un pareil établissement se trouve-t-il naturellement au quartier de la Rivière.

Quand il existe un cours d'eau dans une buanderie publique, l'usine est placée dans la troisième classe des établissements insalubres, c'est-à-dire parmi ceux qui peuvent être installés dans une ville, après l'instruction préalable de *commodo* et d'*incommodo*. S'il n'existe pas de cours d'eau, et que les liquides de la cuve s'écoulent dans des rigoles ou des puisards, les usines sont placées dans la deuxième classe des établissements insalubres, ceux relégués à certaine distance des centres de population. Le législateur a sagement agi dans ces dispositions, car les eaux qui s'écoulent des cuves acquièrent, en quelques jours, une odeur infecte. En raison d'une réaction chimique qui s'y opère, il s'en dégage du gaz *hydrogène sulfuré* dont l'odeur nauséabonde se propage fort loin.

Il y a des tissus d'une étoffe trop fine pour pouvoir supporter l'action des alcalis activée par la chaleur ; ceux-là doivent être traités seulement par le savon. Le savon, par la viscosité qu'il donne à l'eau, rend les impuretés du linge et les taches miscibles dans ce liquide ; il les divise à un tel point, qu'il en forme une émulsion qu'un simple rinçage dans l'eau enlève facilement : c'est là, en effet, l'action du savon blanc qui est neutre. L'action du savon marbré, qui renferme encore un excès d'alcali, a une grande analogie avec celle de la lessive elle-même, mais elle est moins énergique et convient mieux, par conséquent, aux étoffes d'un tissu intermédiaire.

Les anciens se servaient, pour le dégraissage de quelques étoffes, d'une terre argileuse, que de cet usage on appelait *terre à foulon*. Son action était de même nature que celle du savon neutre, elle avait pour but de donner de la viscosité à l'eau. L'on se sert rarement aujourd'hui de ce procédé, si ce n'est pour le désuintage des laines, dans l'industrie des draps ; mais l'on a recours quelquefois à l'usage de la fécule ; celles de pommes de terre, de marrons d'Inde, qui donnent une grande viscosité à l'eau dans laquelle on les fait bouillir, sont très-propres à détacher les tissus délicats. La fécule de *manioc*, ou simplement la décoction de ses tubercules si abondants dans la colonie, aurait une action probablement identique. Ces décoctions et surtout celle d'une plante connue sous le nom de *saponaire* (dérivé probablement du mot latin qui signifie savon) sont avantageuses pour les étoffes de soie et de laine. La saponaire surtout conserve à la laine la souplesse et le *maniement* qui en font le mérite. Son action est surtout précieuse pour les tissus renommés de cachemire, que le savon crisperait sans remède.

Je ne parlerai pas de l'action du *chlore*. Cet agent chimique, employé pour la première fois par Berthollet, est éminemment utile pour le blanchiment premier des toiles *écrues*, pour leur enlever leur couleur grise première, et leur don-

ner la couleur blanche que l'usage veut qu'elles possèdent;
mais l'action du chlore est fort énergique; ce corps a remplacé le *mouillage* et l'*insolation* combinés, dont on se servait
autrefois pour le *blanchiment:* opération qui nécessitait des
mois entiers, employait beaucoup de temps et occupait de
vastes espaces de terrain; mais en raison de l'action chimique
qu'il exerce sur les tissus, le chlore use rapidement le linge;
son emploi doit être écarté d'une usine dirigée avec con-
science. Les blanchisseuses de Paris ne se gênent guère d'employer largement le secours de l'*eau de Javelle* ou celle du
chlorure de chaux, qui sont des dissolutions chimiques de
chlore, pour laver le linge qu'on leur confie, et économiser
ainsi leur temps et leur savon; mais cette économie ne tourne
qu'à leur profit, au détriment du linge.

L'industrie parisienne fournit encore des procédés et des
machines expéditives pour sécher le linge lavé, mais aucun
procédé artificiel ne vaudra jamais l'action du beau soleil de
la Réunion. Le séchage artificiel laisse une couleur grise au
linge blanc; le soleil, au contraire, lui donne un degré de
blancheur de plus.

EXPLOITATION

D'UN GISEMENT DE NATRON

A LA RÉUNION.

PRÉPARATION DU SEL DE SOUDE.

Une industrie qui, dans nos rapports, doit trouver naturellement sa place après les buanderies économiques, est celle de l'extraction du *natron*. Les chances de réussite de cette industrie nous paraissent assez certaines, pour nous permettre de l'indiquer aux industriels de la Réunion, comme pouvant un jour, non-seulement fournir la soude nécessaire à la préparation de tout le savon qui se consomme à la Réunion, mais encore pour celui qui pourrait trouver un débouché avantageux dans les colonies voisines, et pour le lessivage du linge dans les buanderies publiques ou particulières.

La découverte du natron dans le sol des environs de la ville de Saint-Paul ne nous appartient pas; nous n'avons sur elle d'autres droits de priorité que ceux des essais réguliers auxquels nous avons soumis les terrains qui le renferment, et des inductions industrielles que nous allons en tirer. L'un des honorables fonctionnaires de la colonie, M. l'ingénieur *Schneïder*, est le premier qui, parcourant les rivages du quartier de Saint-Paul, dans les localités qui avoisinent son étang, ait aperçu, il y a déjà longues années, une substance blanche farineuse, qui recouvrait le sol, dans les parties dénudées de végétation ; il en apporta un échantillon à un homme de l'art, dont le pays put apprécier autrefois la science positive autant que les vertus civiques ; M. Toulorge père reconnut que cette substance renfermait de la soude ; l'un de nos prédécesseurs, M. Lepivain, pharmacien du roi, confirma cette opinion, et plus tard M. Toulorge fils, lessivant une certaine quantité de la terre qui avait produit cette efflorescence, put par des évaporations et des cristallisations successives préparer un flacon de cristaux de *carbonate de soude* indigène qui fut admis et récompensé à l'exposition locale de la Réunion en 1856. C'est même sur l'échantillon de la terre qui avait fourni ce spécimen que nous avons fait nos premières analyses, M. Alfred Toulorge ayant eu l'obligeance de nous le communiquer pour ce travail.

Les essais des personnes que nous venons de citer n'ont pas eu d'autres suites ; il faut supposer même que l'on n'a jamais attaché à cette découverte une importance quelconque, car à l'époque de la première indication de l'ingénieur Schneïder, un chimiste résidant dans la colonie, *Mercadieu*, ayant foi dans l'avenir industriel du pays, s'ingéniait à préparer de la soude par le procédé Leblanc ; mais ne tenant aucun compte des conditions locales, et prenant la question *ab ovo*, Mercadieu commençait par préparer l'acide sulfurique dans les chambres de plomb, désirant ainsi, par cette industrie, pouvoir fournir à la préparation des eaux gazeuses tout l'acide que le commerce ne lui apporte qu'avec répugnance, à cause des dangers du transport. Cette industrie devait échouer par des difficultés naturelles qu'elle rencontrait dans un pays aussi éloigné que le nôtre de la métropole, et dans lequel toutes les matières premières devaient être tirées de fort loin et revenir à un prix élevé. Longtemps après, une industrie qui dérive directement de la fabrication de la soude se fondait à Saint-Denis dans les hauts de la ville ; et, pour la préparation du *savon*, le gérant de la fabrique faisait venir de Marseille même la soude qui lui était nécessaire. Cette industrie a fermé ses ateliers par les mêmes raisons qui avaient ruiné la première. Elle aurait bien certainement réussi, si, au lieu de tirer de Marseille des soudes artificielles, dont on était bien loin de lui expédier les meilleures qualités, elle avait su que l'on pouvait retirer du sol même de la colonie un alcali d'une pureté incontestable. La soude de Saint-Paul eût donné, en effet, un beau savon blanc, auquel on eût communiqué, ultérieurement, les teintes que l'habitude plutôt que la bonne pratique exige des savons du commerce, et qui eût fait une concurrence sérieuse aux savons de Marseille.

Le gisement de natron ou soude naturelle se trouve aux environs de la ville de Saint-Paul, sur les bords de son étang, dans le terroir qui porte le nom de *Savana*. La superficie du terrain, actuellement sans culture, dans lequel on pourrait le recueillir, est de 13 hectares environ, d'après le relevé qu'en a fait à notre intention un architecte de nos amis; mais, si les propriétaires voisins de l'étang se décidaient à exploiter ou à permettre l'exploitation des terrains dans lesquels on cultive quelques maigres cannes à sucre, l'on pourrait compter sur une superficie de 20 à 30 hectares exploitables, d'après les analyses que j'ai pu faire des terrains cultivés.

Le terrain actuellement sans culture est envahi par le chiendent; de distance en distance, le sol n'est recouvert d'aucune végétation, et l'on peut y voir, aux premiers jours de soleil qui suivent la saison pluvieuse, le sol s'y recouvrir d'une efflorescence blanchâtre, dont les cristaux menus scintillent au soleil: c'est le *natron*. S'il n'apparaît que dans les parties dénudées du terrain, c'est que là seulement se trouvent réunies les conditions nécessaires pour que l'efflorescence ait lieu naturellement; mais les éléments du natron se trouvent aussi bien dans les parties verdoyantes du sol, et il ne faudrait pas grand travail pour le forcer à s'effleurir à la surface, comme nous le verrons bientôt.

J'ai fait plusieurs analyses sur divers échantillons des terres prises au voisinage de l'étang; toutes m'ont donné des rendements d'un bel avenir pour l'exploitation.

La première terre que j'analysai fut celle que me communiqua M. Alf. Toulorge en 1858; sa composition était la suivante :

Terre sablonneuse	73.00
Humidité	13.00
Sel marin	1.03
Sulfate de soude et de magnésie	2.75
Carbonate de soude	10.22
	100.00

Cet échantillon renfermant 10 pour 100 de carbonate de soude, était fort riche comme on le voit; il est impossible qu'il n'eût pas été choisi à la surface même du sol sur les lieux effleuris; il ne pouvait donc nous servir de terme moyen, sans nous exposer aux plus grandes déceptions; nous avons donc multiplié nos analyses sur d'autres échantillons recueillis à la surface du terrain non effleuri, après en avoir enlevé le chiendent, et nous avons eu des rendements en carbonate de soude de 0,44 à 1,66 pour 100.

Creusé en divers endroits, à une profondeur moyenne de 50 centimètres, le sol a donné une moyenne de 0,33 pour 100 de carbonate de soude sec et pur.

L'efflorescence a été analysée séparément, elle renferme 20 pour 100 de carbonate de soude. Elle est assez abondante à la surface du sol pour être recueillie, en le balayant avec la main. Un mètre carré de terrain peut ainsi en fournir facilement un kilogramme.

Par le lessivage de ces matériaux, faisant évaporer et calcinant le produit, j'ai pu obtenir un salin peu coloré qui renfermait :

Carbonate de soude	91.25
Sel marin	2.05
Sulfate de soude et de magnésie	6.65
Résidu insoluble siliceux	0.05
	100.00

L'efflorescence fournissait immédiatement et sans calcination des cristaux de carbonate de soude colorés en jaune; mais en la calcinant préalablement avant de la lessiver, les cristaux étaient parfaitement incolores, et en tout semblables aux produits les plus estimés du commerce.

L'île de la Réunion, si ingrate en productions minérales, possède donc incontestablement un gisement de natron analogue à ceux du désert de *Thaïat*, en Égypte, et l'on pourrait exploiter d'autant plus facilement cette production naturelle, qu'elle se forme aux portes mêmes d'une ville populeuse et de communications faciles, à proximité de la rade la plus sûre de la colonie.

D'où provient le carbonate de soude du sol de Savana? Son origine devrait être, il nous semble, identique à celle du natron d'Égypte. Quelques auteurs pensent que la formation du carbonate alcalin est due à la réaction du *sel marin* sur le *carbonate calcaire*, aidée par la force efflorescente du carbonate de soude, qui amène ce sel à la superficie du sol, et par la facile infiltration, dans ce même sol, du *chlorure de calcium* déliquescent. D'autres supposent que le *sulfate de soude* lui-même, au contact des matières organiques du sol, se convertit en *sulfure* que l'action de l'air fait passer ultérieurement à l'état de *carbonate*.

Ces deux théories ne peuvent s'appliquer à la production du natron de la Réunion, car le sol de Savana est entièrement dépouillé de *carbonate calcaire*, de même que le sol entier de la colonie, comme je l'ai déjà démontré par mes analyses; il est seulement composé de débris de roches volcaniques et d'*humus*. D'un autre côté, si le sulfure de sodium jouait un rôle dans la production du natron, l'analyse chimique trouverait encore quelques atomes de cette substance intermédiaire si facile à déceler, et dont je n'ai pu trouver une seule parcelle.

L'on peut donc supposer que la production de notre natron est complétement différente de celle du natron d'Égypte, à moins que des observations ultérieures n'indiquent une erreur dans mes appréciations ou dans celles des théories avancées jusqu'à ce jour. En Égypte, ce sont des sources d'eau qui dissolvent les efflorescences du sol, d'après les observateurs, et les concentrent ensuite dans de petits étangs, où l'évaporation spontanée les dépose en incrustations; dans le sol de Savana, au contraire, les eaux de l'étang, alimentées par quelques sources minérales plus ou moins alcalines, et gênées dans leur écoulement vers la mer par des barrages naturels, ont dû se répandre maintes fois sur le sol environnant, et, par infiltration, y déposer leurs sels qui s'y sont accumulés pendant les siècles et par l'évaporation aidée par le soleil des tropiques. Des observations plus minutieuses pourraient peut-être démontrer qu'en Égypte le natron y provient aussi de l'accumulation des principes salins de quelques sources minérales analogues à celles, si nombreuses, qui renferment la soude carbonatée au nombre de leurs éléments.

Pour achever ces observations minéralogiques, et compléter la théorie que j'avance ici, j'ai dû analyser l'eau de l'étang de Savana. Cette eau n'est jamais identique dans sa composition, suivant l'époque de l'année à laquelle on la puise. L'on sait, en effet, que par les grandes pluies, l'eau de l'étang force ses barrages et s'écoule à la mer, et que dans la saison sèche les communications avec la mer sont moins nombreuses. Dans le premier cas les eaux doivent être moins riches que dans le second. Quoi qu'il en soit, j'ai fait l'analyse de l'eau au mois d'avril, époque à laquelle elle devrait être assez concentrée, et je n'ai obtenu que 1 pour 100 environ de résidu sec par évaporation de l'eau ; ce résidu ne contenait que le quart à peu près de son poids de carbonate de soude. Cette pauvreté en principes minéraux exclut dès lors toute idée de traitement industriel de ces eaux pour en extraire la soude ; ce n'est qu'au sol même de Savana qu'on doit la demander.

Nous avons dit que nous avions fait des analyses assez multipliées sur divers échantillons recueillis à la surface et à certaines profondeurs, dans le sol de Savana. Les analyses n'avaient pas seulement un but scientifique, nous voulions aussi leur donner un but industriel, pour étudier complétement les propriétés du terrain, et tirer de ces études des inductions logiques, de manière à poser les bases d'une industrie nouvelle dont puisse profiter le pays. Dans cette vue, nous avons soumis les terres de Savana à un lessivage méthodique analogue à celui employé pour la préparation du nitre. Ce lessivage ne nous a donné que de mauvais résultats ; les terres lessivées retiennent toujours, quoi que l'on fasse, du carbonate de soude que ce moyen ne peut parvenir à lui enlever d'une manière industrielle et économique ; il faudrait toujours arriver à concentrer, par l'évaporation artificielle, des masses d'eau considérables et fort pauvres ; or, l'on sait combien le combustible coûte cher à la Réunion.

Le projet d'industrie que nous allons esquisser pour l'exploitation du natron de Savana est de beaucoup plus économique, et n'exigera que des frais très-minimes pour son installation première et sa marche courante.

Je ne puis étayer mon projet, dans quelques-unes de ses phases, d'aucune analogie d'industrie similaire ; mais comme l'essai peut en être fait sur une petite échelle et sans dépenses, avant d'être entrepris en grand, on pourra ne tenter l'entreprise qu'à bon escient.

Nous avons vu que l'efflorescence saline se formait à la superficie du terrain dans les lieux dénudés de végétation ;

il faut donc favoriser cette production naturelle, en arrachant tous les chiendents qui couvrent la superficie du sol dans les lieux non cultivés, et plus tard les cannes à sucre elle-mêmes, si l'industrie donne de beaux résultats.

Sans niveler complétement le terrain, on en rompra cependant toutes les inégalités, on le débarrassera de toutes les pierres et galets épars sur la surface. Le sol ne demande pas d'autre préparation préalable, pour fournir naturellement sa récolte, après les pluies de l'hivernage, et par les premières journées de beau soleil. L'efflorescence se formera alors, et quand on en jugera la formation achevée, par la dessiccation des premières couches du sol, des noirs munis de balais de bruyère fort légers la ramasseront en petits tas que l'on se hâtera d'abriter sous des hangars couverts, pour ne pas s'exposer à voir fondre la récolte par une pluie accidentelle.

Ce balayage sera d'autant plus facile, et l'efflorescence sera d'autant plus riche en carbonate alcalin, que la surface du sol aura été plus convenablement tassée pour que la terre ne se mêle qu'en petites quantités au salin effleuri.

Les efflorescences récoltées, il ne s'en formerait plus jusqu'après les premières pluies, assez rares on le sait, pendant la saison sèche, dans cette partie de la colonie, mais on pourrait en exciter artificiellement la production au moyen d'arrosages ; dans ce but, un ou plusieurs canaux, prenant leur source à l'étang, pourraient être creusés dans le sol, pour amener l'eau jusqu'aux parties les plus élevées de la plaine saline ; là, soit par le moyen des bras, par une noria, une roue, une vis d'Archimède, ou par tout autre procédé économique, les eaux seraient puisées et versées sur le sol, comme on le ferait pour une prairie. L'eau de l'étang, déjà saline par elle-même, détremperait le sol comme le fait naturellement l'eau de pluie, dissoudrait comme elle le natron, et l'évaporation amènerait de nouvelles efflorescences à la surface, pour fournir de nouvelles récoltes.

Nous avons évalué, par expérience, la quantité de salin récoltée sur un mètre carré de terrain dénudé ; cette quantité était de plus d'un kilogramme par mètre ; ce serait donc 10 tonnes de 1000 kilos que donnerait une récolte sur un hectare ou 130 tonnes pour les 13 hectares actuellement sans culture. Cette quantité pourrait un jour être doublée ou triplée, si l'on consacrait à cette exploitation les terrains actuellement livrés à la culture de la canne à sucre.

Nous ne pouvons apprécier sans expériences positives combien de récoltes forcées l'on pourrait faire par les arrosages artificiels, mais l'intérêt bien entendu des exploitants saurait parfaitement, sous peu, tirer le parti le plus avantageux du gisement de natron.

L'on doit se demander naturellement si quelques récoltes successives de natron n'épuiseront pas rapidement le sol de sa richesse minérale : nous ne saurions formuler aucune réponse catégorique à cette question, puisque la cause de la formation du natron est encore réduite à des hypothèses plus ou moins probables. Si la soude qui existe aujourd'hui dans le sol provient de l'accumulation séculaire du résidu de l'évaporation des eaux débordées de l'étang, comme nous le supposons, évidemment le sol devra s'épuiser un jour par des récoltes successives et multipliées ; si la formation a lieu constamment par une cause inconnue, le natron se reproduira à mesure qu'on l'extraira. Mais, quoi qu'il en soit, tel qu'il est, le sol de Savana peut fournir pendant de longues années du natron au commerce de la colonie[1].

Nous avons vu, en effet, par l'analyse du sol jusqu'à une profondeur seulement de 50 centimètres, que la moyenne de la richesse était de 0,33 de carbonate de soude par 100 de

---

1. Depuis la première publication de ce travail par la presse de la Réunion, l'honorable président de la Chambre d'agriculture nous a adressé une objection à laquelle nous devons répondre, dans l'intérêt de l'avenir industriel de la colonie. « Je doute, nous a-t-il écrit, que l'on utilise le natron, attendu que lors des grandes pluies, quand l'embouchure de l'étang est fermée, cette substance se dissout et disparaît.... »
Le temps de l'hivernage est limité, la saison des pluies dure pendant quelques mois de l'année; mais il y a une période de temps bien plus longue pendant laquelle on a des jours assez beaux qui permettent de récolter le natron effleuri à la surface du sol de Savana. Or, puisque quelques journées de travail à peine suffisent à cette récolte, il sera toujours facile de choisir son temps et d'emmagasiner le produit récolté. Le natron, il est vrai, disparaît par les grandes pluies; qu'importe à l'industrie, s'il reparaît ensuite, par le temps sec, à la surface du sol? Si le natron dissous par les pluies est emporté à la mer, et si celui qui reparaît quelques jours après appartient à une nouvelle formation, c'est que la mine est inépuisable, puisque la longue série de dissolutions périodiques, pendant les siècles écoulés, n'a pas fait disparaître du sol de la colonie cette substance minérale. (*Note de l'auteur*. Toulon, 15 mai 1862.)

terrc. La densité du terrain étant sensiblement de 2, le mètre carré de terrain sur une profondeur de 50 centimètres seulement (pesant 1000 kilos) contient, par conséquent, 3 kilos 300 grammes de carbonate de soude, ou soit 33 tonnes de 1000 kilos par hectare, plus de 400 tonnes par conséquent pour les 13 hectares de terrain actuellement exploitables. Mais ce n'est pas à cette profondeur que s'arrête la présence de la soude: les couches inférieures du sol doivent en contenir d'aussi fortes quantités.

Le natron n'est pas, du reste, une substance de minime valeur; le carbonate de soude qu'il renferme est de beaucoup préférable aux meilleures soudes du commerce, pour les divers emplois de cet alcali, pour les verreries, la fabrication du savon, le lessivage du linge, etc. L'absence complète du sulfure dans le natron rendrait son emploi précieux dans une savonnerie, comme j'ai pu m'en convaincre par l'expérience; le savon qui en résulterait est d'une pureté irréprochable et d'une blancheur que ne saurait atteindre le savon du commerce, sous le même degré d'hydratation.

En ne donnant à ce produit supérieur que la valeur de la soude du commerce, voici quel serait le rendement brut d'une récolte :

Les 100 kilos de sel de soude blanc du commerce, marquant 90° à l'alcalimètre, coûtent en fabrique à Marseille 45 francs, ce qui revient à dire que les 100 kilos marquant 100° environ coûteraient 50 francs. Nos efflorescences brutes contiennent 20 pour 100 de carbonate de soude, elles devraient donc valoir le 5e de cette somme, ou soit 10 francs les 100 kilos. Les 130 tonnes que donnerait la récolte naturelle seule sur les 13 hectares vaudraient donc une somme de 13 000 francs. Si on multipliait ces récoltes deux, trois ou un plus grand nombre de fois dans l'année, par notre procédé artificiel, ce serait deux, trois ou un plus grand nombre de fois cette somme brute que l'on retirerait, avec le même débours de ce capital. Nous apprécierons bientôt les dépenses nécessaires à cette exploitation.

Le sel effleuri tel qu'il sera récolté pourrait immédiatement et sans préparation aucune être employé dans les savonneries; mais comme la dissolution en est rougeâtre, cette industrie aurait avantage à employer le procédé bien simple que nous donnerons bientôt pour avoir des dissolutions incolores.

. Voilà l'emploi que l'on pourrait faire du natron brut, dans l'hypothèse que de nouvelles fabriques de savon s'installeraient dans la colonie, avec des chances de réussite plus belles aujourd'hui qu'autrefois, alors que la savonnerie de Saint-Denis employait les soudes les plus inférieures de Marseille, marquant à peine 28° alcalim., et qu'elle payait cependant 19 francs les 100 kilos, rendues à l'usine.

S'il ne se créait pas de fabriques de savon, il faudrait alors expédier notre soude à Marseille. Il conviendrait dans ce cas de purifier le natron de la majeure partie des substances étrangères qui le souillent, pour diminuer d'autant les dépenses du fret. Cette opération pourrait se faire avec la plus grande facilité. Voici comment :

Les matières qui sont mélangées au carbonate de soude sont d'après mes analyses : des matières organiques, débris végétaux et humus qui colorent en rouge brun sa dissolution dans l'eau, et des fragments de pierre et sable. Ces derniers seraient très-faciles à retirer par dissolution et filtration, il n'en serait pas de même des premières; mais j'ai pu m'assurer par l'expérience du laboratoire qu'une légère calcination débarrasse facilement le sel des matières organiques en les charbonnant; la dissolution est alors complétement incolore.

On construirait donc, en briques réfractaires, un four à réverbère semblable à ceux que l'on emploie dans les fabriques de soude artificielle pour la décomposition du sel marin par l'acide sulfurique. La sole de ce four est elliptique, le four est percé d'une ouverture latérale pour le chargement et le déchargement. Le foyer se trouve à une extrémité de l'ellipse; on y brûle du coke, de la houille, du bois ou même de la bagasse; les combustibles à flamme longue sont les meilleurs. La flamme vient lécher le chargement de la sole, et sort ensuite par l'extrémité opposée, pour se rendre dans la cheminée, ou parcourir d'abord une série de vases évaporatoires, ce qui utilise le calorique qui se perdrait inutilement.

La description et le dessin de ces fours se trouvent dans tous les traités de chimie industrielle, ceux de *Dumas*, *Payen*, *Girardin*, etc. L'architecte chargé de bâtir l'usine pourrait en consulter utilement la description à l'article de la fabrication de la soude artificielle.

Par la porte latérale du four, on charge la sole d'efflorescence, et on l'étend au moyen d'un ringard, on allume le feu, la flamme vient lécher la surface de la charge, et carbonise les matières organiques. De blanc qu'était le salin, il devient noir, l'ouvrier muni du ringard renouvelle sans cesse les surfaces, et quand toute la masse a pris la couleur noire voulue, on décharge la fournée. Il sera facile de juger que la carbonisation est complète, lorsqu'une petite quantité de salin agitée rapidement dans un verre à expérience et filtrée au papier donnera une dissolution complétement incolore. Tant que la dissolution sera colorée, les matières organiques n'auront pas été complétement détruites. Du résultat de cette opération, facile à conduire, dépend la beauté du produit ultérieur.

La masse une fois calcinée et retirée du four est mise en tas pour être traitée par l'eau.

Ce traitement s'opérera avec la plus grande facilité dans des appareils fort économiques. Le but de ces appareils est d'avoir la plus petite quantité d'eau à évaporer, pour économiser d'autant le combustible, tout en opérant un épuisement aussi complet que possible du salin carbonisé. L'eau doit donc se saturer de plus en plus, en passant sur des salins neufs, et ces salins doivent être traités successivement par des eaux de moins en moins chargées, et enfin par de l'eau pure, pour être complétement épuisés.

Ce système est celui des *lavages méthodiques* qui s'emploie dans toutes les industries où l'on a des dissolutions chargées à opérer.

Nous pourrions l'appliquer dans notre industrie, avec les modifications nécessitées par les conditions locales, pour le rendre aussi économique que possible.

Une série de barriques de 500 litres, telles que celles qui renferment l'huile à brûler du commerce, peuvent nous suffire pour cet appareil. Supposons-en six, disposées les unes à côté des autres, en gradins, la deuxième plus élevée que la première de 15 centimètres, la troisième plus élevée d'autant que la deuxième, ainsi de suite jusqu'à la sixième. Sur la paroi de chacune de ces barriques, l'on adaptera un tube vertical en fer-blanc ou en plomb de 3 centimètres de diamètre environ. Ce tube descendra jusqu'à 15 ou 20 centimètres au-dessus du fond de la barrique. On perce un trou dans une douvelle à la partie supérieure, et l'on y fait passer l'extrémité recourbée du tube. Il est évident, dès lors, qu'en versant du liquide dans la barrique supérieure, lorsque celle-ci est pleine, le trop-plein se déverse dans la suivante, ainsi de suite jusqu'à la dernière, et que ce n'est que la partie la plus saturée du liquide qui occupe, par sa pesanteur, la portion la plus inférieure de la barrique qui s'écoule dans la barrique suivante. La dernière barrique se déversera, à son tour, dans d'autres barriques isolées et servant d'entrepôt des liquides. Un tuyau de conduite en métal, ou simplement un bambou percé, suffira pour transvaser ainsi la dernière barrique.

Pour commencer l'opération, on remplit aux trois quarts environ d'eau pure toutes les barriques. Le salin carbonisé sera mis dans des paniers en tôle criblés de petits trous comme une écumoire et d'une capacité de 100 litres environ. Un panier est d'abord plongé, par deux ouvriers, dans la barrique la plus inférieure, à l'aide d'un bambou passant dans les deux anses, et qui repose sur les bords de la barrique. Quand ce panier aura séjourné 15 ou 20 minutes dans la première barrique inférieure, on l'en retirera et on le plongera immédiatement dans la barrique supérieure; on le remplacera dans la première par un panier de salin neuf. Le premier panier est passé ainsi successivement dans toutes les barriques, en séjournant un quart d'heure dans chacune; il en est de même du second, du troisième, etc.; en arrivant dans les barriques supérieures, les paniers y trouvent de l'eau de moins en moins chargée de principes salins, la barrique la plus élevée ne contiendra finalement que de l'eau pure; en effet, lorsque l'opération est en train, à mesure que l'on ajoute un panier de salin neuf dans la dernière barrique, on fait couler dans la première une centaine de litres d'eau pure environ; le liquide déborde successivement dans toute la série des vases, en forme de cascades, et arrive enfin dans les barriques isolées de l'appareil, qui servent d'entrepôt, et y dépose les substances insolubles en suspension qui en troublent la transparence. Le repos du liquide évite ici la filtration, opération toujours longue et difficile, qu'il faut écarter autant que possible dans les grandes industries.

Le service des barriques se fera facilement par deux ouvriers qui monteront sur deux plans inclinés, placés de chaque côté des gradins, et l'alimentation de la barrique supérieure pourra se faire au moyen d'une pompe, ou d'un petit canal, si l'usine est disposée non loin d'un cours d'eau.

Les paniers complétement épuisés sont disposés successivement sur une planche inclinée, pour y laisser égoutter toute leur eau, qui doit venir s'écouler dans la barrique supérieure; le résidu n'est plus que du sable et des fragments de menu charbon; on le rejette.

Le point important à suivre dans cette opération, est de favoriser le plus possible l'action dissolvante de l'eau, et de prévenir la cristallisation du carbonate alcalin dans les barriques de repos. Pour cela on mettra à profit les observations faites par Payen, qui a reconnu que la température de 38° correspondait au maximum de solubilité du carbonate de soude. D'après les essais de ce chimiste, en effet, 100 parties d'eau en poids à 33° de température, dissolvent 1666 parties de carbonate, et si l'on élève la température jusqu'à 104°, il se dépose en menus cristaux plus de 1200 parties de ce sel, de manière que l'eau n'en retient plus que 445 parties. Si l'eau n'était qu'à 36° de température, il ne se dissoudrait que 833 parties de carbonate alcalin, c'est-à-dire moitié moins que dans l'eau qui a deux degrés de plus de température. On maintiendra donc autant que possible la température un peu au-dessous de 38° au moyen d'une injection de vapeur fournie par un petit générateur. Il faudra bien peu de calorique pour cela, puisque la température de l'atmosphère est généralement de 28 à 30° aux époques auxquelles doit marcher notre usine.

Les dissolutions qui ont déposé toutes leurs impuretés dans les barriques de repos sont décantées de là pour être concentrées par évaporation. La concentration se fera dans des chaudières analogues à celles pour la cuite du sucre. Les vieilles batteries qui se trouvent actuellement sans usage dans les usines pourront parfaitement servir à cet emploi; on en disposera deux ou trois, les unes à la suite des autres, chauffées par un même foyer, et à la suite du four à calcination, de manière à en utiliser la chaleur perdue au besoin. Cette chaleur serait cependant loin d'être suffisante pour l'évaporation; aussi faudrait-il installer le foyer de la première chaudière, de telle façon qu'il pût être indépendant du four à calcination, pour qu'on pût y allumer du feu lorsque le four chôme.

La batterie des chaudières serait alimentée comme l'était autrefois celle des sucreries. Les dissolutions les moins chargées extraites des barriques de repos commenceraient à être évaporées dans la chaudière la plus éloignée du foyer, on les reporterait à l'aide de grandes cuillères dans la première chaudière en communication directe avec le feu ; là le sel se précipiterait en granulation, par la concentration du liquide.

Le sel se précipite, disons-nous, de lui-même par l'évaporisation de l'eau ; on le ramasse au fond de la chaudière à l'aide d'une écumoire, et on le met à égoutter dans une trémie de bois ou de plomb, on le porte ensuite dans une aire dallée en briques ou en planches ; l'action du soleil a bientôt achevé la dessiccation du sel, on la facilite en le pelletant quelquefois.

Le sel de soude ainsi obtenu est parfaitement blanc, et peut être expédié en Europe, où les fabriques de borax, de verrerie, de glaces et de bouteilles, les savonneries, les blanchisseries de toiles, etc., auront bientôt donné une place distinguée à notre produit, en raison de sa pureté absolue.

Probablement qu'avant peu, à côté de notre usine et comme annexe pour en utiliser les produits, s'établira quelque fabrique de savon dont la marchandise trouvera un débouché facile, par ses bonnes qualités.

L'usine devra préparer en outre quelques quantités de carbonate en cristaux, pour les besoins des buanderies publiques de la colonie, ou celles de famille, dont nous avons décrit l'emploi dans l'article précédent. Ce produit se préparera sans frais : on trouvera tous les matins les chaudières de concentration tapissées de cristaux, ils se seront déposés pendant le refroidissement de la nuit. A la première impression de la chaleur, lorsque l'on rallumera le feu, la masse cristalline se détachera des chaudières ; on l'en retirera et mettra à égoutter à part.

Si le débit de ce produit devenait considérable, on pourrait le préparer exprès, en concentrant les liquides jusqu'à 32° ou 34° Baumé, dans la batterie, en jetant ensuite la dissolution dans de vastes marmites en fonte, ou plutôt dans d'autres chaudières, analogues à celles de la batterie, mais sans foyer ; par refroidissement le sel se cristallise, on décante l'eau mère ; et l'on détache les cristaux au marteau pointu.

On embarille les cristaux égouttés, sans attendre leur efflorescence, ce qui en diminuerait le poids, et causerait un déchet pour la vente. Il y aurait un grand avantage pour l'usine, à vendre le plus possible du carbonate cristallisé, car les cristaux renferment plus de moitié de leur poids d'eau.

Quoi qu'il en soit, en supposant même que le sel de soude ne trouvât pas immédiatement son emploi dans la colonie et qu'il fallût l'expédier en Europe, l'usine serait loin de travailler en perte, comme nous pouvons nous en assurer par le calcul.

Le sel de soude des fabriques de Marseille, marquant 90° alcalimétriques, avons-nous dit, vaut en fabrique 45 francs les 100 kilos; comme la valeur de ce produit est relative à la richesse de son degré alcalimétrique, notre sel qui se rapprocherait de la pureté absolue atteindrait et dépasserait même le prix de 50 francs.

Nous avons vu, par l'expérience, que chaque mètre de terrain nous donnait par récolte 1 kilog. d'efflorescence contenant 200 grammes ou 20 pour 100 de carbonate de soude pur; ce serait donc vingt quintaux métriques de 100 kilos de sel pur que nous aurions à extraire par hectare et par récolte, ou soit 260 quintaux métriques pour les treize hectares de terrain actuellement disponibles; au prix de 50 francs l'un, ce serait une vente assurée de 13 000 francs.

Nous pouvons calculer, très-approximativement, les dépenses à faire pour l'installation de l'usine :

Achat de 10 barriques de 500 litres à 25 fr. l'une...	250ᶠ
6 chaudières en fer des anciennes sucreries, dont 3 pour la concentration et 3 pour la cristallisation, à 100 fr. l'une............................	600
Construction du four à calcination en briques réfractaires..................................	6 000
Construction d'un hangar couvert pour tout l'atelier.	6 000
Préparation du terrain........................	1 000
Installation des appareils, outillage.............	1 000
Menus frais..................................	150
Total du capital...............	15 000

Ainsi avec une somme de 15 000 francs qui pourrait encore être réduite de beaucoup si les exploitants avaient à leur disposition et à proximité des localités qui pussent s'approprier à l'exploitation, s'ils avaient en leur possession des chaudières de vieilles batteries, l'on pourrait monter l'entreprise.

Les dépenses annuelles seraient :

L'intérêt du capital à 10 pour 100...............	1500f
L'amortissement...............................	750
Le loyer du terrain à 50 francs l'hectare; il est peu probable que le chiendent qui recouvre actuellement le sol ait une valeur aussi forte.........	650
La récolte et la préparation des produits pourraient durer un mois, avec 3 ouvriers employés au service de l'usine. En portant les journées à 1 fr. 50 et les gratifications à la fin de campagne, ce serait une dépense de...................................	150
Bagasse pour combustible.......................	300
Les 260 quintaux métriques exigeraient pour être logés 100 vieilles barriques à vin, du prix de 6 fr. l'une...................................	600
La récolte formerait ainsi 25 tonnes d'encombrement de marchandises, dont le fret de la Réunion à Marseille à 100 francs la tonne donnerait une dépense de...................................	2500
L'embarquement et le débarquement à 10 fr. la tonne.	250
Commission, assurances, menus frais; 10 pour 100 de la valeur des marchandises	1300
Total des dépenses annuelles.............	8000

La valeur brute de la récolte étant de 13 000 francs et le total des dépenses s'élevant à la somme de 8000 francs, il en résulterait un bénéfice de 5000 francs. Mais nous n'avons évalué la prévision des récoltes qu'à une seule annuelle ; je pense que, par le système que j'ai décrit, l'on pourrait facilement faire trois ou quatre récoltes au moins ; il sera facile de s'en convaincre, par l'expérience, sur quelques mètres de terrain, avant même de construire l'usine.

D'un autre côté, nous avons prévu dans les dépenses celles du logement du produit, le fret, l'embarquement, l'assurance, la commission pour une somme de plus de 4000 francs, mais il est évident que si la soude se vendait aux fabriques de savon dans la colonie, tous ces frais seraient économisés, ce qui doublerait le revenu, sans parler de la quantité de soude dont on pourrait tirer un parti fort avantageux pour le service des buanderies de la colonie.

Toutes ces circonstances que chacun peut apprécier, aussi bien que je le puis faire moi-même, me portent à croire que l'exploitation du gisement de natron de Savana procurera

MIS. D'ÉT.   9

aux personnes qui le tenteront, une industrie aussi intéressante à diriger que féconde en résultats avantageux, autant dans l'intérêt privé que dans celui du commerce de la colonie.
— Relativement aux formalités légales à remplir pour obtenir la concession du gîte de natron, les personnes intéressées pourront consulter la loi du 21 avril 1810 qui régit tout ce qui est relatif à l'exploitation des productions minérales du sol.

Cette loi, qui a apporté des modifications essentielles à l'ancienne législation sur la matière, forme une exception aux principes du droit commun sur la propriété particulière; elle n'établit aucune préférence en faveur du propriétaire du sol, et ne s'occupe que de la bonne direction à donner aux travaux dans l'intérêt général du pays pour son commerce et son industrie.

En France, l'exploitation d'une mine quelconque est accordée à toute personne ou société qui justifie des facultés nécessaires, en vertu d'une concession délibérée en conseil d'État. L'évaluation du prix d'acquisition des terrains est faite suivant les règles établies par la loi du 16 septembre 1807 sur le desséchement des marais; le terrain à acquérir est toujours estimé au double de la valeur qu'il avait avant l'exploitation de la mine.

FABRICATION DU SEL MARIN

DANS LES USINES ET DANS LE MÉNAGE

A LA RÉUNION.

La fabrication du sel dans les usines qui utilisent l'eau de la mer, de certaines sources et de puits salés, est soumise en France à la surveillance immédiate de l'administration des finances; il n'est accordé d'autorisation, d'après la loi du 24 avril 1806, que sous la condition d'une production minimum de 500 tonnes à livrer à la consommation intérieure, et assujettie à l'impôt; cet impôt était autrefois de 30 centimes, il est aujourd'hui réduit à 10 cent. par kilog. de sel. Chaque saline doit donner, par conséquent, au moins un revenu brut de 50.000 francs au trésor public.

La législation en pareille matière a sa raison d'être, car la valeur réelle de la substance imposable étant fort minime, (1 centime environ par kilog.), et l'impôt étant dix fois plus fort, l'intérêt du trésor devait l'emporter sur celui de la libre fabrication. Il était donc nécessaire de fixer un minimum de production, afin que la surveillance de l'administration ne fût pas obligée de trop se diviser, et que cette division n'entraînât pas, outre les embarras dont elle serait accompagnée, des dépenses telles qu'elles absorberaient une notable partie des droits à percevoir.

Cette clause, à laquelle cependant il est dérogé quelquefois dans de certaines limites, en présence de causes exceptionnelles, indépendantes de la volonté des fabricants, exige d'énormes capitaux pour la création des fabriques de sel marin en France; ces conditions, si la législation métropolitaine était applicable aux colonies françaises, rendraient complétement impossible l'établissement d'une saline à la Réunion; mais, sous le régime exceptionnel des colonies, affranchie de la surveillance de l'administration et libre de tout impôt de production, une saline peut se créer à la Réunion avec chances de réussite, car elle aura des bases certaines sur lesquelles elle pourra asseoir d'avance ses calculs.

Ces bases sont évidemment le quantum de la consommation de la colonie, l'exportation éventuelle dans les îles voisines et à Madagascar en concurrence avec les autres pays producteurs, la protection que la législation locale doit nécessairement accorder aux produits indigènes de préférence aux produits importés, enfin, la plus-value dont doit être forcément grevé un produit concurrent qui a supporté un fret considérable, des frais d'embarquement, de débarquement, d'assurances, etc.

Si la connaissance des premières conditions est nécessaire pour savoir sur quelles proportions l'on peut établir une saline dans la colonie, les secondes nous sont indispensables pour établir le prix minimum auquel pourra être vendu le sel fabriqué, et dans quelles limites ces prix seront suffisamment rémunérateurs de la production; il sera facile alors à l'industriel qui voudrait tenter l'entreprise d'étendre sa production sur une plus vaste échelle.

Le prix de base du sel marin dans la colonie ne saurait être pris dans les étranges fluctuations que cette matière éprouve par le fait de l'accaparement et par les chances de la navigation; ces circonstances variables le rendent quelquefois d'une valeur exagérée, d'autres fois elles le donnent à vil prix. Dès l'instant où une saline fonctionnerait dans la colonie, le prix du sel aurait une base certaine, car le commerce métropolitain ne nous enverrait plus cette denrée, puisqu'il saurait qu'elle ne l'indemniserait plus de ses frais; il n'y aurait donc plus encombrement sur la place.

La valeur réelle du sel dans la colonie doit se composer nécessairement du prix d'exploitation dans les usines de France, plus des frais de transport, d'embarquement et de débarquement, assurances, etc. Il n'existe aucun droit de consommation sur le sel expédié aux colonies, la législation française admettant la franchise pour toute exportation, et ne percevant d'impôt que sur la consommation intérieure de la métropole.

La tonne de sel vaut généralement, prise dans les salines du midi de la France, de 10 à 12 fr., ci . . . . . .   12 fr.

Le fret de ces salines aux ports d'embarquement (puisque la consommation limitée de la colonie ne permet pas le chargement complet des navires) et le fret de l'entrepôt à la Réunion peut être évalué au minimum à..   40

Les frais d'embarquement, de débarquement, d'assurances, de consignation, à..   10

Total. . . . .   62 fr.

C'est donc une somme de 62 fr. que vaut réellement la tonne de sel marin arrivée dans la colonie, soit : 6 fr. 20 les 100 kilog., ou soit enfin, pour suivre les usages du pays, 3 fr. 10 c. les 100 livres.

C'est là le prix de base sur lequel on doit compter pour soutenir la concurrence avec les produits similaires de France; au-dessous de ce prix de vente, il est évident que les fabriques françaises feraient des opérations ruineuses en nous adressant leurs produits.

Il existe plusieurs procédés généraux pour séparer le sel marin des eaux qui le renferment; l'élimination artificielle de l'eau au moyen du feu ou de l'air, est seule d'une application possible dans les conditions climatériques de la Réunion; mais il est évident que la cherté du combustible doit nous faire adopter exclusivement les procédés de l'évaporation spontanée par l'action de l'air; la température moyenne assez élevée de la colonie, et la sécheresse habituelle du climat dans certains quartiers de la Réunion, pendant une grande partie de l'année, seront même très-favorables à ce mode de fabrication.

Les procédés d'évaporation spontanée par l'action de l'air sont assez nombreux ; et, sous le rapport de leur valeur respective, il serait même difficile de les comparer entre eux, car chacun d'eux doit sa réussite aux conditions locales dans lesquelles il est établi; nous nous contenterons donc d'exposer les procédés qui, suivant nous, seraient applicables dans les conditions de notre colonie. L'explication simple du principe de l'évaporation spontanée, qui est le même pour toutes les variantes du procédé, permettrait à tout industriel d'introduire dans son usine toutes les modifications qui paraîtraient devoir favoriser l'évaporation.

Dans un espace clos, rempli d'air, dans une bouteille hermétiquement bouchée et qui renfermerait une couche assez mince d'eau, il se vaporise la même quantité de liquide pour une température donnée ; dès l'instant où l'espace clos est saturé de vapeur, l'évaporation cesse ; mais si l'air se renouvelait, si l'air qui est saturé était remplacé par d'autre qui ne le fût pas, si l'on ouvrait de temps en temps la bouteille ou qu'on la laissât complétement débouchée, l'évaporation continuerait alors avec d'autant plus de rapidité que l'air se renouvellerait plus facilement, que les surfaces des liquides seraient plus grandes.

C'est sur ce principe qu'est fondée l'évaporation des eaux salines, de celles de la mer surtout, pour la production du sel ; dès l'instant où, par évaporation, l'eau s'est concentrée de manière à ce qu'elle ne soit plus assez abondante pour tenir le sel en dissolution, celui-ci se précipite en cristaux plus ou moins réguliers, que l'on retire pour la consommation.

Dès lors, tous les moyens physiques ou mécaniques qui tendront à multiplier économiquement les surfaces des liquides, à renouveler l'air saturé de vapeur, et, s'il est possible, à en augmenter la température, favoriseront la production du sel ; ces conditions peuvent se trouver réunies avantageusement dans certains points de la colonie, là où les brises soufflent d'une manière régulière et presque constante, et sous notre climat dont la température moyenne, dans la saison salinière, descend rarement au-dessous de 30 degrés.

Deux méthodes peuvent être employées dans la colonie, suivant que l'on voudra ou que l'on pourra consacrer certains capitaux et certains espaces de terrain à la fabrication du sel. Dans la première méthode, celle des *marais salants*, il faudra consacrer à l'usine un espace de terrain considérable ; dans la deuxième, dite *méthode de graduation*, un petit espace suffira. Dans les deux cas, l'essentiel est de choisir une place bien appropriée, sur laquelle les brises aient un accès facile, et dans un quartier où la saison sèche soit bien tranchée de la saison pluvieuse.

L'eau de mer renferme 25 grammes environ de sel marin

par litre et 10 grammes d'autres substances fixes, dont les sels de magnésie constituent la majeure partie; pour retirer 25 grammes de sel marin, il faudrait donc évaporer un litre d'eau; et comme l'évaporation n'a pas lieu jusqu'à siccité complète, il en résulte que, pour obtenir un kilogr. de sel, il ne faut pas évaporer moins de 50 litres d'eau; il est évident que le moyen évaporatoire employé à éliminer une aussi grande quantité d'eau pour obtenir si peu de sel, doit être économique, si l'on veut arriver à quelque résultat pratique avantageux.

1° MARAIS SALANTS.

Le terrain sur lequel on dispose les marais salants doit être uni, assez rapproché de la plage pour qu'on puisse y diriger facilement les eaux de la mer. L'on profite autant que possible des circonstances locales, pour faire arriver l'eau économiquement dans le marais. Dans les salines situées sur les côtes exposées au flux de la marée, l'on utilise l'élévation périodique naturelle de l'eau pour approvisionner la saline; dans les localités où le flux est insensible, comme sur les côtes de la Méditerranée, la saline est creusée au-dessous du niveau de la mer qui est retenue par un barrage, ou bien l'eau est montée artificiellement par une pompe à feu; à la Réunion aucune des conditions précitées n'existant naturellement ou n'étant possibles, il faudrait avoir recours à une force mécanique pour monter l'eau dans la saline, ou mettre à profit une des circonstances locales que chacun peut avoir remarquées. Il est bien rare que la mer soit calme sur les côtes de la Réunion, et l'on n'a qu'à considérer les barres de galets élevées successivement le long des rivages, pour se convaincre que le flot de la mer atteint des hauteurs souvent considérables, surtout dans les ras-de-marée très-fréquents sur la côte; l'on pourrait profiter de cet état accidentel de la mer, pour remplir de vastes bassins, creusés non loin du rivage. On alimenterait ces bassins au moyen de rigoles creusées derrière les barres de galets, que l'on devrait respecter comme une barrière de protection pour ces travaux; l'eau de mer filtrant à travers cette couche de galets, viendrait, à chaque flot, remplir les rigoles qui se déverseraient dans les bassins. Si l'on craignait que le procédé ne fût d'une intermittence sur laquelle on ne pût compter, il faudrait faire communiquer le bassin par un canal en poterie qui irait aboutir aux barres inférieures de galets qui bordent le rivage; le bassin serait creusé, dans ce cas, à un niveau inférieur à celui de la mer. Sur les côtes protégées par des récifs de madrépores, comme à Saint-Leu, sur celles bordées de roches volcaniques à pic, comme à Sainte-Rose, si le climat n'y était pas trop pluvieux, l'on pourrait puiser directement l'eau dans la mer.

Quel que fût le moyen de s'approvisionner d'eau de mer, celle-ci devrait être élevée à une hauteur suffisante, pour que du bassin où elle serait emmagasinée, elle pût se déverser par la seule différence des niveaux dans d'autres bassins évaporatoires à larges surfaces.

Voici la marche de la fabrication : l'on a d'abord creusé, comme je l'ai dit, un vaste bassin d'approvisionnement; ce réservoir, comme tous ceux qui constituent le salin, sont creusés dans le sol; mais pour que la perméabilité du terrain ne donne pas passage aux eaux et ne les laisse pas perdre, on revêt le fond et les parois du bassin d'une couche d'argile que l'on tasse fortement, il se forme par le temps un feutrage de petites plantes marines qui ajoutent à la compacité du sol. Lorsque le bassin est rempli d'eau, et qu'arrive la saison sèche, on commence l'opération. Dans ce but, l'on ouvre un passage aux eaux du bassin, en l'échancrant dans une de ses parois à la pioche, ou par un canal souterrain en poterie, et elles viennent remplir d'autres bassins beaucoup plus larges et moins profonds creusés sur le même niveau que le premier, destinés à étaler l'eau sur de plus grandes surfaces, pour faciliter l'évaporation; de ceux-ci, l'eau coule dans d'autres dont la disposition est subordonnée aux conditions locales du terrain, elle arrive enfin dans les tables salantes où on ne l'étale que sur une faible couche de quelques pouces; là, elle s'évapore presque complétement en abandonnant le sel; celui-ci se précipite en cristaux au fond des tables, et on l'enlève périodiquement deux ou trois fois par semaine; l'on alimente sans cesse les tables au moyen des eaux concentrées par leur passage dans les larges bassins précédents, et à la fin de la saison, il reste dans les tables une eau mère saturée de sel marin, il est vrai, mais saturée aussi de sels de magnésie, qui finiraient par se mêler en grandes proportions au sel marin et lui communiqueraient

un mauvais goût ; on les fait écouler dans un dernier bassin
creusé à un niveau inférieur, pour leur faire subir, en hiver,
un traitement particulier par le froid ; on en retire ainsi ultérieurement de nouveaux produits utiles à l'industrie. Mais
si ces eaux mères sont utilisées dans quelques usines de
France où la température du climat descend assez bas pour
opérer ces décompositions, il faudrait les rejeter complète-
ment dans notre colonie qui ne connaît pas les froids de l'hiver d'Europe.

On pourrait aussi, par une pratique qui ne serait pas fort
coûteuse dans les parages où existent les coraux, et où l'on
fabrique, par conséquent, de la chaux à bon compte, se débarrasser facilement des sels de magnésie qui entravent les
dernières opérations salinières. C'est le chimiste *Berthier* qui
a fait le premier l'application de ce principe à la purification des eaux salines ; quoique les réactions qui se passent
dans le procédé qu'il a indiqué soient du domaine de la
chimie, l'on peut en saisir facilement la marche, en se rappelant ce que chacun sait, que toute la science chimique
repose sur les aptitudes plus ou moins grandes des corps à se
combiner avec quelques autres de préférence à des troisièmes.

Ainsi, dans l'eau de mer, en outre du sel marin, il existe,
avons-nous dit, des sels étrangers, ce sont le *sulfate* et le
muriate de magnésie ; parmi ces deux sels, le sulfate seul est
cristallisable comme le sel marin, et peut, par conséquent,
dans les dernières cristallisations, se mêler en quantité assez
notable au sel marin, et lui communiquer ce goût amer et
désagréable de l'eau de sedlitz ; le muriate n'étant point cristallisable reste par conséquent dans les eaux mères que l'on
rejette ; mais il serait facile de débarrasser l'eau de la mer
du sulfate de magnésie dans les divers bassins qu'elle parcourt ; on n'aurait pour cela, si la pratique démontre l'économie du procédé, qu'à jeter du lait de chaux dans l'eau de
mer ; l'on mettrait ainsi en présence deux corps : *sulfate de magnésie et chaux* qui, par l'effet de ces affinités chimiques dont
nous avons parlé, formeraient immédiatement deux autres
corps : *sulfate de chaux et magnésie*, par la seule substitution
de la chaux à la magnésie ; mais le sulfate de chaux étant peu
soluble, surtout dans l'eau saturée de sel marin, il se précipite au fond des bassins dont il augmente d'autant la consistance ; il en est de même de la magnésie, qui n'est pas soluble non plus.

Le sel retiré périodiquement des tables salantes, à mesure de la production, est déposé en tas sur le sol; on recouvre ces tas de tuiles, de planches, pour les soustraire à l'action dissolvante de l'eau de pluie; il est utile de laisser quelques mois ces tas à l'air avant de les livrer à la consommation; nous avons dit, en effet, que parmi les sels qui entraient dans la composition de l'eau de mer se trouvait le muriate de magnésie qui ne cristallise point, mais l'eau-mère qui mouille les cristaux de sel marin renferme assez de muriate de magnésie pour lui communiquer une saveur désagréable et surtout la propriété d'être très-déliquescent, et d'altérer par conséquent l'humidité de l'air et de se résoudre en eau pendant les jours humides et pluvieux; il est évident, qu'en laissant les tas exposés à l'air, ce muriate de magnésie en attire l'humidité, et se résolvant en eau, s'écoule dans le sol; le sel ainsi purifié de lui-même peut être livré à la consommation.

Voici maintenant les frais généraux d'une usine, telle que nous la supposerions établie aux environs de Saint-Leu, quartier dans lequel un industriel ingénieux nous a montré des terrains incultes qui nous paraîtraient propres à l'exploitation d'une saline. Nous ne voulons cependant pas faire supposer que ce n'est que dans ce quartier qu'on pourrait trouver un emplacement convenable, car les environs de Saint-Paul, la plaine des patates à Durand, près Saint-Denis, et d'autres localités pourraient aussi offrir des emplacements convenables à la création d'une usine.

Nous supposerons la construction d'une saline de 10 hectares de terrain. Un marais salant de cette étendue serait en effet dans les plus petites proportions possibles; au-dessous de cette superficie, comme les frais généraux ne diminueraient pas en proportion de la diminution des surfaces, il n'y aurait plus avantage à travailler.

La valeur de 10 hectares de terrain impropre à toute culture, pourrait être évaluée, au plus, à 1000 francs l'un, ou soit pour les 10 hectares. . . . . 10 000 fr.

Le nivellement, le glaisage du terrain, à 5000 fr. l'hectare 50 000

Construction de hangars et d'un bâtiment pour les sauniers 50 000

A reporter. . . . . . . 110 000 fr.

Report.	110 000 fr.
Machine à vapeur de 4 à 6 chevaux pour élever l'eau dans le premier bassin, dans le cas où le flot ne pourrait l'y porter	10 000
Total du capital à débourser	120 000 fr.

Les dépenses annuelles s'élèveraient à :	
Intérêts du capital à 10 pour 100 l'an	12 000
Usure du matériel	6 000
Six ouvriers sauniers, à 500 fr. l'un, engagement et nourriture compris	3 000
Un contre-maître mécanicien	3 000
Un directeur comptable	10 000
150 tonnes de houilles à 80 fr. la tonne . . .	12 000
Outillage, menus frais et dépenses imprévues	4 000
Total des déboursés annuels	50 000 fr.

Voici maintenant le chiffre des recettes.

L'on admet généralement, en France, qu'un hectare de terrain donne, pour la saison salinière, 100 tonnes de sel marin ; quoique le temps employé aux opérations des salines commence en avril et finisse en septembre, le nombre de jours pluvieux pendant cette période de temps est assez considérable, pour que l'on puisse espérer hardiment que sous nos climats tropicaux et dans quelques quartiers de la colonie que leur position topographique rend plus secs, la saison salinière durera au moins un temps double de celui de France ; et comme la température habituelle de la colonie est aussi élevée que celle des salines de la métropole, que l'évaporation s'y fait sous de meilleures conditions, nous pourrions compter, sans crainte de mécompte, sur une production au moins double de celle des salines françaises.

Les 10 hectares donneraient donc une récolte annuelle de 2000 tonnes ; au prix de 62 fr. l'une comme nous avons évalué la valeur courante du sel métropolitain rendu sur nos marchés, ce serait une recette brute de 124 000 fr., dont il faut soustraire les dépenses annuelles, soit 50 000 fr. Il resterait donc un bénéfice net de 74 000 fr., somme qui, ajoutée aux intérêts prélevés du capital, donnerait un total de plus de 70 pour 100

Cette industrie, comme on le voit, serait assez lucrative pour ceux qui l'entreprendraient; elle ne demanderait pas une mise de fonds très-considérable, et rendrait un véritable service à la colonie en assignant à une denrée si nécessaire aux chefs des grands établissements sucriers, un prix moyen que les circonstances ont fait monter souvent d'une manière exagérée.

Rien ne manque dans la colonie pour l'établissement d'une saline à marais; l'argile nécessaire à revêtir les bassins abonde dans plusieurs localités, les terrains incultes n'y sont que trop nombreux; toutes les conditions utiles nous paraissent donc réunies pour une exploitation qui a tant de chances de succès, puisque d'une part, l'élément premier, l'eau de mer ne coûte rien, et que de l'autre le produit obtenu est un objet de première nécessité.

2° MÉTHODE DE GRADUATION.

Nous venons d'exposer les bases d'une entreprise qui nécessiterait naturellement l'intervention d'un capital assez élevé, et dont l'exécution, par conséquent, ne pourrait être tentée que par la grande industrie; nous allons exposer maintenant les principes d'une industrie semblable, et nous en tirerons des applications particulières qui rappelleront les procédés primitifs auxquels de bons vieux noirs infirmes avaient recours autrefois, pour gagner les quelques sous nécessaires à leur nourriture quotidienne, en faisant évaporer de l'eau de mer dans les ampondres du palmiste. Ces procédés pourraient devenir la source de petites industries particulières pour les affranchis qui habitent sur le littoral; et peut-être même que chaque habitation voisine du bord de la mer arrivera un jour à posséder son salin particulier, en employant à ce service les sujets incapables de tout travail plus pénible.

Nous indiquerons d'abord les principes sur lesquels ces procédés sont basés, et la marche des industries européennes qui s'en servent, pour en déduire les modifications qui les rendraient applicables dans la colonie.

Nous avons dit que l'évaporation de l'eau était d'autant plus rapide que les surfaces étaient plus grandes, que l'air se renouvelait plus rapidement et que la température était plus élevée.

Nous devons ajouter, pour ces procédés particuliers, que l'évaporation sera aussi d'autant plus rapide, que le liquide se présentera à l'état de plus grande division; et cette nouvelle condition peut en effet augmenter de beaucoup la quantité d'eau évaporée; c'est sur ce principe que *Wetzel* a établi autrefois ses rotateurs à basse température, dans lesquels un cylindre tournant, formé de petites baguettes parallèles, élève les sirops à une petite hauteur, en les faisant ensuite retomber en une myriade de goutelettes.

Les appareils dans lesquels on met à profit cette dernière action pour l'évaporation de l'eau de mer, se nomment *bâtiments de graduation*. Voici comment on les construit : supposons quatre poutres plantées dans le sol, et d'une certaine hauteur, de 12 à 15 mètres par exemple; elles forment un parallélipipède très-allongé, dont l'un des grands côtés doit être placé sous le vent le plus habituellement régnant; la partie supérieure des poutres, solidement fixées entre elles par des traverses, est terminée par un plancher sur lequel on construit des canaux en planches que l'on pourrait remplacer simplement par des bambous. Une toiture assez large pour abriter tout l'appareil, et débordant même de deux mètres, recouvre le tout pour le mettre à l'abri des pluies; tout l'espace compris entre les quatre montants est rempli de fagots de bois épineux un peu élastique, de manière à ce que les branches restent plus facilement écartées les unes des autres, et permettent un plus libre accès à l'air; les branches à tiges roides seraient naturellement préférables à celles à tiges pendantes, à l'extrémité desquelles l'eau se réunit en grosses gouttes, tandis que, sur les tiges roides, elle est plus divisée; de deux en deux mètres les fagots sont un peu plus écartés par des traverses en bois, d'une légère inclinaison.

L'on élève l'eau de la mer par des pompes aspirantes et foulantes jusqu'à la partie supérieure de l'appareil, et on la répand dans les canaux qui servent à la diriger sur les fagots, au moyen de fentes fermées à volonté par des planches à glissement, que l'on fait ouvrir de la partie inférieure du bâtiment, au moyen de cordes ou leviers; si on employait des bambous, l'eau s'écoulerait naturellement sans mécanisme par des échancrures que l'on y pratiquerait de distance en distance.

Une seule chute ne suffit pas pour amener l'eau au point de sa cristallisation ; l'eau, divisée sur les fagots, retombe dans des bassins inférieurs d'où les pompes la reprennent pour la graduer de nouveau par de nouvelles chutes sur les épines.

C'est là la disposition la plus employée, mais l'on peut arriver au même résultat en remplaçant les fagots d'épines par des cordes ou des planches.

Les *bâtiments à cordes* ont été imaginés par Dubutet, en 1778 ; on les a employés sur une grande échelle à *Moutiers-la-Tarentaise*, aux environs de Chambéry. Ces cordes sans fin qui descendent de la partie supérieure du bâtiment jusqu'au bas, servent à l'écoulement de l'eau ; elles sont petites, rapprochées, et placées à égale distance sur toute la surface horizontale du bâtiment ; cette disposition a un grand avantage, l'eau s'écoule plus régulièrement, présente une plus grande surface, est distribuée plus uniformément autour des cordes, et n'est pas exposée à être entraînée par le vent ; la circulation de l'air ainsi que son renouvellement ont lieu avec beaucoup de facilité.

Par ce procédé on peut facilement évaporer 600 à 700 litres d'eau par 24 heures, par chaque mètre de largeur de l'appareil ; ce qui, avec les dimensions ordinaires de l'appareil, forme une surface verticale de 8 à 9 mètres, d'un mètre de profondeur ; on retire ainsi de 15 à 17 kilog. de sel pour les proportions indiquées ; on les augmente en raison de la production qu'on veut obtenir.

Les bâtiments à cordes offrent encore l'avantage que l'eau peut y être distribuée sur un grand nombre de points, tandis qu'avec les épines on ne la fait couler que sur un petit nombre ; et quand le dépôt du sel est abondant, l'eau peut encore couler par les cordes, tandis que les épines se soudent et ne forment bientôt qu'une seule masse.

La plus forte dépense est la seule objection à faire contre ce système ; mais les réparations sont rares, et comme l'évaporation est, terme moyen, double, cette disposition offre beaucoup d'avantages.

C'est celle que nous conseillerions peut-être, de préférence, à la grande industrie, en raison du petit espace de terrain qu'elle nécessite ; en tout cas, c'est une modification économique du procédé que nous présenterons à la petite industrie.

Il est bien entendu que dans ces méthodes, lorsque les fagots d'épines ou les cordes sont suffisamment chargés de sel, on le retire en les battant. Le sel ainsi obtenu est parfaitement blanc et de toute pureté.

Voici comment nous pourrions simplifier cet appareil pour le rendre applicable, en limitant excessivement le chiffre des dépenses; il est bien évident que les noirs trouveraient le moyen de fabriquer des cordes économiques avec les substances textiles qui ne manquent pas dans la colonie; ces cordes faites, on choisirait, non loin du point de la mer où l'on pourrait puiser de l'eau, deux arbres assez rapprochés l'un de l'autre; on les ébrancherait jusqu'à la hauteur de 10, 15 ou 20 mètres; deux cocotiers ou deux filhaos présenteraient naturellement leurs troncs allongés propres à cet usage. On hisserait, au sommet dénudé des arbres, un long bambou dont les nœuds enlevés à l'intérieur formeraient un long canal économique; on lui donnerait une direction horizontale, mais avec une légère inclinaison du grand bout au plus petit, qui serait fermé par un fort bouchon. On fixerait solidement le gros bout à l'un des arbres, l'autre serait aussi amarré, par le moyen d'une corde lâche, à l'autre arbre, pour que l'appareil ne fût pas exposé à être démoli par les balancements de ses appuis naturels. L'on pratiquerait des traits de scie atteignant l'intérieur vidé du bambou, on les disposerait à 3 ou 4 centimètres l'un de l'autre, sur tout le parcours du canal aérien, et l'on y fixerait à cheval les cordes, dont les extrémités viendraient se nouer près du sol, et dans la même disposition, sur un long bâton de même longueur que le bambou aérien. Ce bâton reposerait dans une rigole le plus large possible, faite avec des tuiles imbriquées, ou avec un gros bambou fendu longitudinalement. Ce long bâton et cette rigole sont fixés à demeure. Quelque agitation qu'éprouvent les arbres supports, l'eau adhérera toujours aux cordes dont elle suit les sinuosités, et elle viendra retomber dans la rigole inférieure, d'où une légère pente la conduira dans un bassin économiquement construit avec une barrique enterrée.

L'eau de mer pourra être élevée dans l'intérieur du bambou aérien, plus économiquement qu'avec une pompe, au moyen d'un seau qu'un simple mécanisme grossier de culbute pourra déverser dans une petite barrique; cette dernière sera fixée à l'arbre et servira de réservoir supérieur; le manége continuel d'élévation de l'eau de mer, et sa chute sur le parcours des cordes la feront diminuer rapidement de volume en la concentrant. On formera constamment le plein du réservoir inférieur, avec de l'eau de mer, pour réparer les pertes faites par évaporation ; lorsque l'eau sera concentrée, elle déposera des cristaux sur les cordes ; et, lorsque ces cordes auront ainsi fortement augmenté de volume par le dépôt du sel, on descendra peu à peu le bambou, à mesure qu'on détachera le sel des parties inférieures des cordes.

Ce procédé, réduit à des limites plus restreintes encore, pourrait procurer, à toute famille habitant le littoral, le sel nécessaire à sa consommation, sans que l'on eût d'autre soin à y consacrer que quelques minutes, à temps perdu, et presque sans dépenses premières.

On peut, en effet, prendre un seau de dimension plus ou moins considérable, suivant la quantité de sel qu'on voudrait préparer, et disposer une poulie sur un arbre élevé pour pouvoir hisser le seau à une hauteur convenable, et le descendre à volonté ; si l'on perce à la partie inférieure du seau une très-petite ouverture, de manière que le liquide ne s'écoule que goutte à goutte, les gouttes pourront suivre dans leur chute la direction d'une, deux ou trois cordes séparées entre elles par une petite planche percée de deux ou trois ouvertures, de manière à empêcher les cordes d'adhérer ensemble ; cette planche sera placée à la partie inférieure des cordes, tout près du sol, et le système entier sera tendu au moyen d'un poids quelconque, d'un galet par exemple, assez lourd pour opposer une certaine résistance à de trop grandes oscillations, par l'effet des brises.

Il est évident qu'en remplissant le seau d'eau de mer, et le hissant à la hauteur voulue, l'eau dont on pourra, par la pratique, régulariser l'écoulement en augmentant ou rétrécissant l'ouverture, de manière à ce qu'elle s'évapore en entier, avant d'être arrivée à l'extrémité inférieure des cordes ; l'eau, disons-nous, s'égouttera et suivra la direction des cordes par son attraction capilláire ; elle présentera une surface considérable à l'air ; les oscillations modérées de celles-ci augmenteront encore la cause évaporatoire, et cet appareil simple et économique sera dans les meilleures conditions pour procurer tout le sel nécessaire à la consommation des familles qui le mettront en pratique.

Si le seau a une capacité de 10 litres, par exemple, l'on

pourra graduer l'écoulement de manière à l'épuiser complétement en 24 heures, ce sera donc 250 grammes ou une demi-livre de sel qu'on pourrait retirer chaque jour des cordes ; avec un seau de 20 litres on en retirerait une livre, ainsi de suite ; la récolte ne se ferait qu'à intervalles assez éloignés pour que les cordes fussent fortement chargées de sel, quand on les en dépouillerait.

Si l'on proportionne, ce qui est très-facile par le tâtonnement, l'écoulement du réservoir supérieur, de manière que toute l'eau écoulée puisse être évaporée avant d'arriver au sol, les réservoirs inférieurs deviennent inutiles, et une seule chute suffit à la préparation du sel. La pratique donnera facilement la dimension de l'ouverture pour atteindre ce but.

PRÉPARATION

DU SUCRE DE CANNES

L'on se rappelle peut-être que dans notre compte rendu sur le procédé de la double carbonatation, nous avions déclaré que nous ne comptions pas parler dans nos rapports périodiques de divers systèmes proposés pour la préparation du sucre, systèmes qui n'étaient encore qu'à l'état d'essais dans le laboratoire, mais seulement de ceux dont l'application en grand ne laisserait aucun doute sur leur réussite. Cette restriction s'appliquait surtout à un nouveau procédé que nous avions vu réussir d'une manière complète, à Paris, sur des cannes apportées à grands frais de la Martinique; ne doutant pas que les auteurs du système tenteraient avant peu, eux-mêmes, des expériences plus concluantes, s'ils avaient foi dans leur procédé.

Aujourd'hui que notre conviction est faite, d'après quelques lettres émanant d'habiles sucriers de la Martinique, et que le nouveau système a rempli sur l'échelle industrielle les promesses qu'il avait faites dans le laboratoire, nous allons rendre compte des manipulations nouvelles qu'il nécessite, joignant à nos observations personnelles celles que nous trouverons renfermées dans la correspondance de la Martinique, pour l'application en grand du procédé.

Le système nouveau a pour base l'emploi de *l'acide sulfureux*, naissant et se formant au sein du vesou lui-même, par la réaction du suc de la canne sur un composé chimique qui renferme cet acide sulfureux à l'état de combinaison, sur le *sulfite de soude*. L'on n'a pu essayer ce procédé en France que dans le laboratoire, parce que ce système est spécial pour la canne à sucre et ne réussit pas sur la betterave ; nous dirons bientôt pour quelle cause. Nous n'avons donc pu assister aux applications sur une vaste échelle et nous n'avons vu que les expériences du laboratoire ; mais les essais ont été faits en grand à la Martinique, et nous citerons le témoignage et l'opinion d'un habile industriel de cette colonie sur les expériences faites dans son usine et dans d'autres voisines. Dans une lettre du 21 mars 1862, M. Asselin de Monnerville s'explique ainsi : « .... le sucre qui m'avait paru un peu gras d'abord, a laissé échapper son sirop jusqu'au mauvais bout ; il est d'une nuance superbe. J'ai surtout été émerveillé des expériences faites chez M. Théobalt Roy. En vérité je crois que l'inventeur de ce procédé a fait faire à l'art de la fabrication du sucre de cannes un pas que jusqu'ici la chimie et la mécanique n'avaient même pas soupçonné. Avec ce procédé et nos vieilles chaudières du père Labat, nous pouvons arriver à la perfection. »

Après quelques judicieuses observations qui trouveront place dans notre rapport, un autre industriel de la Martinique, M. Dorn, arrive à ces conclusions : « Le sucre est très-beau et bien détaché ; j'estime qu'il y a une différence de 1 fr. 50 par 50 kilogr. en faveur du sucre, par ce procédé et celui que je faisais antérieurement avec la chaux. Les deux ingrédients employés ensemble ne me laissent aucun doute sur la réussite complète d'une bonne et très-facile fabrication, quelle que soit la quantité du vesou, pourvu que l'opérateur se rende bien compte de la quantité qu'il faut employer suivant les proportions de la *grande* et suivant la qualité du vesou.... »

Ces témoignages, dignes de confiance par la source d'où ils proviennent, nous décident aujourd'hui à traiter de ce procédé, d'autant plus que son application peut être essayée immédiatement dans les usines, parce que ce système n'oblige pas à des appareils nouveaux et à des transformations radicales ; qu'avec lui toutes les dispositions de fabrique peuvent être utilisées, et que, s'il n'exclut pas les appareils perfectionnés si utiles au point de vue de l'économie du combustible, il n'exclut pas non plus l'outillage actuellement existant, quel qu'il soit; parce qu'enfin il dispense entièrement de l'emploi du charbon animal, cet agent n'ayant plus aucune action après celle de l'acide sulfureux naissant.

Nous ne dirons rien sur l'historique du procédé, car l'on n'ignore pas que lorsqu'un progrès est acquis à l'industrie, l'on trouve une infinité d'auteurs qui en réclament la paternité; et de pareilles questions sont fort difficiles à juger. L'application d'un principe identique peut échouer complétement ou donner une bonne réussite, suivant un tour de main spécial, et il serait dès lors difficile de décider si la découverte réelle, si le droit à l'invention existe plutôt pour l'auteur du principe qui n'a pas réussi que pour celui du tour de main qui lui a assuré le succès.

L'acide sulfureux a, de tout temps, été reconnu comme un agent énergique de décoloration des substances végétales, et comme propre à les préserver des altérations résultant de la fermentation spontanée; il n'y a donc rien d'étonnant à ce que plusieurs chimistes aient eu l'idée de faire l'application de ses propriétés à la préparation du sucre, et nous connaissons depuis longtemps l'emploi qu'on en fait en Provence, pour la préparation des sirops de moût de raisin destinés aux confitures de ménage, lorsqu'on veut les avoir de couleur blanche; on employait encore ce procédé pour la décoloration du moût, pour la préparation du sucre de raisin par le procédé du chimiste Proust, lors du blocus continental, sous le premier empire.

Le système dont l'application a réussi à la Martinique dans la dernière campagne sucrière et dans l'usine de Motril en Espagne, appartient à une société en participation, sous le nom de A. Périer, L. Possoz et J. F. Cail et Cie. Il est basé sur l'action de l'acide sulfureux naissant sur les matières colorantes. Cet acide sulfureux que nous ajoutons à l'état de gaz dans le moût de raisin, en Provence, est mélangé par ces inventeurs à l'état de combinaison dans une substance chimique particulière, le *sulfite de soude*.

Sous l'influence des acides de la canne, ce sulfite de soude (*acide sulfureux et soude*) se décompose; ces acides entrent en combinaison avec la soude, et l'acide sulfureux devient libre, à l'état de bulles microscopiques qui prennent naissance tout à coup dans la masse du liquide; elles agissent sur la matière colorante et la détruisent, comme le fait la vapeur qui se dégage d'une mèche soufrée ou d'une allumette que l'on tient enflammée sous une étoffe de couleur, préalablement mouillée.

Dans le procédé actuellement employé aux colonies, la décoloration des vesous ne saurait être complète que par l'usage du charbon animal ; voici pourquoi : le premier traitement que l'on fait subir au vesou, le traitement par la chaux, débarrasse, il est vrai, sous l'influence de la chaleur, le vesou de toutes les matières albumineuses ; ces matières albumineuses se coagulent au sein de la masse du liquide, entraînent à la surface la majeure partie des molécules étrangers qui nagent en suspension dans le vesou, mais n'ont que peu d'action sur la matière colorante. Cette dernière reste presque en entier ; il faut donc recourir à l'action du charbon pour l'enlever, à moins qu'on se contente de ne fabriquer que du sucre de qualité inférieure. Avec le procédé au sulfite de soude, au contraire, sous l'action de l'acide sulfureux, la matière colorante est entièrement détruite, et les résidus de cette matière décomposée nagent en flocons dans le vesou ; ils disparaissent par l'écumage et la filtration. Ce procédé ne change que peu de chose à la défécation qui se fait par le moyen ordinaire, l'ébullition en présence de la chaux ou d'un autre alcali, la *soude*, dont l'action est la même, mais dont l'emploi paraît mériter la préférence, comme nous le verrons bientôt.

Il résulte de ces moyens de décoloration du vesou et de sa défécation par le procédé habituel, que rien n'est changé à l'outillage actuellement employé, et que toutes les diverses modifications que cet outillage a subies, depuis la primitive batterie aux 3 chaudières de fonte, la chaudière de Gimart, la basse température de Wetzel, jusqu'à l'ingénieux appareil à triple effet, peuvent être utilisées à l'endroit de ce procédé, sans autres avantages particuliers que ceux qui résultent de la valeur même des engins employés.

Voici comment on pourra procéder avec les appareils les plus généralement employés dans notre colonie de la Réunion, avec les chaudières à défécation et la cuisson ultérieure dans la batterie Gimart, et la mise en grains dans les basses températures Wetzel ou dans le vide.

Au sortir du moulin, le vesou est reçu dans l'une des chaudières à défécation, dans laquelle on a jeté préalablement,

par litre de vesou, un demi-gramme de la substance chimique particulière que nous avons déjà indiquée, le sulfite de
soude. Si l'on admet le bac, de la contenance de 7 barriques,
comme le sont habituellement les chaudières à défécation, il
y aura 1500 litres environ de vesou, qui exigeront 750 grammes de sulfite de soude.

Comme le sulfite est très-soluble, il serait inutile de le faire
dissoudre préalablement dans l'eau, ce qui augmenterait
d'autant la quantité de liquide à évaporer ensuite, à moins
que la chaudière ne fût chauffée par un serpentin : car, dans
ce cas, le sel se logerait entre les spires du serpentin et sa
dissolution serait retardée. Il serait alors convenable d'employer le sulfite de soude en dissolution concentrée : 1 partie
de sulfite contre 5 d'eau. Dans tous les cas, on pourra se servir de mesures graduées d'avance, pour éviter l'embarras
des pesées à la balance.

Dès l'instant où le sulfite de soude est dissous dans le vesou, toute fermentation est entravée, et l'on peut à son gré,
soit traiter immédiatement le vesou, soit attendre quelques
heures, ou même quelques jours. On pourrait conserver au
besoin le vesou en citernes, quand le moulin débite plus de
cannes qu'on n'en veut brasser dans la journée. Nous avons
vu du vesou traité par le sulfite conservé depuis quatre jours
sans aucun vestige de fermentation.

Cette action préservatrice de la fermentation est employée
avec succès depuis longtemps, sous le nom de *mutage*, pour
la conservation des sucs végétaux, du vin, etc., et l'on se sert
indifféremment, soit de l'acide sulfureux gazeux, soit de sa
combinaison chimique avec la chaux, du *sulfite de chaux* à
petite dose.

La chaudière à déféquer étant pleine, on lâche la vapeur
et l'on pousse jusqu'à l'ébullition du liquide ; il se forme un
chapeau d'écume, comme dans le procédé habituel, on l'enlève à l'écumoire, quand il est bien formé, et l'on continue
l'ébullition pendant quelques minutes, de 2 à 5, en enlevant
les écumes à mesure de leur formation.

Toute addition de chaux est interdite jusqu'à ce moment,
et l'on en comprendra facilement le motif. Le vesou contient
un principe acide ; c'est sur la présence de cet acide que l'on
compte pour réagir sur le sulfite de soude et le décomposer ;
l'acide prend la place de la soude, et l'acide sulfureux, de-
venant libre, réagit alors sur la matière colorante pour la

détruire ; or, si l'on mettait de la chaux en même temps que du sulfite, la chaux saturerait les acides du vesou et le sulfite resterait indécomposé ; il ne pourrait donc réagir sur la matière colorante, c'est ce qui explique pourquoi le procédé ne peut être employé sur le suc de la betterave, qui ne renferme aucun acide pour réagir sur le sulfite et le décomposer.

La défécation est alors achevée ; cette opération était complexe. La défécation proprement dite a eu lieu tout simplement par la matière albumineuse qui se trouve naturellement dans le vesou, matière albumineuse qui se coagule par la chaleur, comme l'albumine des œufs, et qui a enveloppé dans son réseau la majeure partie des corps en suspension dans le vesou ; la décoloration a eu lieu par la réaction chimique de l'acide sulfureux sur la matière colorante.

Mais le vesou ainsi traité renferme encore la majeure partie de ses principes acides ; car, si le sulfite de soude peut suffire à neutraliser la petite quantité d'acide que renferment certaines cannes de la Martinique, il s'en faut de beaucoup qu'il soit suffisant pour les cannes de la Réunion, qui sont naturellement plus acides, comme on peut s'en convaincre par le papier bleu du tournesol qui sera fortement rougi par le vesou. Ces acides naturels ne doivent pas rester en présence du sucre pendant l'évaporation du suc, car ils ne tarderaient pas à le transformer en *glucose* ou sucre inscristallisable, qui augmenterait la quantité des mélasses au détriment de celle du sucre produit.

Il faut donc saturer ces acides ; on y parvient facilement par le moyen employé jusqu'à ce jour, par l'addition du lait de chaux, mais en quantité bien calculée pour arriver seulement à la saturation, de manière à ce que le papier tournesol rouge reprenne une teinte violette, signe évident d'une légère réaction alcaline qu'il faut atteindre.

Il est évident que si l'on a pu déterminer d'une manière précise, et c'était là le point essentiel du procédé, la quantité de sulfite de soude à employer, on ne le pouvait guère pour la chaux, puisque celle-ci devra être employée en proportions nécessaires pour saturer les acides dont la quantité varie pour chaque sorte de cannes, et surtout pour les produits de colonies diverses. Ainsi la quantité de chaux sera minime, peut-être même pourra être nulle pour les cannes de la Martinique que j'ai trouvées sans aucune acidité, tandis qu'elle devra être plus considérable à la Réunion, où le vesou est toujours fortement acide.

Quoi qu'il en soit, cette quantité de chaux sera toujours moindre que celle employée actuellement, puisque une partie des acides est déjà saturée par le sulfite de soude. Le papier tournesol est le seul guide infaillible pour l'opérateur, et je ne saurais trop engager les inventeurs du procédé à munir constamment leurs représentants dans nos colonies d'une bonne provision de ce réactif, préparé dans toutes les conditions de sensibilité, car cette ressource pourrait fort bien manquer dans certaines localités, et compromettre par là le succès des opérations.

On laisse alors bouillir, pendant une ou deux minutes, le vesou ainsi traité par la chaux, et l'on procède à la filtration.

Les inventeurs du procédé ont reconnu, par leur expérience et celle de leurs représentants à la Martinique et en Espagne, qu'il était avantageux de remplacer en tout ou en partie, la chaux employée à la saturation du vesou par du *carbonate de soude*. Suivant eux, le sucre présente une plus belle nuance par cet emploi. Ils suppriment complétement même la chaux dans les batteries qui permettent l'écumage, et, d'après les derniers essais faits à Motril en Espagne, 15 à 30 grammes de chaux en pâte et délayée dans l'eau suffiraient pour traiter 1000 litres de vesou, dans les appareils clos perfectionnés, le triple effet ou le vide simple; appareils qui ne permettent pas l'écumage.

La préférence à accorder à la soude, en remplacement de la chaux, nous paraît devoir être constatée par une plus longue pratique, car l'introduction d'une substance nouvelle dans la fabrication du sucre tendrait à amener des complications dans une opération aussi simple, et renchérir, inutilement peut-être, le produit fabriqué. Les inconvénients seraient plus grands encore dans les colonies de l'ouest qu'à la Réunion, puisque, comme nous l'avons déjà démontré, notre colonie possède un gisement naturel de *natron* dont l'exploitation ne présente pas de difficultés[1]; mais, enfin, mieux vaudrait ne pas avoir à s'en servir, puisque l'on a déjà l'habitude d'employer la chaux.

Nous trouvons une observation parfaitement décrite par

---

1. Voir plus haut.

M. Dorn, dans sa lettre du 20 mars 1862, qui ne peut qu'étayer notre manière de voir.

« Pendant toute une semaine, dit M. Dorn, j'ai travaillé avec le sulfite *seul*, employant dans les essais différentes quantités. Le vesou était de bonne qualité et pesait 11°. Le sucre mis dans les traits rafraîchissoirs n'a pas répondu à ce qu'il promettait dans les chaudières, non pas quant à la nuance, qui était toujours belle, mais il était un peu gras, et il a fallu pour le faire prendre, le laisser bien plus longtemps dans les traits que le sucre fabriqué à la chaux vive. Dans les boucauts, il a rendu son sirop lentement, et le sucre est resté mou, sans corps ; il était, en outre, de beaucoup plus léger que le sucre fabriqué à la chaux. Aussi étais-je déjà décidé à renoncer à cette nouvelle fabrication et à retourner à notre ancienne (la chaux vive), faire moins beau, mais obtenir du sucre sec et ayant beaucoup de corps, lorsqu'après avoir prévenu les auteurs du procédé des inconvénients que j'avais observés, j'ai reçu un nouvel ingrédient (le carbonate de soude) qui, ajouté au sulfite de soude, m'a donné un résultat magnifique et qui ne laisse rien à désirer.

« Voici de quelle manière j'ai opéré : défécation de la grande, par 250 grammes de sulfite de soude et une pareille quantité de carbonate de soude. Le complément du sulfite, pour former 750 grammes, a été ajouté dans les chaudières de devant, afin de bien nettoyer au fur et à mesure, et, de cette façon, j'ai retiré tous les jours cinq batteries de sucre de très-belle nuance, très-sec, ayant autant de corps et pesant autant que le sucre fabriqué avec de la chaux. Le sucre a pris immédiatement dans les traits, il s'est égoutté facilement et complétement. Le grain était très-beau et bien détaché, tandis que celui du premier sucre était très-faible. »

Ainsi M. Dorn a employé d'abord le sulfite de soude seul et a échoué ; cela devait être, car il ne suffit pas de décolorer le vesou pour fabriquer du sucre, et le sulfite de soude ne peut remplacer l'action de la chaux. Puis, dans un second essai, il a employé, en même temps que le sulfite, du carbonate de soude, dont l'action est la même que celle de la chaux, et il a réussi ; mais il n'a pas essayé la chaux en remplacement du carbonate de soude, très-difficile à se procurer, et nous avons lieu de croire que la chaux lui eût tout aussi bien réussi que la soude.

C'est là un fait qu'il est bien important d'étudier dans la

pratique, car il peut à lui seul faire la fortune du procédé ou son délaissement, par la cherté du carbonate de soude, la difficulté de se le procurer dans les colonies où l'accaparement des substances du commerce les fait souvent monter à des prix exagérés.

Nous avons tenu à faire connaître à ce sujet l'opinion de M. Possoz, l'un des inventeurs du système, sur le choix qu'ils accordent au carbonate de soude préférablement à la chaux. Ce chimiste nous a répondu que, par l'emploi de la soude, l'on fait cristalliser bien plus de sucre que par le travail ordinaire à la chaux, parce que les sirops sont plus fluides, moins visqueux, et que la soude n'empêche pas la cristallisation du sucre comme la chaux. Ce fait nous paraît difficile à expliquer chimiquement, mais enfin nos observations ne sont faites qu'en vue de faciliter l'application du système, et nous persistons à croire qu'on fera bien dans la pratique de s'appliquer à l'emploi de la chaux seule, à moins que la soude ne donne réellement des résultats plus avantageux, contre nos prévisions, car les faits sont souvent brutaux et viennent détruire toutes les combinaisons théoriques.

Ainsi donc, d'après les instructions des auteurs, lorsqu'on aura déféqué le vesou par le sulfite de soude à la température de l'ébullition, qu'on aura écumé, il sera utile d'ajouter dans la chaudière à défequer de 1 à 3 grammes de carbonate de soude par litre de vesou, ou soit pour nos chaudières de 7 barriques (ou 1500 litres) 150 à 450 grammes de carbonate de soude sec et pur, qu'on aura préalablement fait dissoudre dans un litre d'eau chaude. Comme cette dissolution se garde sans altération, on pourra en faire une grande quantité d'avance et la verser au moyen d'une mesure graduée.

Il se pourrait que, par mégarde, l'opérateur eût dépassé dans le dosage de la chaux ou de la soude la quantité nécessaire au point de bleuir fortement le tournesol; dans ce cas on remédierait immédiatement à cet inconvénient en ajoutant à ce vesou alcalin une quantité convenable de vesou traité seulement au sulfite, pour le ramener aux dosages convenables, que l'on reconnaîtra par le tournesol.

On laisse alors reposer pendant quelques minutes la masse de liquide dans la chaudière, comme d'habitude. Les impuretés gagnent le fond, et quand le vesou est bien clair, on le décante et l'on filtre à travers un tissu de laine, de coton, du molleton, ou à travers des matières sèches, comme du gravier, du sable, de la brique pilée et dépoudrée, de la grosseur du noir animal en grains.

Ce sera le cas d'employer ici le système de filtre, dont j'ai donné le plan dans le rapport sur la préparation du sucre, par le procédé de la double carbonation. Ce filtre débite beaucoup, il n'est pas encombrant, et sa construction est on ne peut plus économique, son nettoyage a lieu sur place avec la plus grande facilité.

Le vesou est ensuite mis à évaporer comme d'habitude en employant les appareils ordinaires de l'usine. Les sirops ne doivent pas former d'écumes pendant l'évaporation, lorsque l'on a complété la saturation du vesou par un peu de chaux, après l'action du carbonate de soude, d'après les inventeurs. Ce fait, s'il est bien prouvé par la pratique, rendrait le procédé précieux par les appareils à cuisson dans le vide, puisqu'on ne peut y enlever celles qui s'y forment, et qu'elles restent finalement mélangées aux cristaux du sucre.

Certains vesous, quoique traités par le sulfite et les alcalis, chaux ou soude, produisent encore un peu d'écumes légères qu'il est fort difficile de rassembler pour les enlever; toutefois quand le sirop approche du point de concentration auquel on doit le transporter dans les basses températures, vers 25° Baumé, il devient louche et un peu verdâtre, ce qui provient des matières cireuses et résineuses de la canne, entraînées par le vesou. On agglomère facilement ces matières, en ajoutant après la défécation du vesou, un peu de savon dissous dans l'eau, ou un peu d'huile, mais le corps gras qui conviendrait le mieux à notre avis, serait un peu de cire des ruches à miel qui se trouvent assez abondantes dans la colonie. Cette substance engloberait facilement toutes les matières d'origine analogue à la sienne, et viendrait surnager le sirop dont on le purgerait par l'écumage.

D'après les essais faits à la Martinique, on se trouverait fort bien de fractionner la quantité de sulfite en deux parties : on ajoute la première à froid, on fait bouillir, on écume; l'on met la seconde portion, on fait bouillir de nouveau; et on complète l'écumage. Alors l'on sature par l'alcali.

Nous croyons qu'on trouvera plus d'avantages encore à faire bouillir d'abord et à écumer, sans aucune addition, le vesou seul, et à n'ajouter qu'alors le sulfite en une ou deux fois; parce que la coagulation de l'albumine aura déjà enlevé la majeure partie des substances étrangères au vesou, et que l'action décolorante du sulfite n'aura à s'exercer que sur le vesou seul, ce qui diminuera d'autant la quantité de sulfite à employer[1].

Il nous reste maintenant à apprécier les dépenses que nécessitera la mise en œuvre de ce procédé, d'après les renseignements qui nous ont été fournis par les inventeurs, sur les prix auxquels ils comptent livrer à leurs clients, les divers produits nécessaires à l'exploitation du système dans les colonies.

Nous établirons nos prix de base sur la quantité de 1000 litres de vesou (4 barriques et demie environ). D'après la composition du vesou à 10° Baumé, dont la densité peut être considérée comme la moyenne des divers vesous de la Réunion, ces 1000 litres à raison de 1820 grammes de sucre par hectolitre et par degré, contiendraient 182 kilogr. de sucre; mais en pratique on n'en retire guère que 120 à 130 kilog., en moyenne 125 kilog., ce qui revient à 27 ou 30 kilog. par barrique de vesou.

Ces 125 kilog. de sucre exigeront pour être traités par le procédé nouveau :

500 grammes de sulfite de soude, dont le prix sur le quai du Havre, dans le conditionnement de l'exportation est de 120 fr. les cent kilog., mais qui avec les frais de transport reviendront au prix de 130 fr., dans les usines, ou soit pour les 500 grammes.. 0f,65

300 grammes, en moyenne, de carbonate de soude sec et pur, de la valeur de 70 fr. sur le quai du Havre, dans les mêmes conditionnements des colonies, et qui arrivé dans les usines reviendra à 80 fr. les 100 kilog., ou soit pour les 500 grammes................................. 0,24

Total (centimes) 0.89

L'application du procédé coûtera donc une somme de

---

1. Nos prévisions ont été justifiées par les dernières expériences de Motril, lesquelles ont engagé les auteurs du système à modifier leurs instructions. Ils défèquent le vesou en le portant à l'ébullition naissante, sans aucune addition courante, ou additionné de quelque peu de sulfite, si le vesou doit rester, quelque temps avant d'être manifesté, exposé à fermenter. On ajoute en une ou deux fois le sulfite de soude, puis le carbonate de soude à la dose de 150 à 450 grammes pour chaque chaudière de 7 barriques, ou 1500 litres de vesou.

89 centimes à dépenser pour 125 kilog. de sucre produit, ce qui revient à dire que 100 kilogr. coûteront 71 centimes de plus que par le procédé ordinaire, ou que les 100 livres, pour nous conformer aux poids en usage dans le pays, seront renchéries de 35 à 36 centimes.

Cette plus-value est portée ici beaucoup plus haut qu'elle ne doit l'être dans la pratique, car il est évident qu'il faudrait soustraire de cette somme la valeur de la chaux économisée, puisque le sulfite et le carbonate de soude lui sont substitués pour les trois quarts de la quantité employée, et que l'on pourrait peut-être, à notre avis, remplacer en tout le carbonate de soude par la chaux qui coûte moins[1].

En tous cas, il faut espérer qu'avant peu la colonie de la Réunion profitera de la position avantageuse où elle se trouve pour se procurer du carbonate de soude à bon compte, en exploitant le gisement de natron que nous lui avons indiqué, ce qui abaissera d'autant le prix de l'application du procédé.

Quoi qu'il en soit, en prenant le terme de 36 centimes par 100 livres, et en y ajoutant les droits des inventeurs privilégiés, que les auteurs portent à 25 et 50 centimes suivant l'empressement que les industriels mettront à souscrire au procédé; ce sera un total de 61 à 86 centimes par 100 livres de sucre obtenu, à ajouter aux frais de fabrication ordinaire.

La qualité du sucre obtenue obtiendra-t-elle sur les marchés de la métropole, une plus-value égale au moins à cette somme? De plus, la quantité obtenue par ce procédé sera-t-elle au moins aussi forte que par les procédés actuellement en usage? ce sont là les deux questions importantes pour l'avenir du procédé.

Notre opinion à ce sujet ne saurait être que favorable au nouveau système, d'après les échantillons que nous avons vu fabriquer sous nos yeux, et dans des conditions qui ne pouvaient être que désavantageuses ; car l'on sait combien il est difficile de faire du sucre en petites quantités et sur une

---

1. D'après les derniers essais de M. Possoz, le carbonate de soude pourrait être remplacé avec avantage par de la craie, du marbre en poudre, ou autres calcaires dont le choix dépendrait des qualités de cannes. Cette modification, qui rend le procédé plus économique, permettrait à la Réunion d'employer les coraux de Saint-Gilles et de Saint-Leu, sans autre préparation que leur pulvérisation et le lavage de la poudre à l'eau pure, pour la dépouiller de toute trace de sel marin.

échelle restreinte. Or, celui que nous avons vu
yeux, ne laissait rien à désirer sous le rapport de la blancheur et du grain, le sirop ayant été cuit cependant dans une
modeste casserole de fonte et à feu nu. Les échantillons
passés à la turbine ont donné un produit qui peut figurer
avec avantage sur les tables les plus difficiles, sans passer
par le raffinage.

C'est surtout pour l'application de ce procédé que nous
devons répéter ici ce que nous avons déjà écrit sur le sucre colonial, à propos du procédé de la double carbonatation.

Le sucre de canne jouit, à juste titre, d'une faveur fortement enracinée chez les consommateurs, qui le préfèrent au
sucre de betteraves; ce qui le prouve bien, du reste, c'est
que la majeure partie du sucre de betterave est vendue sous
l'étiquette de Sucre de cannes. Rendons impossible cette
substitution, et que le consommateur trouve toujours dans
les produits réellement coloniaux cet arome particulier qu'enlève impitoyablement le raffinage; tous nos produits pourront alors être consommés comme sucres de balance, le
raffinage et la mise en pain ne s'exerceront plus que sur
le sucre de betteraves qui n'a rien à perdre à cette manipulation, tandis que le nôtre y perd sa plus précieuse qualité. Est-il jamais venu à l'idée de personne, de purifier le
rhum de la Jamaïque ou l'eau-de-vie de Cognac, pour leur
retirer leur saveur *sui generis*, et en faire de l'alcool chimiquement pur?

Par ce changement de destination, tous nos produits pro-
fiteront directement de la différence énorme de près 30 pour
100 qui existe entre le sucre destiné au raffinage et celui qui
va directement à la consommation.

Résumons en quelques mots les opérations du nouveau
procédé. Il n'exige aucune dépense d'installation première,
ce qui est un précieux avantage.

Pour les appareils habituellement en usage dans la colonie,
à savoir les chaudières spéciales à défécation par la vapeur,
la cuisson ultérieure dans la batterie Gimard, et la mise
en grains dans les basses températures de Wetzel, ou dans
le vide simple, on ajoute au vesou froid partie ou totalité du
sulfite de soude (demi-gramme par litre de vesou), on porte
à l'ébullition, on écume, puis on neutralise par les alcalis (les
inventeurs préfèrent le carbonate de soude). On fait bouillir
pendant deux minutes, en enlevant les écumes, on décante

(on passe au filtre mécanique); puis on achève l'opération de la cuisson, comme dans le procédé habituel; mais si l'on doit évaporer dans le vide ou le triple effet, qui ne permet pas l'écumage, il faut alors écumer dans les défécateurs, sans addition de sulfite de soude d'abord, et n'ajouter ce produit, par petites portions, qu'après avoir retiré les écumes du chapeau; on laisse alors bouillir pendant 4 à 5 minutes, en continuant l'écumage; on ajoute ensuite 100 à 200 grammes de carbonate de soude, et le moins de chaux possible, mais cependant en quantité suffisante pour produire une précipitation grenue qui entraîne toutes les écumeuses.

Comme on le voit, rien n'est plus simple; il ne s'agit pour réussir que de savoir bien apprécier les titres de saturation, par les couleurs du papier tournesol.

APPLICATION

DES PRESSES HYDRAULIQUES

A L'EXTRACTION DES HUILES.

Nous avons indiqué, dans un de nos précédents bulletins, l'existence d'un gisement abondant de soude pure naturelle dans la colonie. Nous avons démontré la facilité de son extraction et la prévision de son emploi dans la fabrication locale des savons. Il est évident qu'avant d'entrer dans les détails de l'industrie de la savonnerie qui pourrait se fonder avec chances de réussite à l'île de la Réunion, nous devons traiter de la préparation des huiles par les procédés perfectionnés de la métropole, puisque l'huile est un des éléments de la fabrication des savons.

Les huiles de diverses origines s'emploient encore dans l'éclairage, dans l'entretien des machines, et lorsqu'elles sont extraites fraîchement et dans de bonnes conditions, quelques-unes peuvent être utilisées dans l'alimentation. Ainsi, cette question devient d'une haute importance pour la colonie, puisque la Réunion produit, presque sans soins, plusieurs plantes oléagineuses, et qu'elle pourrait en cultiver avec bénéfice une grande quantité d'autres. La chambre consultative d'agriculture a depuis longtemps reconnu l'utilité de favoriser l'établissement des huileries dans la colonie, en votant une prime assez considérable pour l'industriel qui, le premier, verserait dans le commerce une certaine quantité d'huile obtenue par l'emploi des presses hydrauliques fonctionnant dans la colonie même.

A l'heure actuelle, la totalité de l'huile de qualité inférieure consommée à la Réunion, pour l'éclairage et les machines, provient du commerce de Madagascar, qui nous fournit son huile de coco. Les procédés barbares employés pour l'extraction de cette huile lui communiquent une odeur tellement désagréable, que les consommateurs renonceront à son emploi, lorsqu'une usine créole pourra leur fournir de meilleurs produits, aux mêmes conditions. De plus, la facilité et la sécurité des transactions commerciales que nous promet, dans l'avenir, l'avénement au trône des Malgaches d'un prince libéral, donnera, sans doute, à quelques industriels l'idée d'améliorer la fabrication de Madagascar, en fondant des usines perfectionnées, sur les lieux mêmes de production; ces usines ne peuvent qu'avoir un avenir prospère, puisqu'elles se procureront les matières premières à bas prix, et que l'on trouve facilement à Madagascar le combustible et les travailleurs.

La Réunion pourrait traiter avec profit dans les usines la semence du Bancoulier (*croton moluccanum*), dont l'huile fraîche est préférable pour la table à celle de noix, qui se mange dans plusieurs départements de la France, et vaudra toujours au moins autant que la plus grande partie de celles que le commerce nous fournit, sous l'étiquette d'*huile d'olives purifiée*. Elle pourra traiter les semences du pignon d'Inde (*iatropha curcas*), qui croît presque sans culture dans toutes les terres où il sert de palissade; les semences du sésame, que le commerce de l'Inde peut livrer à bon compte, et dont les tourteaux, précieux comme engrais, resteront au moins dans le pays pour les besoins de l'agriculture; elle pourra travailler les coprats, fruits de l'*elais guineensis*, que les diverses côtes intertropicales pourront offrir à bon compte à nos navires; le ricin indigène (*ricinus communis*), et toutes les semences oléifères dont la chambre d'agriculture voudra favoriser la production dans la colonie.

Jusqu'à ce jour, le moyen pratiqué à la Réunion et dans les diverses contrées intertropicales de la mer de l'Indo-Chine, pour extraire d'une semence l'huile qu'elle renferme,

<table>
<tr><td>MISS. D'ÉT.</td><td>11</td></tr>
</table>

consiste à broyer la semence dans un mortier, au moyen
d'un pilon de bois, d'en faire une pâte grossière que l'on fait
bouillir dans l'eau; une partie de l'huile se sépare de la pâte,
vient surnager l'eau, et on la retire au moyen d'une cuillère.
Ce procédé, dispendieux déjà par sa lenteur, ne donne qu'une
portion de l'huile contenue dans la semence; une grande
quantité reste dans les cellules non brisées; en outre, la température élevée que subit l'huile, lui fait acquérir une odeur
et une saveur âcres par suite de la production de principes
développés sous l'influence de la chaleur; et telle huile qui,
comme celle de bancoul, serait propre à l'alimentation, acquiert une âcreté qui la fait repousser de la consommation;
telle autre, comme celle de coco, qui, par une préparation
intelligente, serait propre à l'éclairage domestique, acquiert
une odeur infecte qui ne la fait accepter que faute d'autres
moyens d'éclairage moins dispendieux.

L'extraction des huiles ne présente aucune difficulté sérieuse dans la pratique, avec les procédés usités aujourd'hui
dans toutes les usines de la métropole; le matériel d'une
usine n'exige pas un fort capital; la direction de la manipulation est bien plus facile que celle d'une usine à sucre,
l'écoulement des produits est d'un débit assuré, puisque
l'huile est une substance presque de première nécessité. Les
calculs de chances de réussite de la fondation d'une huilerie
seront donc à la portée de chaque industriel, dès l'instant où
nous aurons rapidement tracé les opérations d'une fabrication courante, et indiqué la valeur approximative des engins
nécessaires à cette manipulation.

La première opération dans une huilerie consiste à séparer les semences oléifères des matières inertes qui augmenteraient sans profit le volume de la masse à traiter, et occa-
sionneraient des pertes, en s'imprégnant d'huile. Ainsi les
graines de sésame devront être vannées dans un crible fin,
pour séparer la poussière, puis dans un crible à larges mailles
qui laisseront passer les semences, et retiendront les fragments de bois et de paille. Ces opérations peuvent se faire à
bras d'hommes, quoique dans une usine montée sur une
large échelle, l'on dût adopter avec avantage l'emploi de
tambours cylindriques tournants.

Les noix du bancoulier, celles du coco, du palmiste, seront brisées, et la partie ligneuse enlevée. Il y aurait peu de
profit à traiter ainsi cependant le pignon d'Inde, car la sépa-

ration de la coque adhérente ne s'opérerait qu'avec beaucoup de peine; il est plus avantageux de la laisser.

L'opération du concassage des semences oléifères se fait au moyen d'un moulin analogue à celui qui exprime la canne à sucre; il ne se compose que de deux cylindres fort courts, en fonte, que l'on rapproche plus ou moins l'un de l'autre, suivant le volume des graines à briser, très-écartés pour le concassage des coprats de palmiste ou des noix du bancoul, les cylindres seront plus rapprochés pour la graine du pignon, celle de l'arachide, et presque jusqu'au contact, pour le sésame de l'Inde.

On alimente le moulin au moyen d'une trémie de bois, que l'on remplit constamment de graines. L'écoulement se fait par l'ouverture inférieure que ferme un rouleau cannelé tournant, dont on règle le mouvement de manière à ce qu'il ne s'échappe de la trémie que la quantité de graines que le moulin peut concasser utilement.

Les semences concassées sont alors triées à la main, lorsque, comme dans le coco, le palmiste et le bancoul, les parties ligneuses sont de dimensions assez volumineuses pour être ainsi traitées avec avantage; elles sont portées immédiatement au broyeur, lorsque les graines sont trop petites, comme pour le pignon d'Inde, le sésame et l'arachide.

Le moulin broyeur se compose de deux meules en fonte ou en granit, d'un diamètre de 1 mètre 70 centimètres montées sur un essieu commun, et qui se meuvent sur une troisième meule fixe horizontale. Le mouvement est communiqué aux premières par un arbre vertical que traverse l'essieu commun. Cet arbre vertical reçoit lui-même son impulsion, soit d'une roue hydraulique mue par une chute d'eau, soit d'une machine à vapeur, soit enfin, dans une petite usine, d'un manége de mules ou de chevaux, au moyen d'une roue d'angle.

L'on jette les semences concassées sur la meule horizontale; des rebords adaptés sur cette meule empêchent la graine de tomber, soit par la circonférence, soit par l'œil dans lequel tourne l'arbre vertical; elles forment ainsi une auge circulaire dans laquelle les graines subissent la pression des meules. Des racloirs adaptés à l'arbre ramènent sans cesse sous la meule les graines refoulées des deux côtés. Les roues ne sont pas fixées dans leur essieu; une entaille assez large leur permet de monter ou de descendre, suivant la hauteur de la charge qu'elles écrasent, suivant l'obstacle qu'elles rencontrent; elles n'agissent donc que par leur propre poids; mais comme elles sont cylindriques et qu'elles se meuvent sur une surface plane, il en résulte que dans leur mouvement circulaire, elles pivotent sur le milieu de leur épaisseur. Ainsi, non-seulement la graine se trouve comprimée par un poids considérable, mais elle est encore froissée par ce mouvement continuel de torsion, et se trouve refoulée vers les deux bords de l'auge, d'où les racloirs la ramènent sans cesse sous les roues. Ces mouvements continuels empêchent donc la semence de faire un corps compacte sous les meules, et chaque partie de la graine se trouve déchirée par leur action.

Les meules exécutent douze à quinze tours par minute, quand elles sont mues par une machine à vapeur de la force de dix à quinze chevaux. La charge se compose de soixante à soixante-dix kilogrammes de graines concassées, et exige quinze à vingt minutes environ pour être convenablement broyée; c'est donc deux cent cinquante à trois cents tours qui sont nécessaires à cette opération. Il est évident que si la force motrice provenait d'une chute d'eau, d'un manége de bêtes de trait, le temps nécessaire pour exécuter ce nombre d'évolutions serait plus considérable, mais pourrait toujours être parfaitement calculé.

Sur le rebord externe fixé près de la circonférence de la meule horizontale, se trouve une vanne fermée pendant l'opération; lorsque la graine est suffisamment broyée, l'on relève les racloirs, et l'on décroche un bras de levier qui soutient une autre pièce mobile adaptée aussi à l'arbre vertical; c'est le *ramasseur*, dont le nom indique assez sa fonction. Le ramasseur entraîne toute la graine vers la circonférence de l'auge; on a ouvert en même temps la vanne, et toute la charge se trouve expulsée mécaniquement du moulin. On la reçoit dans un bac à roulettes, pour la distribuer ensuite par petites portions de quatre à cinq kilogrammes dans des sacs particuliers, et la soumettre à l'action de la presse.

Si on a pour but de préparer de l'huile propre à la consommation alimentaire, l'expression doit avoir lieu immédiatement et sans autre intermédiaire; mais, alors, le rendement sera moindre, le travail plus long et plus difficile. Si l'huile est destinée à l'éclairage, à la fabrication du savon ou à l'entretien des machines, comme son goût ne saurait nuire à ces emplois, l'on aidera puissamment le travail et l'on augmentera le rendement par l'emploi de la chaleur. Cette différence dans les résultats est facile à comprendre : c'est que dans les graines oléagineuses, l'huile se trouve dans des cellules particulières, mais ne constitue pas toute la masse de la graine ; celle-ci est formée par un tissu végétal de composition complexe, dans lequel la gomme et une autre matière analogue à l'albumine se trouvent dissoutes dans l'eau, formant ainsi un suc épais qui se mêle à l'huile chassée de ses cellules par la pression des meules. Il en résulte alors une espèce d'émulsion visqueuse, difficile à couler, et que l'on a de la peine à expulser par la pression, quelque énergique qu'elle soit ; aussi n'a-t-on, par cette méthode, qu'une petite quantité d'huile, difficile à clarifier, mais aussi d'un goût franc et naturel, et conséquemment propre à l'alimentation : c'est l'*huile vierge*. Le bancoul donnerait aussi une huile de qualité supérieure pour la table, et bien préférable à celle de sésame épurée que le commerce nous fait souvent consommer pour cette destination ; le sésame de l'Inde lui-même nous donnerait un produit qui aurait au moins le mérite de la fraîcheur.

Mais si avant d'exprimer la pâte des graines, on la soumet à l'action de la chaleur, il se produit une modification dans sa composition qui facilite le travail. La matière analogue à l'albumine se coagule comme le ferait le blanc d'œuf ; elle ne peut donc plus couler avec l'huile qui, par là, devient plus fluide ; d'un autre côté, la chaleur tend à briser toutes les cellules qu'aurait pu épargner l'action des meules, et le rendement est supérieur.

Dans les anciens procédés usités dans les huileries de la métropole, procédés actuellement encore en usage dans plusieurs usines, la pâte des graines était placée dans un appareil particulier chauffé par la chaleur directe ou par la vapeur circulant dans un double fond ; c'était une chaudière analogue à celles qui servent à déféquer le vesou dans nos sucreries ; un agitateur mû par la vapeur renouvelait sans cesse les surfaces, pour que la pâte ne subît pas un commencement de torréfaction qui altère l'huile ; dans les huileries de nouvelle construction, l'on a renoncé à cette opération intermédiaire du chauffoir, et la graine est chauffée, en même temps qu'elle est broyée, sur la meule horizontale dont on élève la température soit par l'action directe d'un foyer placé au-dessous, soit par un jet de vapeur qui parcourt un canal creusé dans son épaisseur ; elle est encore chauffée pendant son expression, comme nous le verrons bientôt.

La pâte est donc, au sortir du moulin, enfermée dans des sacs en étoffe de laine grossière, mais d'un tissu solide, nommée *morfil* ; comme dans l'expression de la pulpe de betterave, on n'en met qu'une petite quantité, de manière à ne faire qu'une galette de quelques centimètres d'épaisseur ; l'on rabat la partie supérieure qui est vide, et on enveloppe le sac dans des étendelles de crin doublées de cuir, pour éviter la rupture du sac. On empile les sacs entre des plaques de fonte à demeure dans la presse ; ces plaques peuvent être massives pour l'expression à froid ; elles sont ordinairement creusées d'un canal sinueux pour l'expression à chaud. Dans cette dernière manipulation, on fait passer constamment un courant de vapeur dans le canal sinueux, de manière à entretenir la température constamment à cent degrés, pendant la pression.

Une seule pression ne suffit pas pour l'extraction complète de l'huile de la pâte ; il en faut au moins deux, quelquefois trois.

Ainsi, dans la même manipulation, on pourrait extraire du sésame et du bancoul une première huile vierge de bon goût pour la table, en opérant à froid ; et compléter l'expression dans une seconde et une troisième opération à chaud, pour l'huile d'éclairage et des machines. Pour le coco et le palmiste, toutes les opérations se feraient à chaud.

La première expression se fait entre les plateaux d'une presse préparatoire verticale : on superpose les sacs jusqu'à la hauteur d'un mètre, et l'on fait agir la pompe ; la pression doit être graduée de manière à ce qu'une brusque compression ne brise pas les sacs ; elle dure une heure environ ; quand l'huile ne coule plus, on détend la presse ; on retire les sacs l'un après l'autre, et l'on en extrait le tourteau. On le jette de nouveau sous la meule du moulin pour lui faire subir une nouvelle trituration. Pour extraire toute l'huile de la nouvelle pâte, et donner en même temps de la compacité au tourteau de marc, on ajoute pendant la trituration une petite quantité d'eau ; celle-ci agit par déplacement et rend l'extraction plus facile.

On met de nouveau la pâte dans des sacs de morfil, et ces

sacs sont placés entre les plaques d'une presse hydraulique horizontale ; comme cette dernière expression est la plus forte, qu'elle exige un temps plus long, on fait entrer dans cette opération le marc de trois ou quatre pressions préparatoires ; on fait marcher la pompe hydraulique, après avoir préalablement lâché la vapeur dans les plaques creuses. La pression agit avec lenteur ; en même temps que la température des tourteaux s'élève, l'huile coule plus fluide ; elle est reçue dans une rigole placée sous tout le parcours des plaques ; cette rigole la conduit au récipient commun, dans lequel on la puise pour la purifier.

Quoique l'action de la presse hydraulique repose sur un principe de physique bien connu, à savoir : que l'eau, substance incompressible, transmet également et dans tous les sens la pression qu'elle reçoit, il ne sera pas inutile d'étudier le fonctionnement de cette machine qui semble, au premier abord, réaliser le paradoxe de la multiplication des forces.

Supposons deux tubes en métal résistant, l'un de la grosseur d'un canon de fusil, l'autre du diamètre d'une bouche à feu. Ces deux tubes ouverts par leur partie supérieure communiquent entre eux, et sont fortement soudés par la partie inférieure. Un piston peut se mouvoir dans chacun d'eux. Admettons la section du canon de fusil représentée par 1, et celle de la bouche à feu par 100 ; nous avons ainsi deux corps de pompe communiquant l'un à l'autre, et si ces deux corps de pompe sont remplis d'eau, l'on ne pourra faire descendre le piston dans l'un d'eux, sans élever nécessairement l'autre.

Si sur le petit piston nous appliquons un poids de 10 kilog., la pression exercée par ces 10 kilog. se transmettra dans le grand cylindre, de manière à ce que chaque fraction de la surface de ce grand tube, égale à la section du petit, supporte une pression égale ; et comme les surfaces des deux cylindres sont entre elles comme 1 est à 100, il en résultera que le petit piston chargé d'un poids de 10 kilog. pourra être équilibré par le grand piston chargé d'un poids 100 fois plus considérable, ou soit par 1000 kilog. Mais il faut se hâter d'ajouter que si les pressions sur les deux pistons sont en raison directe des surfaces, les distances parcourues par les deux pistons sont aussi en raison inverse de ces surfaces ; car le volume d'eau qui aura été chassé du petit tube étant exactement le même que celui qui entre dans le grand, les hauteurs du liquide dans les deux tubes seront en raison inverse des surfaces de ces tubes. Si dans le canon de fusil, le piston a parcouru un mètre, la quantité d'eau qui en aura été chassée fera monter le grand piston d'un centimètre seulement.

Si maintenant l'on admet entre les deux tubes l'existence d'une soupape s'ouvrant sous la pression du petit piston, rien n'empêche de refouler une nouvelle quantité d'eau pour faire monter le grand piston d'un nouveau centimètre, de faire une troisième, une quatrième, une infinité d'opérations semblables successives. On pourra ainsi soulever avec une force représentée par 10 kilog. un poids de 1000 kilog. à la hauteur que l'on désirera, c'est-à-dire jusqu'à ce que le grand piston ait parcouru toute la course dans le grand tube.

Si le petit cylindre est un corps de pompe aspirante et foulante, et si sur le grand piston l'on adapte un plateau qui puisse venir butter contre une pièce transversale solidement liée au grand tube par deux montants, l'on aura une presse hydraulique dans toute sa simplicité. Vous pourrez interposer entre le plateau et la pièce transversale une substance à comprimer, elle le sera par une pression égale à 1000 kilog.

Mais dans les conditions où nous avons posé cet appareil bien simple, la force d'un homme agissant sur le petit piston peut de beaucoup dépasser la valeur du poids de 10 kil.; car, en supposant à la pompe aspirante et foulante un levier d'un mètre de longueur seulement, la distance du point fixe du levier au point d'attache sur le piston étant d'un décimètre, en vertu de l'équilibre du levier, chaque kilog. de force produite sur l'extrémité libre du levier transmettra 10 kilog. sur le piston; et comme un homme peut, en s'appuyant sur un levier, produire facilement un poids de 50 kilog. au moins, ces 50 kilog., multipliés par 10 sur le petit piston, deviennent donc égaux à 500; puis, comme le grand piston a une section 100 fois plus grande que le petit, les 500 kilog. étant multipliés par 100, la pression devient donc égale à 50 000 kilog.

On comprend combien par cette machine on peut multiplier les forces, en donnant une différence plus grande aux surfaces des pistons, et en augmentant la puissance exercée sur le levier de la pompe foulante.

Quant à la disposition de la presse hydraulique, elle diffère peu de l'appareil que nous avons supposé. Une pompe aspi-

rante et foulante, mue par une force quelconque, machine
à eau, à vapeur, à vent, ou par les bras de l'homme, puise
de l'eau dans une bâche, au moyen d'un tuyau terminé
par un réseau à mailles fines, qui arrête les corps étrangers
flottants dans l'eau; le piston de cette pompe est tourné
d'un diamètre plus petit que le corps de pompe même; il ne
frotte que sur un bouchon métallique avec coussinet d'é-
toupes formant *stuffing-box*.

Le corps de pompe transmet la pression, par un petit tuyau
métallique, à un gros cylindre dont le diamètre varie, mais
qui pour une huilerie se rapproche de 33 à 34 centimètres.
L'épaisseur des parois de ce cylindre est naturellement assez
forte pour pouvoir résister aux énormes pressions que l'on
doit développer dans son intérieur. Le piston de ce grand
cylindre ne frotte aussi que sur une petite portion de son
parcours sur un stuffing-box; l'essentiel est que cette garni-
ture ne laisse pas suinter l'eau. Les clapets parfaitement
adaptés sur les deux cylindres établissent le jeu du liquide;
tous les joints sont étanchés et assemblés au plomb, ou à vis
et mastiqués.

Le grand piston est terminé supérieurement par un plateau dirigé entre deux colonnes ou montants en fonte : ces
colonnes sont assemblées à leur partie supérieure par une
pièce transversale nommée le *sommier* de la presse; c'est
entre le plateau et le sommier que se placent les substances
à comprimer.

La presse peut être verticale ou horizontale suivant la direction du grand cylindre; il est évident que la direction horizontale permet de donner un plus grand développement au
piston, et par suite, de loger plus de substances à presser
dans la machine. Ainsi, tandis que l'on ne met que 6 à 10
tourteaux dans une presse verticale, on en loge jusqu'à 36 et
40 dans une horizontale.

Le jeu de la vapeur pour l'expression des huiles à chaud
est tout à fait indépendant du système de la presse. Les plaques de fonte destinées à séparer les tourteaux restent dans
l'appareil; elles sont creusées d'un sillon sinueux, et reçoi-
vent par leur partie supérieure un jet de vapeur qui se distribue dans toutes, à l'aide de tubes articulés glissant dans
une sorte d'étui à télescope, communiquant avec chaque
plaque, et se rapprochant à mesure que la pression resserre
les plaques.

Les presses préparatoires confectionnées dans les ateliers de la *Société nouvelle des forges et chantiers de la Méditerranée*, dirigée autrefois par un ingénieur distingué, dont les arts regrettent la perte récente, M. Falguières, à Marseille, donnent une pression de 60 à 70 atmosphères; celle exercée par les presses horizontales est de 800 000 kilog. environ.

Lorsque la pression est arrivée à son terme, on laisse l'appareil en repos en continuant le jet de vapeur : l'huile achève de s'écouler; et lorsque les gâteaux de marc n'en donnent plus, au moyen d'un robinet pratiqué à la base du grand cylindre de la presse, on laisse couler l'eau; la presse se détend alors au moyen d'un contre-poids; on enlève les tourteaux, on les dépouille de leurs enveloppes de laine et de cuir.

Ces tourteaux sont tellement comprimés, qu'ils offrent la dureté et la sonorité du bois dur; on les équarrit à la scie tournante; les bords qui n'ont subi qu'une pression modérée sont jetés dans une charge de rebat, pour être de nouveau passés à la presse; les tourteaux équarris sont empilés, attendant la vente; ils constituent, suivant leur origine, un excellent aliment pour les bestiaux, comme le seraient les tourteaux de bancoul, de coco, de palmiste probablement, mais en tout cas, un excellent engrais pour l'agriculture, puisqu'ils renferment toute la partie azotée abondante dans la graine.

Une presse d'extraction horizontale peut faire facilement en vingt-quatre heures de travail 2500 kilog. de graines de sésame ; on s'arrange à faire coïncider les heures de repos des ouvriers avec le temps d'arrêt pour l'écoulement de l'huile. Le sésame exige trois pressions; une à froid et deux à chaud. Son rendement est de 50 à 52 kilog. d'huile par 100 kilog. de semences.

La même presse peut exprimer, pendant la même durée de temps, 3000 kilog. de graines de palmiste. Le palmiste exige deux pressions à chaud et donne de 12 à 15 pour 100 de son poids en huile.

Le ricin, qui donnerait de belles récoltes à la Réunion, donne jusqu'à 62 pour 100 de son poids. Deux pressions à chaud suffisent.

L'arachide, que l'on ne cultive qu'accidentellement à la Réunion sous le nom de *pistache*, donne 45 à 48 pour 100 de son poids d'huile. On pourrait donner un plus grand développement à cette culture ; elle prospérerait dans les plaines sablonneuses, à l'affluent des rivières, qu'on laisse généralement incultes.

Le pignon d'Inde donne 40 pour 100. Son huile est purgative comme celle du ricin ; elle ne serait pas propre à l'alimentation.

D'après les renseignements pris auprès de l'administration de la société des forges et chantiers de la Méditerranée, à Marseille, le prix d'une presse hydraulique préparatoire est de 2500 fr. ; celui d'une presse horizontale est de 8000 fr.

Le laminoir concasseur de la graine coûte 6000 fr.

Le moulin vertical avec meules en granit de 1 mètre 70 de diamètre, vaut 8000 fr. ; ce dernier pourrait être facilement construit à la Réunion, en y employant les pierres volcaniques.

Ce sont là les quatre appareils indispensables pour monter une usine ; il est bien évident qu'il faudrait joindre aux débours occasionnés par l'achat de ces machines, ceux de la force pour les mettre en mouvement ; que ce mouvement fût communiqué par l'eau, le vent, la vapeur ou la force animée. Quant à la force intelligente pour faire marcher une usine, elle est minime ; quelques ouvriers suffiront pour la mise en sacs et le dépotage du marc de graines, pour la direction des presses, le transport des huiles, le raccommodage des sacs, etc.

Le moteur le plus économique, à la Réunion surtout où le combustible est rare, où les bêtes de somme sont à un prix élevé, est évidemment l'eau. La place naturelle d'une huilerie se trouverait donc à Saint-Denis, à la Rivière, sur le parcours du canal qui fait mouvoir les moulins à farine. Une usine trouverait là toutes les conditions de réussite : moteur économique, rapprochement du lieu de débarquement des marchandises, du débit de la production.... etc.

Sous quelque énorme pression que fonctionnent les presses hydrauliques, il n'existe aucun danger pour leur maniement. Il peut arriver que le grand cylindre vienne à se fendre ; c'est un accident fort rare, mais qui n'entraîne aucun danger pour le personnel de l'usine. L'eau ni la fonte n'étant élastiques, l'accident se borne à une fuite par laquelle l'eau s'échappe, comme elle sort du robinet extracteur, lorsque la pression est terminée ; la presse est hors de service, l'accident se borne donc à une perte de temps et d'argent.

Au sortir de presses hydrauliques, les huiles peuvent être séparées, comme nous l'avons dit, si l'on destine celle exprimée à froid à la consommation de la table; sinon, celles provenant de la presse préparatoire, aussi bien que celles de la presse horizontale, se rendent dans un réservoir commun placé dans une cave.

Mais, quelle que soit leur destination, les huiles ne peuvent être livrées ainsi au commerce; elles renferment toujours une certaine quantité de matières mucilagineuses colorantes et résineuses contenues dans la graine, que l'huile a entraînée ou dissoute, et qui communiquent à ce produit une odeur et une saveur peu agréables.

Si l'huile est destinée à l'alimentation, elle ne doit subir aucune préparation chimique; le repos seul dans des caves fraîches doit la clarifier. A la vérité, pour que toutes les matières mucilagineuses puissent se déposer, il faut un temps assez long, pendant lequel le capital reste improductif; mais l'huile n'acquiert aucun goût étranger et conserve celui particulier à la graine qui l'a produite. C'est là l'*huile vierge* telle qu'on la prépare pour les propriétaires de la Provence, et dont le nom est tout à fait différent de celui d'*huile épurée*, dont le commerce décore des produits travaillés.

L'huile vierge ne peut convenir qu'à l'alimentation ou à la savonnerie. Quelque long qu'ait été le repos qu'elle a subi, elle renferme toujours une quantité plus ou moins considérable de mucilage qui la rendrait impropre à l'éclairage; elle répandrait beaucoup de fumée par sa combustion, charbonnerait facilement les mèches et produirait ces concrétions charbonneuses qu'on nomme vulgairement *champignons*.

Thénard a indiqué, depuis longtemps, un moyen d'en séparer la matière mucilagineuse et une grande partie de la matière colorante. Son procédé donne d'excellents résultats; il est généralement employé dans toutes les huileries.

L'huile étant vidée dans un bac doublé de plomb, ou dans un grand tonneau de la capacité de plusieurs hectolitres, on y verse lentement de 1 1/2 à 3 centièmes d'acide sulfurique du commerce, en agitant constamment avec un râble persillé, analogue à celui de la baratte à beurre. On la bat ainsi pendant une demi-heure environ, puis on la laisse reposer pendant un temps égal, et l'on recommence une nouvelle agitation pendant quelques minutes encore. L'huile devient d'abord verte, elle passe au noir à mesure que le mucilage se charbonne et se précipite. Le précipité noir se sépare bientôt complétement, et l'huile dans laquelle il nage des flocons, prend une grande limpidité. On la laisse reposer pendant vingt-quatre heures, puis l'on introduit le quart du volume de l'huile, en eau d'une température de 60 à 75°; on bat de nouveau pendant un quart d'heure, et l'on jette le mélange dans un réservoir placé dans un lieu où la température est à 25 ou 30° centigrades, température habituelle de la Réunion pendant une grande partie de l'année.

Quelques jours après, l'on retrouve la masse du liquide divisée en trois couches. La supérieure est formée d'huile épurée; on la décante et on la jette dans un bac en plomb ou en étain, dont le fond, percé de trous, est recouvert d'une couche de coton comprimée par une plaque du même métal, aussi persillée. L'huile traverse ce filtre, et va se rendre dans les récipients.

La seconde couche est de l'huile impure, épaisse, brune, que l'on emmagasine dans des tonneaux particuliers mâtés debout, et dont, par le repos prolongé, on peut encore retirer de l'huile pure.

Enfin la troisième couche est de l'eau chargée d'acide sulfurique et de la matière gommeuse charbonnée par cet acide. L'on pourrait utiliser cette eau à l'arrosage des fumiers en agriculture, l'acide fixerait les sels ammoniacaux volatils.

Si l'on était pressé par le temps, ou que l'on ne trouvât pas le débit de cette eau acide, l'on se servirait avec avantage du procédé de Dubrunfaut. Quand l'huile battue avec l'acide sulfurique a pris une teinte verdâtre, et que les matières altérées par l'acide commencent à se déposer, on ajoute peu à peu dans le mélange de la craie en poudre délayée dans un peu d'eau, jusqu'à ce que le papier de tournesol indique que la saturation de l'acide est achevée (on remplacerait facilement, à la Réunion, la craie par le sable calcaire du rivage de Saint-Leu). On laisse alors déposer, et lorsque les trois couches se sont formées, on décante l'huile surnageante, et l'on bat de nouveau avec 50 kilog. de tourteaux réduits en poudre fine et bien secs, pour 6 hectolitres d'huile; après dix minutes de brassage, on laisse déposer; dix jours environ après cette opération, on soutire les 2/3 de l'huile; elle est parfaitement claire et propre à la vente. On la remplace par une quantité égale d'huile trouble que l'on bat de nou-

veau; quelques jours après, on exécute un deuxième souti-
rage, et ainsi de suite. Une seule dose de tourteau peut servir pour cinquante opérations; 50 kilog. de tourteau clarifient
donc 200 hectolitres d'huile.

Le déchet amené par ces opérations varie de 1/2 à 2 pour
100. On reconnaîtra que l'huile est de bonne qualité en ce
qu'en la brûlant dans une lampe à veilleuse, elle ne noircira
ni charbonnera la mèche, ce qui indiquerait que le lavage
de l'acide a été mal fait; ni ne la couvrira de champignons,
ce qui prouverait une épuration incomplète. Elle devra être
limpide et peu colorée. La durée de la combustion de quantités semblables, la qualité de la lumière, feront juger de
leur valeur comparative.

APPLICATION

DE LA PRESSE HYDRAULIQUE

COMME SOURCES DE FORCES

AU DÉBARQUEMENT DES MARCHANDISES.

Un emploi bien important de la presse hydraulique est celui qu'en ont fait, dans ces dernières années, M. Falguières en France, et M. Armshony en Angleterre, comme force motrice intermittente pour opérer l'embarquement et le débarquement des marchandises.

L'application de ce principe serait d'une ressource plus précieuse encore dans notre colonie, que dans les docks de la métropole, puisque nous n'avons pas de quais de débarquement où les navires puissent attendre, sans danger, leur tour de chargement ou de déchargement, et que devant profiter des temps de calme pour exécuter rapidement ces opérations, les entrepreneurs de batelage sont obligés d'entretenir un personnel de travailleurs fort nombreux; ce personnel reste forcément dans l'inactivité pendant les jours de l'hivernage, et même dans les jours de travail, pendant l'intervalle qui s'écoule entre le débarquement de deux colis.

Il serait inutile de démontrer l'utilité qui existerait pour le commerce et l'industrie, autant que pour les entrepreneurs de batelage, de réduire le personnel de leurs travailleurs, sans que la rapidité des opérations pût en souffrir. Cette économie de bras peut être réalisée par l'emploi de la presse hydraúlique, comme force motrice emmagasinée, et restant latente, tant qu'on ne l'emploie pas.

Nous avons dit que l'eau comprimée dans le cylindre de la presse hydraulique n'avait pas la propriété d'être élastique; ce qui n'amenait aucun danger pour la rupture des appareils, puisque l'explosion proprement dite devenait alors impossible; cette propriété négative de l'eau l'exclurait par conséquent de l'emploi comme ressort à utiliser en force motrice. Mais supposons que dans une presse verticale, telle que celle dont nous avons donné l'esquisse, au lieu de charger le plateau d'une matière peu volumineuse, on le charge d'un poids fort considérable; qu'on pose au besoin sur ce plateau une futaille que l'on remplira de matériaux fort lourds, galets, gueuses de fonte, ou autres; par le jeu de la pompe foulante, le plateau s'élèvera soulevant ce poids considérable, et l'eau renfermée dans le cylindre supportera une pression égale au poids dont le plateau est chargé; cette pression sera constante, que la pompe fonctionne ou ne fonctionne plus; l'on aura une source de force emmagasinée, dont on pourra disposer à l'heure que l'on voudra, et de la manière qu'on l'entendra.

Si, en effet, l'on ouvre le robinet inférieur du cylindre, l'eau qui, nous l'avons dit, transmet sa pression en tous sens, sortira avec force, et, par un canal de métal résistant, pourra être dirigée partout où l'on voudra utiliser la force emmagasinée dans le gros cylindre.

L'appareil construit par M. Falguières pour le débarquement des marchandises dans les docks de Marseille, n'est pas autre chose que celui que nous venons de décrire. Les dimensions seules varient.

Un long tube de fer distribue l'eau ou plutôt la force le long des quais; de distance en distance des prises de force soudées sur le tube principal, sont utilisées au fonctionnement des grues. L'on comprend parfaitement que cette eau peut mettre en mouvement un piston d'un autre cylindre, dont la résistance sera moindre que celle du cylindre moteur; il sera facile alors de convertir ce mouvement comme on le désirera, de lui faire tourner le cabestan de la grue, au moyen d'engrenages, de commencer l'opération à l'instant voulu, de la terminer quand on le désirera, de l'interrompre, au besoin : il ne s'agira pour cela que d'ouvrir ou de fermer un robinet. L'intelligence de l'ouvrier sera substituée à la force qu'il dépensait dans cette opération, avant l'application de cette machine.

Voici comment on pourrait utiliser cet appareil pour les ponts de débarquement à la Réunion :

Près du rivage et sur le terrain ferme, l'on placerait une presse hydraulique dont le cylindre aurait une capacité de 1000 litres ; le plateau du piston, largement évasé, supporterait un cylindre de tôle ouvert par la partie supérieure, et dans lequel on arrimerait des galets et du sable de manière à exercer sur l'appareil une compression de 60 atmosphères environ.

Au robinet inférieur de dégagement, l'on souderait un tube de fer d'un petit calibre, qui, parcourant toute la longueur du pont, viendrait communiquer avec une ou deux presses hydrauliques, sans pompe, placées à demeure, à l'extrémité du pont, pendant la belle saison, mais qu'on pourrait, au moyen d'écrous, dévisser à volonté, à l'approche du mauvais temps. Ces deux presses, au moyen d'engrenages, feraient jouer à volonté une ou deux grues, suivant que l'on voudrait installer un ou deux apparaux dé débarquement, d'après la largeur du pont.

Quatre hommes, se relevant alternativement deux à deux, injecteraient constamment de l'eau par la pompe foulante de manière à tenir la presse constamment alimentée de force emmagasinée. Un contre-maître dirigeant les travaux de la grue ouvrirait le robinet de communication au moment donné, et le fermerait à l'instant où le colis élevé à la hauteur du pont, pourrait être saisi et déposé sur les brouettes.

Avec une dépense de 20 litres d'eau comprimée à la pression de 60 atmosphères, l'on peut, par ce système, élever un colis de 1500 kilogr. à la hauteur de 6 mètres, hauteur qui peut être celle maximum que l'on peut supposer à la tête des ponts, au-dessus du niveau de la mer ; et comme le récipient contient 1000 litres ou 50 fois 20 litres d'eau, il en résulte qu'on peut emmagasiner assez de force dans l'appareil pour décharger 50 colis de 1500 kilog. ou soit 75 tonnes de marchandises. La dépense en eau serait double pour 10 mètres d'élévation des colis. Deux hommes travaillant à la fois pendant une heure à la pompe foulante, peuvent produire tout cet effet utile.

Les entrepreneurs de batelage peuvent calculer ce qu'il leur faudrait de ponts de débarquement, et de bras de travailleurs halant sur le palan, pour arriver à débarquer 75 tonnes de marchandises, en une heure, dans les conditions actuelles.

Mais là ne se bornent pas les avantages du système. Il est tels colis dont le poids est si considérable, qu'il faudrait des centaines de travailleurs pour les tirer des chaloupes de débarquement par les moyens actuellement usités. Le même appareil peut produire la force nécessaire à soulever ce poids si considérable. Un changement dans les engrenages de la grue, pour que la durée de l'opération soit proportionnellement plus longue, et une dépense plus considérable d'eau, produisent le résultat désiré.

Un réservoir d'une force de 1000 litres à 60 atmosphères de pression pèse 25 000 kilog. environ : ce qui, à raison de 0 fr. 80 le kilog., de fonte ouvrée, peut élever le prix d'acquisition à 20 000 francs environ. (Renseignements fournis par l'ingénieur de la Société anonyme des forges et chantiers de la Méditerranée.) Je pense cependant qu'avec le fret et la dépense d'installation, l'on pourrait probablement augmenter cette somme de la moitié, sans crainte de commettre une grave erreur.

Quoi qu'il en soit, je crois que l'addition du réservoir de force à nos ponts de débarquement à la Réunion, doit amener une grande économie et une grande célérité dans le service ; ce qui serait un avantage considérable pour le commerce et l'industrie. Je pense que ce réservoir de force, seul, peut réaliser ce problème dont la solution est nécessaire pour la prospérité d'un établissement modèle, comme l'ont rêvé des hommes intelligents à la Réunion, à savoir : de pouvoir, en un instant donné et sans grands apparaux, soulever les chaloupes entières avec leur chargement, les déposer sur un chemin de fer qui les conduirait sous les magasins, où le déchargement se ferait dans le plus grand ordre et avec toute sécurité pour les marchandises.

Une dépense de quelques centaines de litres d'eau comprimée, et le travail de quelques ouvriers pendant moins d'une heure, suffiraient à produire ce résultat merveilleux.

UTILISATION

DES RÉSIDUS DES SUCRERIES.

ALCOOL DES BAGASSES.

Une question bien importante dans l'économie de l'industrie qui fait la fortune de nos principales colonies, a été l'objet des recherches de plus d'un chimiste. Il suffira de poser les termes du problème pour faire comprendre tout l'intérêt attaché à sa solution. Si mes devanciers n'ont pas obtenu le même résultat que celui que j'espère avoir eu dans cette étude, il y aurait ingratitude de ma part à ne pas reconnaître que leurs insuccès mêmes m'ont facilité dans mon travail, en m'évitant des recherches inutiles dans la voie qu'ils avaient suivie, en me montrant les écueils qui les ont fait échouer, et que je devais éviter.

Voici la position de la question dans sa plus grande simplicité :

Dans la manipulation courante de la canne à sucre, la récolte donne généralement 2/3 de son poids en vesou et 1/3 en bagasse, soit en chiffres ronds :

$$\begin{array}{ll}
\text{Vesou} \dotfill & 66 \\
\text{Bagasse} \dotfill & 34
\end{array} \Big\} \; 100.$$

Je prends ici la moyenne des diverses exploitations et à diverses époques de l'année, comme aussi aux divers âges de la canne exploitable. Il est évident que telles ou telles usines favorisées pourraient présenter des rendements supérieurs, mais je pourrais en citer aussi de bien inférieurs, provenant de traitements exécutés sous mes yeux mêmes, et la balance à la main. Ces chiffres sont donc une moyenne pour base de mes calculs, et je ne pense pas qu'on les trouve bien inférieurs au résultat réel.

Si maintenant, par une opération mise à la portée de tout expérimentateur, l'on dessèche ces 34 centièmes de bagasse, au soleil d'abord, puis dans une étuve chauffée à la température de 100°, de manière à lui enlever toute l'eau qu'elle retient mécaniquement, et ne lui laisser que son principe ligneux pur, l'on trouvera que ces 34 parties de bagasse auront perdu :

En humidité...................... 22 ⎱
Il restera en ligneux sec........... 12 ⎰ 34.

Nous nous adressons ici au simple bon sens, en laissant de côté toutes les expériences du laboratoire de chimie. Est-il possible que ces 22 centièmes d'humidité qui font partie de la bagasse, soient d'une autre nature que le vesou ; qu'ils possèdent un autre titre saccharimétrique que le vesou extrait directement par le moulin ? Évidemment non. Ces 22 kilog. d'humidité restant dans les 34 kilog. de la bagasse provenant du traitement de 100 kilog. de cannes, constituent 22 litres de vesou que l'on rejette en pure perte.

Or, si nous comparons la quantité du vesou extrait par le moulin, soit 66 kilog., à celui qui reste dans la bagasse, soit 22 kilog., nous serons convaincus que nos pertes actuelles par la bagasse s'élèvent au quart de la récolte complète; qu'elles forment un total égal au tiers de la récolte emmagasinée.

Si nous reportons maintenant les résultats de notre expérience à la production complète de la colonie, nous verrons que l'île de la Réunion produit annuellement 60 millions de kilog. de sucre; ce serait donc 20 millions de kilog. que nous perdons annuellement par les bagasses.

L'on comprend parfaitement que les termes seuls du problème soient capables d'exciter le zèle de tous les travailleurs : *réaliser une économie de 20 millions de kilog. de sucre, soit une dizaine de millions de francs pour la colonie de la Réunion seule, et des quantités autrement considérables pour toutes les colonies sucrières.*

La marche suivie par mes devanciers, celle que j'ai suivie

moi-même d'abord, était basée sur un même principe; il n'y avait guère que des variantes insignifiantes; dans tous les systèmes proposés jusqu'à ce jour, l'on conseillait de diviser le plus complétement possible les cellules de la canne, pour leur permettre de donner le plus de jus à la pression du moulin; en second lieu, le résidu ligneux encore humide devait être traité par l'eau chaude, ou même par l'eau à l'état de vapeur qui devait se condenser dans le tissu de la bagasse; l'on soumettait ce résidu à une nouvelle pression pour obtenir un vesou délayé d'un titre inférieur; l'on soumettait ensuite à l'évaporation.

Voici les inconvénients qui s'attachent à tous ces systèmes dont le principe était évidemment le même; ces inconvénients ont été signalés officiellement par une commission à la tête de laquelle se trouvait l'honorable président de la Chambre consultative d'agriculture et du conseil général, en février 1860, et dont j'étais rapporteur; il s'agissait d'expérimenter, d'après les ordres du Ministre, l'un de ces systèmes qui lui avait été proposé comme devant changer la face de l'industrie sucrière.

Tous ces procédés introduisent dans le vesou une quantité plus ou moins considérable d'eau qu'il faut ensuite éliminer par l'action du feu; or, l'évaporation de quantités considérables de liquides amène deux grands inconvénients: d'abord elle exige plus de combustible, et l'on sait que dans l'état actuel de la sucrerie coloniale, le seul combustible qui alimente nos usines est la bagasse, dont la quantité produite suffit à peine à nos besoins. En second lieu, la matière saccharine étant dissoute dans une plus grande quantité d'eau, doit naturellement rester plus longtemps exposée à la température de l'ébullition; or, l'on sait que l'action prolongée de la chaleur tend à augmenter la quantité de mélasse, puisque cette action fait passer le sucre cristallisable à l'état de sucre incristallisable ou *glucose;* ce glucose amène de grandes quantités de mélasse, produit actuellement sans valeur, et que l'on jette le plus souvent, faute de débouché. De plus, ces procédés, qui ont pour résultat d'augmenter la quantité de liquide à évaporer, diminuent d'autant la valeur calorifique du combustible, en le divisant à l'infini, et le rendent impropre à l'usage auquel on le destine de toute nécessité, puisqu'il n'y a pas possibilité, dans l'état actuel de la question, de se procurer économiquement d'autre combustible.

Comme on peut en juger, tous ces procédés compliquent la question sans la résoudre.

Ces inconvénients signalés par la commission officielle ne m'étaient pas étrangers avant les travaux auxquels je pris part avec elle ; mais il était difficile de s'écarter de la voie toute naturelle qui s'offrait au début d'une étude de ce genre. Quand il s'agit d'extraire une matière soluble, le procédé qui se présente le premier à l'esprit est celui qui consiste à délayer la matière dans un liquide approprié, d'exprimer le ligneux qui retient le liquide emprisonné, et d'évaporer ensuite. Mais en supposant même que l'on pût arriver à résoudre la question d'une manière économique dans ce sens, pense-t-on qu'on pourrait pousser l'extraction jusque dans ses dernières limites? La bagasse délayée, pressée, retiendra toujours une quantité considérable de liquide d'un degré de saturation égal à celui que l'on a exprimé mécaniquement, quel que soit le nombre de lavages auxquels on la puisse soumettre.

Ces difficultés me firent adopter d'abord l'étude des améliorations du mécanisme employé à l'expression de la canne et à l'extraction du vesou. Loin des ressources des ateliers de l'industrie spéciale, il m'a été impossible de traduire mes projets théoriques en expériences pratiques, alors que j'eusse trouvé à la Réunion dix usines qui m'eussent offert leur concours pour ces essais.

L'exposé de mon système ne sera point inutile pour servir de base aux études ultérieures d'expérimentateurs plus heureux ou mieux placés que moi pour continuer les essais.

Plus tard, des circonstances fortuites portèrent mes études vers une voie complétement différente de celle suivie jusqu'à ce jour. Les changements radicaux que j'essayai reposaient sur des transformations chimiques; des expériences industrielles confirmèrent mes études du laboratoire. Je rendrai compte dans cette étude des résultats que j'obtins, lorsque j'aurai exposé mes idées sur les améliorations du mécanisme.

INNOVATIONS AU MÉCANISME.

Si l'on observe avec attention la marche du moulin dans l'expression de la canne à sucre par les cylindres, l'on

s'apercevra que l'imperfection de l'expression provient
moins du degré de rapprochement des cylindres broyeurs,
que du vice du système général de pression lui-même. En
effet, lorsque les cannes sont présentées aux cylindres, elles
le sont isolément, de telle façon qu'il reste toujours un certain vide, plus ou moins grand suivant la célérité du service,
entre une canne et sa voisine. Le tissu de la canne est parfaitement exprimé dans le milieu même du ruban que présente la canne écrasée, là où le tissu était comprimé dans tous
les sens, en haut et en bas, par les cylindres et sur les côtés
par la résistance du tissu voisin; mais il n'en est pas de
même sur les bords du ruban; là, le tissu n'a trouvé aucune
résistance à sa libre extension; il s'est donc étendu latéralement et le vesou est resté, en partie dans la moelle spon-
gieuse, et en grande quantité surtout dans les parties les
plus dures de la canne, celles qui avoisinent l'épiderme co-
riacé du roseau.

Cet inconvénient est évidemment inhérent au mécanisme
employé. Quelque poids que l'on donne aux cylindres, de
quelque pression qu'on augmente leur pouvoir compresseur,
la pression ne peut jamais être complète; il restera toujours
des vides entre les cannes, et ce vide livre un passage libre
à une partie du vesou, et permet la libre extension du tissu.

Si l'on rapproche les cylindres l'un de l'autre, le mécanisme
fatiguera beaucoup, l'on aura certainement une expression
plus complète, mais elle ne sera pas une compensation à
l'usure du matériel, et à la dénaturation de la bagasse; car
cette dernière, au lieu de sortir en beaux rubans d'une seule
pièce, propres à la combustion, se réduira presque en poudre,
impropre à l'alimentation des foyers de chauffage.

Il me semble qu'on pourrait suivre une autre voie pour
l'épuisement de la canne à sucre, en adaptant à la machine
un mécanisme approprié. Ainsi les cylindres du moulin
actuel représentent assez bien le *laminoir* de l'industrie métallurgique. Le laminoir est destiné, on le sait, à l'extension,
en plaques, des métaux ductiles; l'opération du pressage de
la canne pourrait être complétée par un autre appareil em-
prunté encore à l'industrie métallurgique : par la *filière*.

La filière a aussi pour but d'étendre les métaux ductiles,
mais dans le sens seul de la longueur. Dans cette machine,
les métaux sont comprimés également dans toute leur masse;
sur les bords comme au centre, ils supportent la même

pression qui agit sur eux. Si, avec le laminoir, la pression ne peut être qu'instantanée, conséquemment incomplète, par l'effet même de la forme cylindrique des moulins qui n'ont qu'un seul point de contact, dans la filière l'action est d'une durée beaucoup plus longue, elle peut même l'être autant que l'on veut ; on n'a qu'à ralentir le mouvement de la machine pour cela.

Voici donc comment je proposerais l'agencement de ces deux mécanismes, pour que la marche de l'un ne nuisît pas à celle de l'autre, et que l'action de la filière qui complète celle du laminoir fût continue comme la première.

Le moulin à cylindres, par une pression modérée, préparerait la bagasse à la pression définitive de la filière ; la bagasse tombant des cylindres sur un plan incliné, comme dans le système actuel, serait reçue dans une caisse de forme allongée, une espèce de canal à angles droits ou obtus, ouvert à sa partie supérieure et aux deux extrémités ; à l'une de ces deux extrémités serait lié un cylindre de fonte. Ce cylindre serait creux, sa cavité intérieure serait légèrement conique, de manière que la bagasse entrant par l'ouverture la plus évasée, y reçût une compression graduée à mesure qu'elle avancerait dans le cylindre.

Au sortir du moulin la bagasse tomberait sur le plan incliné, et de là dans la caisse ou canal, où l'ouvrier chargé de ce service la disposerait grossièrement dans le sens longitudinal des fibres ; la bagasse s'engagerait dans le cylindre et y suivrait sa marche forcée par le moyen d'une chaîne sans fin de Vaucanson qui parcourrait l'axe de la caisse et celui du cylindre ; elle recevrait son mouvement d'une roue dentée autour de laquelle elle ferait un demi-tour pour revenir, par dessous l'appareil, parcourir de nouveau le canal supérieur. La roue dentée serait mue par un renvoi de la machine à vapeur.

Dans le fonctionnement de l'appareil, la bagasse suivrait la marche de la chaîne, dont les nœuds l'entraîneraient facilement sur des surfaces lubréfiées par le vesou ; elle s'engagerait avec elle dans l'évasement du cylindre, se tassant uniformément de chaque côté ; le vesou qui s'écoulerait tomberait dans une rigole, à travers quelques trous percés, un peu obliquement dans les parois du cylindre pour en empêcher l'obstruction.

Loin de se diviser dans cet appareil, la bagasse y prendrait,

au contraire, de la compacité, car elle se tasserait sous formes de buchettes demi-cylindriques qui se détacheraient
d'elles-mêmes au point d'enroulement de la chaîne sur la
roue dentée; elle formerait ainsi un combustible moins divisé et plus propre au service du chauffage.

Je crois qu'un appareil de ce genre rendrait un utile service à la sucrerie coloniale; je ne sais même pas si, essayé
dans l'industrie métropolitaine, il ne pourrait pas remplacer
avantageusement l'emploi des presses hydrauliques en supprimant le matériel immense et le personnel considérable
que ces presses exigent par l'intermittence de leur action; je
crois qu'on pourrait augmenter, autant qu'on le voudrait, la
puissance de cette presse à filière en diminuant le diamètre
du cylindre creux.

Quel que soit l'avenir destiné au projet que je propose, les
bagasses sortiraient de cet appareil plus sèches que lorsqu'elles sortent du moulin; mais il n'en resterait pas moins
dans leur tissu une quantité notable de vesou, dont nulle
force mécanique ne parviendrait à les dépouiller. Pour utiliser toute la matière sucrée, il faudrait finalement en arriver
ou à l'emploi de l'eau bouillante ou de la vapeur, et par conséquent subir les inconvénients que j'ai signalés dans ces
procédés, ou employer la méthode que je vais décrire.

INNOVATION PAR UN PROCÉDÉ CHIMIQUE.

Le principe sur lequel est fondé le nouveau système que
je vais exposer pour utiliser toute la matière sucrée restant dans les bagasses, n'est pas un principe nouveau; il est
connu de toute antiquité; car il repose sur la transformation
du sucre en alcool.

A la suite d'expériences que faisait, en février 1860, une
commission officielle nommée par ordre du ministre, je fis
porter dans mon laboratoire une petite quantité de bagasse
au sortir du moulin pour en déterminer l'humidité et la valeur saccharimétrique. La bagasse fut renfermée, par la
commission, dans des bocaux à l'émeri pour qu'elle ne perdît
rien de son humidité initiale; mes occupations ne m'ayant
pas permis de faire ces analyses le jour même, lorsque je
voulus plus tard les mettre en marche, je ne trouvai plus de

sucre dans les bagasses, mais il s'en dégageait une odeur franche et agréable d'alcool. Ce changement fut un trait de lumière. En ce moment, le principe d'un nouveau système était découvert; les appareils d'application n'étaient plus qu'une chose secondaire. J'analysai les bagasses fermentées, et je retrouvai en alcool l'équivalent du sucre disparu.

Il est, en effet, un phénomène chimique parfaitement étudié sous toutes ces phases qui démontre que le sucre, sous l'action de l'humidité d'une température modérée et au contact de certains ferments azotés qui se trouvent naturellement dans le suc des végétaux, éprouve une transformation telle que 100 parties de sucre deviennent :

$$\text{Gaz acide carbonique} \dots\dots\dots\dots \quad 48 \left.\right\} 100.$$
$$\text{Alcool absolu} \dots\dots\dots\dots\dots \quad 52$$

Conséquemment, par une opération de la plus grande simplicité, qui se fait seule et sans la volonté de l'homme, les 20 millions de kilog. de sucre perdus par les bagasses, dans la colonie seule de la Réunion, pourraient se transformer en 10 millions de kilog. d'alcool, ou soit en 20 millions de litres environ de rhum au titre normal des guildiveries. Cette transformation se fait actuellement et se faisait autrefois, à notre insu, sur les aires de dessication, sous les hangars, sans profit pour l'industrie. Il ne nous revient, comme on le voit, que la bonne fortune d'avoir le premier observé ce phénomène. Qui peut nous empêcher de forcer cette transformation à s'opérer pour nous, dans des appareils disposés dans ce but, et de faire bénéficier l'industrie de l'alcool produit, au lieu de le laisser se répandre sans utilité dans l'atmosphère ?

L'on dira peut-être, comme il est du reste écrit dans des traités de chimie justement appréciés, que si l'on retire aux bagasses leur principe saccharin, on leur enlève ainsi une grande partie de leur valeur comme combustible. Cet argument tombe de lui-même à la simple observation des faits matériels ; car ce que je propose de faire en vase clos se faisait naturellement sous les hangars et sur l'aire de dessication ; je ne désire recueillir que ce qui se perdait ; l'alcool est un principe trop volatil pour qu'il en reste un seul atome dans les bagasses desséchées.

Le principe chimique étant prouvé par la théorie et par la pratique, voici comment on devra opérer :

Au sortir du moulin, la bagasse est transportée immédiatement dans un appareil clos. Cet appareil est un vaste cylindre en métal ou en bois, d'une capacité proportionnelle au volume de bagasse extraite dans une journée entière de travail, si l'on veut n'avoir qu'un seul appareil à traiter par jour ; ou la moitié de ce volume, si l'on préfère en avoir deux, suivant les localités et la place dont on dispose dans les usines. — La bagasse est jetée dans l'appareil par un trou d'homme autoclave pratiqué à sa partie supérieure. A un décimètre environ du fond de l'appareil et parallèlement à celui-ci, se trouve un double fond à grillages, de manière à ménager un vide entre le fond du cylindre et la bagasse. — Dans cet intervalle, on dispose deux ouvertures ; l'une de dimension assez large, doit servir à souder un tuyau de vapeur qui a sa prise au générateur même de l'usine, et dont on régularise l'entrée au moyen d'un robinet ; à l'autre ouverture l'on adapte un petit robinet extracteur de l'eau de condensation. Ce robinet sert en même temps de régulateur pour la fermentation ; dans ce but, on dispose à son ouverture un petit tube de caoutchouc qui vient plonger dans un verre plein d'eau. — Le gaz acide carbonique, produit pendant la fermentation, s'échappe en bulles à travers l'eau du verre et produit une ébullition factice, tant que dure le phénomène de la fermentation. — L'ébullition cesse, lorsque tout le sucre est converti en alcool et acide carbonique. — A la partie inférieure du cylindre, à une place indéterminée, mais au-dessus du diaphragme, se trouve un autre trou d'homme, fermant encore avec précision, pour retirer les bagasses après leur traitement.

Enfin, sur la partie supérieure du cylindre se trouve soudé un large conduit en métal, qui vient se terminer soit par un serpentin ordinaire, quand on a peu d'eau à employer à la condensation, soit par un tube droit ou recourbé et incliné, noyé dans un canal d'eau courante, quand l'usine est favorisée sous le rapport de l'abondance de l'eau.

Cet appareil, comme on le voit, n'est pas autre chose dans son ensemble qu'un vaste alambic, en raison de la nature des substances à y distiller, mais dont le principe est le même que celui de l'appareil à distiller de nos guildiveries.

La disposition de l'appareil étant bien saisie, sa marche sera facile à comprendre :

Lorsque la bagasse sort du moulin, au lieu de la porter sur

l'aire ou sous les hangars, on la jette dans l'appareil par le trou d'homme supérieur jusqu'à ce que le cylindre soit complétement rempli. Toutes les ouvertures doivent être alors fermées, à l'exception du robinet régulateur inférieur. On laisse l'opération livrée à elle-même.

La fermentation ne tarde pas à s'établir ; on s'en aperçoit au dégagement tumultueux du gaz acide carbonique par le tube régulateur. Si le gaz ne sortait pas par ce tube, c'est qu'il se trouverait quelque fuite accidentelle à l'appareil ; on devrait y remédier, car ces fuites feraient perdre ultérieurement une partie du bénéfice de l'exploitation.

Si tout marche à souhait, la fermentation s'active pendant vingt-quatre heures ; elle se ralentit ensuite, et finit par ne plus donner de gaz que bulle à bulle. L'opération est alors achevée ; il ne reste plus dans la bagasse que des traces insignifiantes de sucre non transformé. La durée de cette opération sera inégale, suivant la température des localités ; elle s'achèvera promptement, si la température est élevée ; elle sera d'une durée plus longue dans la saison fraîche. Quoi qu'il en soit, le tube régulateur indique l'époque de la fin de l'opération d'une manière distincte.

Dans des expériences faites à la Martinique, l'on a trouvé que la fermentation marchait plus rapidement, si au préalable on chauffait un peu les bagasses, en introduisant pendant quelques minutes un courant de vapeur. Je ne doute pas, en effet, que l'expérience fasse trouver d'utiles modifications à l'exploitation d'un procédé dont je me borne à donner ici le principe.

Quand la fermentation est achevée, tout l'alcool provenant de la transformation du sucre se trouve mêlé à la bagasse ; il s'agit de l'extraire ; mais alors la difficulté qui existait pour l'extraction du sucre n'existe plus ici, car l'alcool est un principe volatil ; et du moment où il est produit, il devient facile de l'éliminer par un courant de vapeur.

Dans ce but, on ferme le régulateur, on ouvre le tuyau d'échappement, en même temps que le conduit de vapeur du générateur. Il est nécessaire de donner à cette vapeur la plus large issue possible, mais il n'est pas indifférent de la prendre à telle ou telle pression. La température de la vapeur étant d'autant plus élevée que la pression est elle-même à un plus haut degré, il s'ensuit qu'avec une vapeur sèche, on introduit plus de chaleur et moins d'eau ; d'où résulte un titre plus élevé dans l'alcool produit, et beaucoup moins d'eau condensée; mais avec ce système, si l'on obtient, en moins de temps, de l'alcool plus élevé en titre, il faut le dire aussi, le produit obtenu pourra acquérir une odeur empyreumatique peu agréable, parce que la haute température à laquelle sera exposé le mélange, fera dégager des principes moins volatils que ne l'est l'alcool, et aura pu elle-même donner naissance à d'autres qui se volatiliseront aussi. — Une température plus douce, celle de 100 degrés, par exemple, et la vapeur à une faible pression, donneront un produit d'un goût plus franc.

Ce seront là des dispositions facultatives à tout industriel suivant l'emploi de ses produits et la facilité de son écoulement. La pratique donnera là-dessus de meilleures instructions que la théorie. — La pression de la vapeur aura aussi pour limite celle de la résistance de l'appareil clos, comme on le verra bientôt.

La vapeur commence par se condenser dans la bagasse, en lui communiquant sa température. Une partie de l'eau de condensation peut même s'écouler dans la partie inférieure du cylindre au-dessous du diaphragme; mais bientôt la bagasse ayant atteint la température de 100 degrés, la vapeur la traverse alors sans se condenser, et emporte avec elle ses principes volatilisables, conséquemment tout l'alcool produit. La vapeur alcoolisée s'échappe par le large tube supérieur, et vient se condenser dans le serpentin dont la forme est indéterminée.

On recueille le liquide, au sortir du serpentin, dans des vases appropriés ; on fractionne les produits dont le titre est différent; les premiers sont formés de la partie la plus volatile et marquent un degré supérieur; les suivants, au contraire, sont plus faibles, et ne renferment qu'une grande quantité d'eau et fort peu d'alcool. Il convient de tout recueillir, jusqu'à ce que le produit distillé ne renferme plus que des traces d'alcool. Les dernières eaux sont mises à part, pour l'emploi que nous dirons bientôt.

La bagasse est alors retirée par le trou d'homme inférieur, au moyen des ringards en bois, pour ne pas détériorer les bords tranchants du trou d'homme, avec des outils en fer. La bagasse sort de l'appareil à un degré de dessication plus grand que celui auquel elle est entrée.

Mais là ne doit pas se borner l'avenir industriel de notre appareil. L'on pourra un jour y adapter un ventilateur à hélice, qui par l'injection d'un courant d'air, et au moyen de la température élevée que possèdent les bagasses après leur distillation, desséchera complétement ce combustible, et pourra le rendre propre à être immédiatement brûlé dans les localités où les pluies incessantes rendent la manipulation si pénible. Cette amélioration rendra à l'industrie une quantité considérable de bras occupés à tourner et retourner les bagasses sur les aires, et à les mettre à l'abri sous les hangars à chaque grain qui tombe.

L'eau alcoolisée recueillie du serpentin pourra recevoir deux destinations, suivant son degré de richesse. La première eau, la plus élevée en titre, pourrait être vendue immédiatement aux guildiviers qui la transformeraient en alcool marchand ; il y aurait cependant plus d'avantage à la transformer ainsi sur place, en ajoutant une colonne de distillation à l'appareil précédent en remplacement du serpentin ordinaire. L'on pourrait ainsi obtenir, du premier coup, de l'alcool à un titre marchand.

L'intérêt des usines, leur éloignement des guildiveries, la législation nouvelle que l'emploi de notre procédé pourrait un jour exiger dans la fabrication des alcools, seront là-dessus les meilleurs guides pour les habitants.

Les derniers produits obtenus, ou les petites eaux, seront gardées à part ; elles serviront à délayer les sirops ou mélasses de rebut jusqu'au titre de 8 à 10 degrés Baumé ; et la mélasse produite pendant la journée de travail, ainsi délayée dans l'eau, sera projetée sur la bagasse au fur et à mesure de son introduction dans l'appareil cylindrique ; elle enrichira d'autant les bagasses, et cet emploi fera cesser l'inconvénient dont se plaint aujourd'hui l'industrie sucrière : celui d'avoir un produit abondant, mais qu'on ne peut utiliser, et que bien souvent l'on est obligé de jeter sans profit, faute d'écoulement, surtout dans les usines éloignées des guildiveries.

Les eaux de condensation, les premières comme les dernières, emportent avec elles un principe acide, qui se compose d'abord d'un peu d'acide acétique provenant de la fermentation acéteuse qui se forme toujours par le contact de l'alcool et de l'air contenu dans les intervalles vides de la bagasse ; mais l'on y trouve aussi un acide particulier dont j'ai fait connaître, il y a deux ans, l'existence à propos des eaux de condensation recueillies par l'évaporation des vesous dans les usines qui utilisent cette eau à l'alimentation des générateurs de vapeur. Cet acide a de nombreux caractères communs avec les acides *formique* et *acétique*; mais les différences sont assez tranchées pour en constituer un particulier provenant de l'altération des principes de la canne à sucre. Quelle que soit sa nature, sa présence a deux inconvénients: d'abord il corrode les ustensiles; ensuite, comme il passe à la distillation par sa volatilité, il communique une acidité marquée aux liquides distillés[1].

Pour obvier au premier inconvénient, si l'appareil est en tôle, on doit prendre de la tôle étamée ou bien l'on doit badigeonner la tôle ordinaire d'une couche de lait de chaux; ce dernier moyen serait évidemment le moins dispendieux; mais peut-être serait-il encore préférable, dans la pratique en grand, de construire l'appareil en plomb laminé, ce métal n'étant point corrodé par des acides étendus. Le cylindre constituerait alors une chambre facile à construire sur place même, les soudures en seraient faites au fer à souder, ainsi que les réparations qui pourraient devenir nécessaires. L'on construirait facilement ces chambres sur des charpentes en bois analogues à celles pour la fabrication de l'acide sulfurique. Cet appareil serait moins coûteux que celui en tôle de fer, d'autant plus que le plomb, lorsqu'il ne serait plus propre au service, aurait toujours une valeur égale au plomb brut.

L'on comprend qu'avec cette disposition d'appareil il ne faudrait jamais employer de la vapeur à une haute pression, car les lames de plomb n'y pourraient résister, même en donnant une large issue à l'écoulement de la vapeur.

Pour obvier à l'acidité des liquides distillés, il suffira, avant de procéder à la rectification des eaux de condensation, de leur mélanger une petite quantité de lait de chaux, de manière que le papier de tournesol ne vire plus au rouge. L'acide étant ainsi saturé par l'alcali, ne passera plus à la distillation et le produit sera neutre.

Les eaux alcooliques provenant de la distillation des bagasses ont une odeur caractéristique qui rappelle celle de la

---

1. Nous n'avons pu constater la présence de cet acide dans les bagasses provenant des cannes à sucre de la Martinique, essayées à Paris. Ce fait prouve qu'il existe des différences assez tranchées entre les produits similaires d'origine différente, pour nécessiter des études et des modifications spéciales pour le traitement de ces mêmes produits, suivant leur provenance.

substance première qui leur a donné naissance. Quoique cette odeur soit agréable, si on la compare aux produits analogues des résidus des sirops de betteraves, il convient cependant de la faire disparaître. La rectification ménagée de l'alcool l'en dépouille presque entièrement.

Il sera évidemment avantageux de pousser la rectification de l'alcool aussi loin que possible; ce seront autant de frais d'emmagasinage et de transport à éviter, car il est toujours facile de dédoubler les alcools forts aux points de consommation pour les rendre propres aux usages auxquels on les destine.

La quantité d'alcool que pourrait donner un jour ce procédé dans la colonie de la Réunion, si la pratique confirme entièrement la théorie, serait considérable, puisque nous avons prouvé que la quantité de sucre restant dans les bagasses était égale au tiers de la récolte emmagasinée, et que le sucre peut donner un poids égal au sien en alcool à 50° centigrades.

Nous ne nous dissimulons pas tous les obstacles que va rencontrer notre procédé dans les esprits accoutumés à un certain ordre de faits, et qu'un changement radical dans un système déjà établi peut décourager. La vaste capacité de nos appareils de fermentation peut paraître une difficulté sérieuse, parce que nos industries créoles ne possèdent rien d'analogue; mais si l'on réfléchit que nos cylindres peuvent être construits en dehors de l'usine, sous un simple hangar destiné à protéger les travailleurs contre l'intempérie des saisons, la difficulté s'aplanira. Dans l'industrie métropolitaine, il existe un appareil analogue pour la fabrication de l'acide sulfurique; ce liquide est fort dangereux à manier, sa valeur s'élève à peine à 15 centimes le kilog., et l'on construit, pour combiner les gaz qui servent à le produire, de vastes chambres en plomb de plus de 700 mètres cubes de capacité; nos cylindres n'auront pas même le dixième du volume de ces chambres, et cependant le liquide que nous en recueillerons n'offre aucun danger pour le travailleur. De plus, les éléments qui serviront à le fabriquer ne coûtent rien et sont sous la main; toutes conditions de prospérité industrielle dont sont bien loin de jouir les fabriques d'acide sulfurique, qui font venir à grands frais le soufre et le nitre nécessaires à leur exploitation.

Ce n'est guère que du temps que nous attendons l'aplanissement de tous les obstacles; et pour arriver un jour à cette solution, il faudra bien des essais pratiques. L'art dont nous exposons les principes ne peut être qu'incomplet, puisqu'il nous manque cette pratique qui seule pourrait nous faire connaître toutes les imperfections du système que nous étudions : mais que les chefs d'usine apportent à notre système toutes les améliorations que chaque localité pourra comporter; les détails secondaires d'application sont entre les mains de tous, et chacun fera d'autant mieux qu'il s'appliquera à mieux faire. Il en sera ainsi comme du sucre que chaque fabrique produit, mais dont la quantité et la qualité varient suivant le savoir et l'intelligence du chef d'usine.

VINAIGRE DE MÉLASSE ET DE VESOU.

Dans les premières années de notre séjour à la Réunion, une question fort intéressante pour la santé publique nous fut soumise par l'administration judiciaire de la colonie; il s'agissait de déterminer la nature de diverses sortes de vinaigres vendus à la bouteille dans les boutiques, et d'apprécier si l'on ne pouvait pas attribuer à l'usage de ces liquides quelques légers accidents malatifs observés chez les consommateurs. Plus de soixante échantillons furent examinés dans notre laboratoire, et, parmi ceux-ci, l'analyse chimique en fit reconnaître quatre, qui n'étaient autre chose que de l'eau acidulée par de l'acide sulfurique (huile de vitriol) : ces derniers présentaient évidemment les qualités les plus flatteuses à l'œil, car ils ne laissaient guère à désirer sous le rapport de la limpidité et de la transparence que l'on recherche dans les vinaigres blancs destinés au service de la table ou à la confection des atchars. Que les accidents légers dont pouvaient avoir à se plaindre quelques consommateurs eussent pour cause l'usage de vinaigres frelatés ou non, toujours est-il que la vente de pareils liquides devait être immédiatement interdite, et que l'on devait en rechercher la provenance. Comme l'on ne fabrique pas habituellement le vinaigre dans la colonie, on dut s'enquérir si celui qui nous arrive par la voie du commerce était déjà falsifié avant son importation; mais l'analyse chimique ne constata aucune fraude de ce genre parmi les vinaigres importés, et il fut prouvé que cette

addition d'acide sulfurique provenait du fait d'un mélange
sur les lieux, mélange dont les auteurs, plus imprudents que
coupables, ne soupçonnaient en rien le danger.

Mais il résulta de l'examen général de tous les vinaigres
en consommation dans la colonie un fait certain, c'est que le
vinaigre provenant du vin aigri était une exception fort rare,
peut-être même accidentelle, et que tous les vinaigres en
général expédiés par le commerce étaient des mélanges en
diverses proportions d'eau et d'acide pyroligneux (vinaigre
de bois), mélanges que l'on pourrait facilement faire dans la
colonie même, pour s'éviter le fret de l'eau qui entre pour
les 5/6 dans la composition, si les expéditeurs n'avaient
pas l'intention de faire passer ces liquides pour du véritable vinaigre. L'acide pyroligneux, ou vinaigre de bois
étendu d'eau, est certainement sans aucun inconvénient pour
la santé des consommateurs, et la vente peut en être auto-
risée, mais il existe dans la saveur de ces mélanges, comparée à la saveur des vinaigres de vin naturel, la différence qui
existe entre un mélange d'esprit-de-vin et d'eau, et du véritable vin d'un bon cru.

La fraude signalée par nos investigations, réprimée par
l'administration judiciaire, il nous incombait un autre devoir,
c'était celui de rechercher les moyens de prévenir, à l'a-
venir, toute sophistication de la part des vendeurs, en indiquant une provenance de vinaigre qui fût à l'abri de tout
soupçon, et dont le prix fût moins élevé que celui du vinaigre du commerce pour rendre la fraude impossible, en
supprimant l'intérêt qu'il y aurait à la faire : c'est alors que
nous envoyâmes à l'exposition de la colonie divers échantillons de vinaigre de vesou et de mélasse, qui, par leur
qualité et la modicité du prix de fabrication, furent appréciés par le jury, et nous valurent la flatteuse distinction d'une
médaille d'or. Depuis, nous avons communiqué la méthode
facile de la préparation à plusieurs personnes dans la colonie;
elles ont pu fabriquer du bon vinaigre pour leur consommation, et je crois pouvoir affirmer, autant par ma conviction
que par l'opinion des personnes auxquelles j'ai communiqué
des échantillons de mes essais, ou qui en ont préparé elles-
mêmes, que le vinaigre provenant de la mélasse ou du vesou
a une saveur et un arome bien supérieurs à ceux du vinaigre
de vin lui-même, que celui de mélasse, dont le prix de revient
est presque nul, serait encore préférable pour le goût à celui

de vesou, si la coloration ambrée que lui donne la mélasse ne rendait son emploi difficile pour la table et pour la confection des atchars.

J'indiquerai aujourd'hui la méthode générale de la préparation de ces vinaigres, tant dans le ménage que dans l'industrie en grand, en mettant à profit les perfectionnements apportés dans l'industrie similaire en France ; j'espère qu'avant peu la colonie ne consommera que du vinaigre naturel, sain et agréable, provenant de sa fabrication, et que l'usage de l'acide pyroligneux sera laissé aux industries chimiques de la métropole.

Nous avons vu déjà dans un bulletin précédent, que lorsque la matière sucrée est dissoute dans l'eau, et que cette dissolution renferme aussi une petite quantité de matière azotée, telle que celle qui se rencontre toujours dans les sucs végétaux, elle éprouve un changement radical dans sa composition et qu'elle se transforme en deux corps particuliers, en *alcool* et en *acide carbonique*; que le poids de ces deux corps était égal, à peu de chose près, au poids du sucre disparu ; que l'acide carbonique, qui est naturellement gazeux, se dégageait dans l'air, et que l'alcool restait mélangé dans l'eau qui avait servi à dissoudre le sucre.

Si au lieu de distiller le liquide, pour opérer la séparation de l'alcool, on laisse le mélange aqueux au libre contact de l'air, cet air intervient pour opérer une nouvelle transformation du liquide spiritueux ; l'alcool disparaît, et il reste à sa place un acide particulier d'une odeur agréable ; l'*acide acétique*, auquel on a donné primitivement le nom, qui rappelle le liquide dans lequel on l'a observé pour la première fois le *vin aigre* ou *vinaigre*.

Tout mélange d'eau et d'alcool, de quelque provenance que l'on tire ce dernier, est propre à faire du vinaigre ; mais l'opération durerait indéfiniment, si ce mélange était pur, tandis que la présence naturelle ou l'addition des matières azotées, facilite la réaction, qui peut être achevée en quelques jours, lorsque toutes les conditions favorables sont réunies.

Ces conditions sont : une température de 25 à 30 degrés centigrades, telle que se trouve habituellement la température de la colonie, et un libre accès de l'air. Car si dans la transformation du sucre en alcool, la réaction s'opère entre les éléments du sucre seulement, dans la transformation de l'alcool en vinaigre, l'air intervient non-seulement par sa présence, mais aussi par sa quantité; c'est une partie de l'air lui-même, l'*oxygène*, qui se combine à l'alcool pour le faire passer à l'état d'acide.

La présence de l'air est tellement nécessaire, et son libre contact favorise si bien l'acidification, que j'ai pu transformer en vinaigre de l'eau pure alcoolisée, dont j'imbibais des éponges que je laissais ensuite librement suspendues à l'air. Il faut donc profiter de cette condition facile à obtenir, pour hâter l'acidification dans les appareils.

Dans les ménages, dans les habitations sucrières qui emploient un nombreux personnel, et dans lesquelles le vinaigre se consomme en quantité notable, il y aurait économie aussi bien qu'intérêt pour la santé, de préparer toute la quantité de vinaigre nécessaire aux besoins journaliers. Or, l'opération par laquelle on peut arriver à ce but, n'exige aucune peine, aucuns soins particuliers, elle se fait seule, sans autre intervention que celle de la personne chargée de tirer le vinaigre en temps utile.

Les appareils employés à cette préparation seront les mêmes en petit ou en grand, ils ne différeront que par la capacité proportionnelle aux quantités que l'on désire obtenir.

Supposons que l'on veuille préparer du vinaigre blanc avec le suc de la canne; on recueillera le vesou au sortir du moulin, avant toute opération ultérieure, avant toute addition de chaux dont la présence nuirait à l'acidification.

Le vesou sera mis dans un baril de quelques litres ou dans une barrique de quelques hectolitres indifféremment; cet ustensile sera placé sur un chantier, de manière à pouvoir tirer le liquide par un robinet en bois ou en bambou bouché avec du liége; ou s'interdira l'usage de robinets en cuivre, dont l'oxydation par le contact du vinaigre pourrait donner naissance à un composé vénéneux.

Le vesou sera mis en quantité telle que le tonneau sera à moitié plein, de manière à laisser une place convenable à la mousse abondante qui doit se produire par la fermentation; la bonde ne sera bouchée que par un tampon de bagasse ou par un linge étendu, dans un but de propreté seulement.

On laissera la transformation du vesou en alcool s'opérer librement. En deux ou trois jours, elle est achevée; le liquide est propre à l'acétification.

Dans l'état où il se trouve alors, le vin de cannes est

trouble, l'acidification se ferait certainement avec un tel vin, mais d'une manière lente; pour activer l'opération de manière à pouvoir utiliser le vinaigre en quelques jours, il convient d'épurer ce liquide et de le rendre limpide; un moyen aussi simple qu'économique permet d'arriver à ce résultat sans peine.

Dans un second baril, ou dans une barrique mâtée debout, dont on a enlevé le fond supérieur, on entasse jusqu'aux deux tiers de la capacité, des rubans de bagasse encore humide, l'on remet le fond supérieur. Ce fond est percé d'une multitude de petits trous, dans lesquels on passe des morceaux de ficelle de 5 à 6 centimètres de longueur, qui pendent dans l'intérieur du baril, et qui sont arrêtés extérieurement par un nœud. Par cette disposition, si l'on verse le vin de cannes dans la cavité fermée par le fond criblé de trous, le liquide tend à couler par ces ouvertures, en suivant les brins de ficelle, et se répand uniformément sur toute la surface des bagasses; il les traverse en déposant toutes les matières qui troublaient sa transparence, et sort parfaitement limpide par une ouverture inférieure que l'on a soin de percer à la base de la barrique. Pour que cette ouverture ne s'obstrue jamais, on dispose à l'intérieur et autour de cette ouverture avant d'entasser les bagasses, une tuile creuse servant de diaphragme. On met aussi un robinet en bois.

Comme dans cette opération, l'affluence de l'air est nécessaire pour faciliter l'oxygénation ou l'acidification du vin de cannes, on perce plusieurs trous dans les douilles de la barrique à leur tiers supérieur, au-dessus du niveau atteint par les bagasses.

Le vin est reçu au sortir du filtre, il est déjà fortement acide par le contact de l'air dans ce tonneau, mais point assez pour servir aux usages domestiques; on complète l'opération dans une troisième pièce, formée encore par une barrique placée sur son chantier, comme la première.

Cette troisième barrique doit être au tiers pleine d'un vinaigre déjà achevé, qui sert de levain à celui que l'on va fabriquer. Dans les premières opérations, il est évident que comme l'on n'aura point de vinaigre à sa disposition, on laissera fermenter les liquides plus longtemps, en les repassant à plusieurs reprises dans la série des trois barriques; mais dans les opérations ultérieures, quand l'appareil sera en bonne voie de fonctionnement, l'on se contentera, toutes les fois que l'on voudra prendre du vinaigre dans la troisième barrique, de l'y remplacer par une quantité égale de vin filtré. On s'arrange de manière à ne puiser sa provision de vinaigre qu'une fois par semaine au plus, et l'on disposera la capacité des appareils, pour que cette quantité de vinaigre que l'on puisera, ne représente que le dixième du liquide enfermé dans la troisième barrique.

Si la barrique contient de 210 à 225 litres, comme les pièces à vin du commerce, qui n'ont que peu de valeur à la Réunion, elle sera amorcée avec 70 litres environ de vinaigre complet; ce sera donc 7 litres que l'on pourra retirer toutes les semaines, en une ou plusieurs fois, mais que l'on devra remplacer par 8 à 10 litres environ de vin de cannes filtré; l'excédant de la quantité consommée compense les pertes par évaporation dans les appareils.

Ainsi un appareil de cette nature, monté avec trois barriques à vin du commerce, pourrait fournir à la consommation un litre de vinaigre par jour; si la consommation journalière allait à 2, 3, 4 litres ou plus, l'on augmenterait le nombre des troisièmes barriques seulement; quant aux deux premières, elles suffiraient pour un grand nombre de pièces à acidification, leur débit pouvant être bien supérieur à la quantité de vin qui s'acidifie.

L'on peut, pour la commodité des opérations, si l'on a un local convenable, disposer les trois barriques les unes au-dessus des autres sur des planchers différents, de manière à faire couler le liquide de la première sur la seconde, et de la seconde dans la troisième, en ouvrant simplement les robinets. Cette disposition facilitera de beaucoup l'opération, parce que comme il est nécessaire que le vin à acidifier traverse par petit filet le filtre de bagasse, l'on pourra ouvrir le robinet de la première barrique d'une quantité assez minime, pour que le liquide ne coule que goutte à goutte. La clarification sera plus complète, et l'acidification s'avancera beaucoup dans le filtre, elle se complétera dans la troisième pièce. Un échafaudage bien simple suffira à l'édification de cet appareil, qui une fois installé, a rarement besoin de réparations. Les bagasses filtres serviront tant que le vinaigre s'écoulera bien limpide, on les remplacera par des neuves, quand le liquide coulera trouble; alors, pour que ces nouvelles bagasses aient un pouvoir acidifiant égal aux précédentes, on les imbibera au préalable d'un vinaigre très-fort.

Je me suis servi de bagasses dans mes essais à la Réunion, parce que autant qu'il est possible de le faire, je cherchais à utiliser les matières que la colonie possède sous la main, de préférence à celles usitées ailleurs, mais que l'on ne pourrait se procurer qu'avec quelques difficultés. Ainsi, dans l'industrie similaire en France, l'on se sert d'écoupeaux de hêtre rouge; le hêtre est en effet préférable à la bagasse pour la filtration. Si l'on pouvait utiliser de vieux ustensiles de ce bois pour fabriquer, au rabot, des écoupeaux, l'opération marcherait plus vite. Mais, en y employant un peu plus de temps, et en augmentant la dimension des appareils comme celles que j'ai indiquées précédemment, l'on arrive au même but, car toute matière poreuse et qui offre de grandes surfaces est propre à cette fin, et je me suis servi en France avec succès de rafles de raisins.

Voilà pour la fabrication du vinaigre blanc pour la table et la confection des atchars; mais l'on peut préparer avec la mélasse un vinaigre d'un goût bien supérieur encore à celui-ci, et dont le prix est presque nul; son apparence seulement est moins agréable à l'œil, et ne satisfait pas à nos habitudes de luxe, qui exigent que l'huile et le vinaigre de la table aient un même degré de coloration.

Rien n'est changé à la disposition des appareils pour la confection de ce vinaigre. On remplace seulement le vesou de la première barrique par de la mélasse délayée dans neuf fois son volume d'eau, et on laisse fermenter. Dans une première opération la fermentation a quelque peine à s'établir; on devra l'activer par le mélange de quelques litres de vesou, qui fournira à la mélasse la matière azotée dont le sucre a besoin pour pouvoir entrer en fermentation; mais dans les opérations ultérieures toute addition sera inutile, car les barriques se seront imbibées de ferment, et l'opération marchera comme elle marche dans les cuves à fermentation des guildives.

L'on comprend parfaitement que cette fabrication des vinaigres peut être une industrie secondaire des guildives placées dans les grands centres de population, car là se trouve chaque jour une grande quantité de vin de mélasse tout fait et propre à être acidifié; l'on n'aura qu'à disposer alors le tonneau filtre, et quelques barriques d'acidification pour préparer toute la quantité nécessaire à la consommation.

Il est à désirer que pour certains articles spéciaux d'importation, on arrive à délaisser ces ridicules préjugés qui font admettre que ce qui vient de loin et à grands frais, vaut mieux que ce que nous pouvons fabriquer avec nos propres ressources. Que nous préférions l'eau-de-vie de France ou le rhum de la Martinique à notre arrack, quoique les trois substances soient essentiellement composées d'alcool et d'eau, nous le comprenons parfaitement; notre goût est souverain juge en pareille matière; mais prenons aussi le même juge pour décider entre le vinaigre créole et celui que nous expédie le commerce, et renonçons pour toujours au mélange d'eau et d'acide pyroligneux que l'on nous vend sous le titre menteur de vinaigre blanc. Car il est un fait bien acquis à notre conviction, et dont on peut se convaincre chaque jour par l'analyse chimique, c'est que le vinaigre blanc qui arrive en dames-jeannes dans la colonie, n'a pas d'autre origine que celles que j'ai signalées il y a déjà plusieurs années.

L'habitude, je le sais, exige que le vinaigre soit vendu par petites dames-jeannes de quatorze litres, et l'on m'a représenté quelquefois dans la colonie, lorsque je poussais l'industrie à monter des fabriques de vinaigre, combien il serait difficile de faire admettre par l'usage, du vinaigre qui ne serait pas ainsi logé. Je trouve, pour ma part, qu'il est heureux que le vinaigre du commerce ait un mode de logement spécial qui le fasse reconnaître sans recourir à l'essai, pour le faire repousser un jour de la consommation, quand des fabriques indigènes auront loyalement préparé du vinaigre sain et agréable, et qu'elles le livreront à la consommation comme le vin, en bouteilles d'un litre pour le détail, ou en pièces pour l'expédition dans les quartiers.

Les personnes qui ont eu à leur disposition du vinaigre de vin véritable, ou de celui fait artificiellement par le vin de cannes, ont pu remarquer une production naturelle qui vient souvent se former dans les récipients à la surface de la bouteille, et quelquefois dans toute la masse du vinaigre; c'est une matière mucilagineuse, consistante, d'un tissu spongieux que l'on nomme généralement *mère du vinaigre*, et l'on croit communément que sa présence facilite la fermentation acétique, aussi la laisse-t-on dans les tonneaux pour activer la formation du vinaigre. Cette idée est une erreur qui a pris naissance sur une observation mal faite. Certainement la formation du vinaigre est facilitée par le mélange au vin, d'un vinaigre déjà formé, et la mère de ce vinaigre qui retient dans son tissu spongieux de l'acide à ce degré de force, active l'acidification, mais elle l'active par son vinaigre même et nullement par sa contexture, et le mélange du vinaigre fort seul, produit cet effet d'une manière bien plus marquée, puisqu'il peut former un mélange homogène avec le vin que l'on ajoute.

Dans les petits fûts de vinaigre destiné à la consommation, il faut éviter la formation de cette production cryptogamique, qui le rend impropre aux usages domestiques. On peut arriver à ce but en profitant d'une observation que j'ai eu l'occasion de faire. Le vinaigre produit naturellement par l'acidification des substances végétales, est le seul qui donne naissance à la formation de la mère de vinaigre, le mélange d'eau et d'acide pyroligneux n'en donne jamais, et c'est là le caractère saillant qui pourrait à mon avis faire reconnaître l'origine d'un vinaigre, dans un cas d'expertise légale. Bien plus, une fort minime quantité d'acide pyroligneux ajoutée au vinaigre végétal empêche toute formation ultérieure de production cellulaire.

Pour empêcher donc cette production dans les bouteilles, il faudra ajouter quelques gouttes d'acide pyroligneux, ou vinaigre de bois, pour chaque litre de vinaigre, ou plutôt mélanger un demi-litre environ de cet acide, par hectolitre de vinaigre. Cette addition suffit pour conserver indéfiniment le vinaigre. L'acide pyroligneux se trouve dans le commerce à un prix assez modique (moins de 2 fr. le litre), cette addition n'élève donc le prix du vinaigre que d'un centime par litre, elle est tout à fait innocente pour la santé du consommateur.

Le vinaigre pour le service de la table doit être de la plus grande limpidité; s'il n'était point parvenu à ce degré dans les trois opérations, il serait très-facile de la lui donner en le clarifiant au moyen du lait. Une once environ de lait bien mélangé dans une bouteille aux trois quarts pleine, pour qu'on puisse la fouetter par le battement, suffit à cette opération. On laisse reposer quelques jours. La matière caséeuse du lait tombe au fond de la bouteille entraînant avec elle toutes les particules en suspension qui pouvaient troubler la transparence du vinaigre, celui-ci devient parfaitement clair et limpide; mais cette opération n'enlève que peu de chose à la coloration, par conséquent elle ne suffirait pas à décolorer du vinaigre de mélasse pour le convertir en vinaigre blanc.

J'ai essayé de décolorer le vinaigre de mélasse, mais je n'ai pu y réussir d'une manière économique. Il semblerait que le noir animal pût être employé naturellement à cette opération, mais ce serait une erreur fort grande, car le noir d'os, en outre du charbon, renferme une substance à base d'alcali, le *carbonate de chaux*, or l'acide acétique le sature, et s'il perd de sa couleur, il perd aussi de sa force ; l'on n'arrive ainsi qu'à obtenir un liquide plat et sans saveur. Il faudrait, pour arriver à pouvoir se servir du charbon animal, lui enlever au préalable cette matière alcaline, ce qui se fait dans les laboratoires de chimie par le lavage avec les acides minéraux ; mais alors cette opération renchérit le noir animal de dix fois sa valeur, ce qui en rendrait l'usage impossible dans la préparation du vinaigre, dont la condition première doit être la modicité du prix.

L'on peut arriver cependant à enlever quelques degrés de couleur au vinaigre de mélasse, en le laissant macérer pendant quelques jours avec du menu de charbon de bois qu'on a préalablement bien lavé à l'eau pure et séché ; mais le charbon de bois ne jouit de la propriété décolorante qu'à un titre bien inférieur à celui des os, et l'on n'arrive qu'à une décoloration incomplète. Quoi qu'il en soit le vinaigre ainsi décoloré partiellement offre une nuance ambrée intermédiaire entre le vinaigre blanc et le coloré ; cette nuance est agréable à l'œil, et ce vinaigre rosat ne figure pas mal dans les carafons de la table ; il peut aussi être utilisé à la confection des atchars.

RÉVIVIFICATION DU NOIR ANIMAL

DANS L'INDUSTRIE SUCRIÈRE.

Au mois de février 1862, MM. Leplay et Cuisinier présen-
tèrent, à l'Académie des Sciences, la théorie d'un nouveau
procédé de revivification du noir animal pour l'industrie
sucrière. Dans la nouvelle méthode proposée par ces industriels, le noir d'os qui avait servi à l'épuration des sirops à
divers degrés devait, sans sortir du filtre qui le renferme,
recouvrer toutes les qualités qu'il avait perdues, au besoin
même en acquérir de nouvelles, qui le rendraient encore plus
apte à remplir l'action qu'on lui demande, celle d'absorber la
matière colorante des sirops, et l'excès de chaux employé
à la défécation.

Au dire des inventeurs, ces procédés, employés déjà par
eux sur une grande échelle dans deux usines à sucre de
betteraves, pourraient être utilisés avec succès dans la fabrication du sucre de cannes des colonies.

L'annonce d'un procédé simple et facile, qui permettrait de
se servir indéfiniment d'un noir d'os sans le revivifier dans
les fours, qui supprimerait d'un seul coup le travail difficile de cette calcination, les pertes qu'il entraîne, et surtout
la diminution notable des propriétés absorbantes du noir, a
dû attirer l'attention de la Chambre consultative d'agriculture de la Réunion; aussi cette Société, par l'organe de son
honorable président, m'a-t-elle chargé d'étudier cette ques-

tion au point de vue pratique, pour constater dans quelle mesure le procédé nouveau pourrait être appliqué à l'industrie créole, dans les conditions particulières où se trouve la sucrerie coloniale. Pour atteindre ce but, vers le milieu de la campagne sucrière, je me suis rendu successivement à l'usine de M. Macarez, à Denain (Nord) et à celle de MM. Bachoux et Cie, à Francières (Oise), sucreries dans lesquelles le procédé nouveau est appliqué couramment depuis le moment de la manipulation, dans des circonstances et avec des modifications diverses. Je dois à l'obligeance des habiles directeurs de ces deux fabriques d'avoir pu, non-seulement suivre les travaux de l'usine, mais même d'en avoir fait modifier dans quelques circonstances la marche courante, pour arriver à me rendre un compte aussi exact que possible des diverses phases des opérations.

Voici en quelques mots la théorie du procédé nouveau. D'après MM. Leplay et Cuisinier, l'action du noir animal ne serait pas unique dans l'épuration des sirops : cette action serait au contraire multiple, et l'on devrait bien différencier, dans cette opération, les diverses affinités du noir animal : 1° l'affinité pour les matières azotées, sapides et odorantes qui nuisent à la fluidité des sirops, à leur cristallisation et au bon goût du grain; 2° l'affinité pour les matières alcalines ou salines dont la présence, dans les sirops, contribue à leur coloration, pendant la cuite, par la destruction d'une partie du sucre; 3° enfin l'affinité pour la matière colorante dont la présence aurait une action insignifiante sur la beauté des produits cristallisés.

Toutes ces affinités ne seraient pas neutralisées à la fois dans l'épuration des sirops; et, tandis que la première ne durerait que pendant quatre heures environ, la deuxième durerait de vingt-quatre à trente-deux heures, la troisième pendant plusieurs jours. Nous verrons bientôt jusqu'à quel point on peut admettre cette multiplication des propriétés du noir animal.

MM. Leplay et Cuisinier proposent de rétablir les propriétés du noir animal usé, en traitant, dans le filtre même, le noir animal vieux, par divers agents chimiques dont l'action dissolvante sur les matières absorbées est plus énergique que l'affinité du noir pour ces mêmes matières. Ainsi l'eau bouillante enlèvera les matières azotées; l'acide chlorhydrique dissoudra les alcalis, la chaux surtout, employée en excès dans la défécation; la soude caustique enfin dissoudra les matières organiques colorantes. Puis un courant d'eau lavera le noir animal de tous les réactifs chimiques employés dans l'opération, et entraînera en même temps les matières dissoutes par ces derniers.

MM. Leplay et Cuisinier comptent encore augmenter les propriétés absorbantes pour la chaux, en modifiant la composition chimique du noir par l'addition d'une substance particulière, facile à préparer, le *phosphate acide de chaux;* le noir ainsi modifié pourrait absorber de plus grandes quantités de chaux dans les sirops, et par cela même servirait pendant un temps beaucoup plus long dans les filtres.

La transformation chimique qui s'établirait par cette opération est facile à expliquer :

Dans la composition élémentaire du noir animal, l'on trouve en outre du charbon, une matière minérale blanche qui s'isole parfaitement par la calcination à l'air libre : c'est un phosphate de chaux particulier qui se compose de :

1 proportion d'acide phosphorique,
3 proportions de chaux.

Dans cet état, l'acide phosphorique est neutralisé exactement par la chaux; mais si on additionne ce corps d'un autre principe, le phosphate acide de chaux, qui est composé de :

1 proportion d'acide phosphorique,
1 proportion de chaux,

les deux corps se combinent entre eux de manière à former deux quantités d'un corps intermédiaire. Le premier corps a cédé une proportion de chaux au second, et l'on a deux quantités d'un nouveau phosphate composé de :

1 proportion d'acide phosphorique,
2 proportions de chaux.

Ce corps, intermédiaire aux deux qui ont servi à le former, a une grande affinité pour la chaux, par la tendance qu'il a à s'en saturer, pour repasser à l'état primitif du phosphate à 3 proportions de chaux; aussi l'absorbe-t-il avec avidité partout où il la trouve, et en dépouille-t-il les sirops plus activement que le noir ordinaire.

Cette observation est d'une grande importance pour l'avenir industriel du procédé des inventeurs dans les colonies. On peut même supposer, par les raisons que nous énumérerons bientôt, que la seule partie de l'invention de MM. Leplay et Cuisinier, que nous pourrons mettre à profit dans la fabrication du sucre de cannes, repose sur ce principe.

Comme on le voit, la théorie du procédé annoncé n'a rien de contradictoire avec les principes chimiques : il ne reste plus d'autres difficultés à vaincre que celles qui résultent de l'application à l'industrie des opérations du laboratoire; elles sont malheureusement le plus souvent fort sérieuses.

Voici la marche suivie à Francières, sous la direction de l'un des inventeurs, M. Cuisinier et dans les conditions suivantes :

L'usine manipule 100.000 kilos de betteraves par jour, avec un rendement moyen de 6,34 pour 100 en vergeoise turbinée, dont :

En premier jet............................	44
En deuxième jet...........................	32
En troisième jet..........................	17
Basses matières...........................	7
Total......	100

L'usine fonctionne avec l'ancien procédé Rousseau ; la simple saturation au moyen de l'acide carbonique, que l'on produit par le coke brûlé dans le cylindre, et traversé par un courant d'air forcé.

Le jus, une fois déféqué par un excès de chaux, est conduit dans le bac à carbonatation ; l'on pousse le dégagement de l'acide carbonique jusqu'à ce qu'il ne reste plus, dans le jus, que la quantité de chaux nécessaire pour saturer par litre 1 gr. 80 cent. à 2 gr. d'acide sulfurique à 66°. Cette quantité de chaux se reconnaît facilement à certaines nuances du sirop; du reste, le travail est si méthodique dans cette usine, qu'un jeune enfant de douze ans procède, sur toutes les chaudières, à l'essai alcalimétrique pour lequel l'habitude lui a donné la dextérité d'un vieux praticien.

Le jus, en partie dépouillé de la chaux, est décanté, après repos, et passé sur un filtre de 25 hectolitres de noir animal, qui a déjà servi pendant douze heures à filtrer du sirop à 25 degrés. Le filtre sert ainsi, pour les jus de 4 degrés Beaumé de densité environ, pendant vingt-quatre heures.

Au sortir du filtre, le jus, notablement amélioré pour le degré de coloration, ne sature plus que 1 gr. 20 d'acide sulfurique par litre; il a donc perdu en chaux, dans le filtre, l'équivalent de 0,80 centigr. d'acide.

On l'amène dans la chaudière d'évaporation chauffée au

serpentin, et l'on pousse l'évaporation jusqu'à 25 degrés Beaumé. Cette opération dure quarante minutes environ.

Le sirop est alors versé sur le filtre de noir neuf qui sert à cette opération pendant douze heures.

Au sortir du filtre, le sirop très-limpide renferme par litre la quantité de chaux nécessaire pour saturer de 1,80 à 2 grammes d'acide sulfurique à 66°.

Comme le travail de la fabrique ne permet pas de laisser les sirops assez longtemps en repos pour faire déposer tout le carbonate de chaux en suspension, dans la première filtration, ce carbonate calcaire reste à la surface du filtre, qu'il tapisse d'une couche blanche de 1 décimètre environ d'épaisseur; on l'enlève à la main, préalablement, avant de faire subir au charbon les opérations qui doivent le revivifier.

Le sirop provenant du filtre est envoyé aux chaudières de cuite, où on l'évapore jusqu'au degré voulu pour la cristallisation, 41° Beaumé.

Voilà la série des opérations que subit le jus; comme on le voit, elles ne modifient en rien le procédé habituel de Rousseau, et tous les modes en usage dans l'industrie sucrière peuvent s'accommoder du procédé de revivification que nous allons décrire : ainsi à Denain, dans l'usine de M. Macarez, les jus ne subissent pas l'opération de la carbonatation, et la défécation se fait simplement avec un excès de chaux capable de donner aux jus un degré alcalimétrique de 3°,50 d'acide sulfurique par litre; le restant des opérations est sensiblement le même qu'à l'usine de Francières.

Le noir animal a donc servi aux opérations de filtration pendant trente-six heures, savoir : pendant douze heures pour les sirops à 25°, et pendant vingt-quatre heures pour les jus à 4° environ; quoique les propriétés décolorantes et absorbantes ne soient pas encore complétement épuisées, il convient cependant après ce laps de temps de lui faire subir la revivification.

Dans ce but, le filtre, de la capacité de 25 hectolitres de charbon, est épuisé de la quantité de sirop qu'il renferme encore dans les interstices, au moyen d'un courant d'eau chaude à 70 degrés environ de température; cette eau agit par déplacement; on arrête l'écoulement quand le liquide n'a plus de saveur sucrée.

Le filtre employé diffère peu dans sa construction des filtrcs cylindriques ordinaires, cependant les divers traitements que doit subir le charbon dans son intérieur, obligent à certaines additions indispensables pour faciliter la main-d'œuvre. Ainsi, la partie supérieure est recouverte d'un chapeau fermant hermétiquement, avec trou d'homme et ajustement d'un tuyau à robinet communiquant avec le générateur ; un embranchement de ce même tuyau communique aussi avec la partie inférieure du filtre, au-dessous du diaphragme, de manière à pouvoir renverser la vapeur à volonté, et la diriger au-dessus ou au-dessous du charbon. Un deuxième tuyau vient aussi s'adapter à la partie supérieure du filtre, il communique avec un bac d'eau que l'on peut chauffer au moyen des vapeurs perdues.

Le premier traitement du noir usé consiste dans un simple lavage à l'eau bouillante. On remplit le filtre d'eau jusqu'à ce que le charbon mouille complétement, ou donne la vapeur par le tuyau inférieur, il s'opère un barbotage que l'on maintient pendant quelques minutes ; on fait écouler cette eau par décantation par un robinet supérieur. L'eau sort avec une couleur noire fort intense ; elle renferme toutes les matières organiques que le noir retenait mécaniquement dans ses interstices, et qui eussent été retenues aussi bien par un filtre de gravier que par le noir animal ; ce qui réduirait à deux les trois affinités admises par MM. Leplay et Cuisinier, comme particulières au noir d'os.

L'on peut répéter encore une fois cette opération, et finalement on laisse égoutter le filtre par le robinet inférieur.

Le second traitement s'exécute au moyen de la soude caustique à 40°, dont on met 20 litres pour les 25 hectolitres de charbon contenus dans le filtre ; cette soude est étendue de 6 hectolitres d'eau.

On donne la vapeur par le robinet inférieur, et l'on fait barbotter pendant une heure environ ; après ce laps de temps, l'on ouvre le robinet inférieur et l'on reçoit la soude dans un bac particulier ; le liquide est d'une couleur noire intense ; on l'emmagasine dans le bac pour pouvoir économiser la soude, en l'évaporant ultérieurement jusqu'à siccité, et calcinant le résidu sec avec quelques fragments de nitrate de soude qui détruiront complétement toutes les matières organiques à la chaleur rouge naissante. Le carbonate de soude qui résulte de cette opération peut alors être de nouveau caustifié par la chaux, et servir à de nouvelles revivifications de noir animal sans beaucoup de pertes.

Le filtre d'os subit un nouveau traitement par une nouvelle quantité de soude caustique, dans les mêmes conditions que celles décrites précédemment. On fait au besoin une troisième et dernière opération semblable ; mais les secondes et troisièmes dissolutions extraites du filtre sont beaucoup moins colorées, et peuvent servir alors à traiter de nouveaux charbons par lavage méthodique, de manière que finalement on n'évapore que des dissolutions saturées de matières colorantes.

Le charbon ainsi traité retient encore de l'eau alcaline après son entier égouttement ; on doit l'en débarrasser par déplacement avec de l'eau chaude, jusqu'à ce que celle-ci, qui s'écoule par le robinet inférieur, ne bleuisse plus le tournesol rougi par les acides.

Le noir, dans cet état, est dépouillé entièrement de la matière colorante qu'il avait absorbée, mais il est encore saturé des sels de chaux et autres sels qu'il a enlevés aux sirops. Si la revivification du noir dans les fours, par le procédé habituel, peut, jusqu'à un certain point, remplacer les lavages à la soude que vient de subir le charbon, le mode de traitement à chaud ne saurait en rien lui retirer les sels absorbés ; et, de plus, la matière organique qui se charbonne, tend à chaque revivification à obstruer de plus en plus les pores du noir et à amoindrir ses propriétés ; aussi est-ce surtout en ce point que nous reconnaissons un avantage incontestable au procédé par la voie humide.

En effet, dès l'instant où l'action de la soude est terminée, le noir est traité par de l'acide chlorhydrique, à raison de 80 litres étendus de 12 hectolitres d'eau pour chaque filtre de 25 hectolitres de charbon.

L'acide, en raison de son action énergique sur le fer, nécessiterait ici une modification dans les appareils actuellement employés dans les usines dont nous avons suivi les travaux. Il faudrait d'abord doubler l'intérieur du filtre d'une paroi en bois, ce qui ne serait pas difficile ; mais, en outre, pour que l'action de l'acide fût parfaitement égale sur toute la masse du noir, et que les couches supérieures ne fussent pas entièrement dépouillées de leur phosphate, tandis que les inférieures renfermeraient encore une grande quantité de la chaux absorbée aux sirops, il faudrait pouvoir mouiller toute la masse au même instant donné ; c'est là une difficulté que les auteurs surmonteront facilement, je suppose, par l'emploi de deux ou trois entonnoirs à long bec, fermés à la partie inférieure et criblés de trous sur toute leur longueur ; en versant l'acide par la partie supérieure, le liquide devra se répandre également dans les diverses couches du noir d'os. Les entonnoirs devront naturellement être construits en métal qui ne reçoive qu'une légère action de la part de l'acide, en étain, par exemple ; leur destruction du reste n'aurait pas les mêmes inconvénients que celle du filtre, ou que ceux qui proviendraient d'un traitement inégal du charbon.

Quoi qu'il en soit, si le traitement par l'acide est bien homogène, la chaux absorbée par le noir sera complétement dissoute ; on laisse le contact se prolonger pendant une heure environ, et après ce temps on ouvre le robinet inférieur, pour laisser écouler le liquide, qu'on laisse perdre ; on fait passer un courant d'eau froide par déplacement, cette eau entraîne toute la dissolution de chaux ; on arrête le lavage quand l'eau de lavage ne rougit plus le tournesol bleu.

Il faut environ 60 hectolitres d'eau pour laver complétement le noir d'os dans le filtre de 25 hectolitres.

On laisse alors égoutter complétement le filtre, et l'on fait passer un courant de vapeur par le haut, pour dessécher convenablement le charbon. Celui-ci a entièrement recouvré ses propriétés absorbantes pour la matière colorante et les sels ; il peut servir de nouveau d'une manière indéfinie avec les pertes qu'entraîne toute opération, mais qui dans celle-ci s'élèvent à peine à la quantité d'un demi pour cent ; car l'on peut retrouver dans une citerne banale tout le poussier enlevé par les lavages.

L'on sait que la perte amenée par la revivification dans les fours peut être évaluée à 4 ou 5 p. 100 pour chaque opération. Cette perte provient tant de la quantité de noir qui se calcine au blanc, que de celle qui est réduite en folle farine, par les divers transports qu'il subit dans cette opération. Il est évident que par le procédé humide, ces deux causes de perte n'existent pas, puisque le charbon n'est jamais déplacé et que les grains, une fois bien purgés de leur folle farine par le lavage, ne doivent plus en produire.

Les opérations du nouveau procédé se résument donc, comme on l'a vu, aux suivantes :

1° Lavage du noir vieux à l'eau bouillante, par barbottage,

2° Traitement à la soude caustique à 40°. 20 litres dans 6 hectolitres d'eau par filtre de 25 hectolitres de charbon. Ébullition par barbottage pendant une heure.

3° Lavage à l'eau bouillante versée à la surface.

4° Traitement à l'acide chlorhydrique, 80 litres étendus de 12 hectolitres d'eau.

5° Lavage à l'eau froide versée à la surface, et dessiccation par un courant de vapeur.

Le traitement ainsi dirigé est exécuté comme je viens de le décrire, dans l'usine de Francières, qui pour la manipulation de 100 000 kilos de betteraves par jour, emploie 8 filtres, dont 3 pour les jus faibles, 2 pour les sirops à 25, et 3 qui sont en travail de revivification. Les 8 filtres travaillent donc avec un faible capital de 200 hectolitres de charbon, plus 100 hectolitres, en prévision des pertes.

Ces 300 hectolitres de charbon, à 25 fr. les 100 kilos, et au poids de 75 kilos l'hectolitre, ne représentent qu'un faible capital de moins de 6000 francs.

La fabrication marche dans ces conditions depuis le commencement de la campagne. Les sucres de premier jet obtenus dans les rendements cités plus haut ont, passés à la turbine, une nuance légèrement nankin, agréable à l'œil; la nuance des seconds jets est un peu moins éclatante. Les deux sucres sont bien secs comme le sont habituellement nos belles qualités Réunion.

Dans l'usine de M. Macarez à Denain, le procédé de revivification par la voie humide a marché exclusivement depuis le commencement de la campagne jusque vers la fin de décembre; à partir de cette époque on a essayé comparativement avec les noirs revivifiés par la chaleur, mais dans certaines conditions exceptionnelles qu'il est nécessaire de noter. M. Macarez possède un approvisionnement de noir animal tel (5000 hectolitres environ) qu'il peut travailler pendant toute une campagne, en ne revivifiant qu'une seule fois son charbon. Aussi après l'avoir soigneusement lavé à l'escargot, l'empile-t-il dans une cour à l'air libre; là il subit une fermentation spontanée telle, qu'après deux ou trois jours de tassement, la température du charbon arrive à plus de 60 degrés, les matières organiques se détruisent pendant le laps de temps fort long de cette fermentation. De plus avant de passer le noir au four, on le traite par de l'eau acidulée à l'acide chlorhydrique, on lave de nouveau à l'escargot, et avant de faire servir ce noir à la filtration, on le mélange encore d'un dixième de noir neuf.

Ce procédé est fort rationnel à la vérité, et le noir qui en provient peut être considéré comme entièrement neuf, sinon mieux ; mais il nécessite une mise de fonds de plus de cent mille fr. de charbon, qui ne le rend pas exécutable dans toutes les usines ; dépense que M. Macarez a dû s'imposer pour arriver à la préparation de ces beaux produits en candi qui font l'admiration du commerce.

La comparaison entre les deux procédés exécutés en ma présence a donné des résultats à peu près semblables, avec une différence appréciable, cependant, en faveur du système employé par M. Macarez.

Il serait difficile d'établir un prix de revient exact pour l'application du nouveau procédé, mais il serait facile à chaque industriel de le fixer, d'après les prix si différents suivant les localités, de la houille d'abord, employée à chauffer la quantité d'eau nécessaire aux divers lavages, de l'acide chlorhydrique, qui se donne pour rien aux environs des fabriques de soude, et coûte fort cher dans les localités éloignées, de la soude enfin dont le prix varie pour les mêmes raisons.

Le but en vue duquel j'ai entrepris l'étude de cette question est principalement son emploi dans les colonies à la préparation du sucre de canne ; malheureusement, je dois l'avouer, il est à craindre que nos colonies, surtout celles éloignées de la métropole, comme l'est la Réunion, ne puissent jamais l'employer.

L'on sait déjà combien il est difficile de décider les capitaines des navires, à se charger de quelques rares bombonnes d'acide sulfurique. Or l'acide sulfurique ne trahit guère aux yeux sa nature corrosive que par son étiquette et les soins minutieux de son emballage dans une enveloppe de plomb ; mais l'idée seule du danger qu'éveille son transport le fait reléguer sur le pont, et à la moindre crainte d'une tourmente qui pourrait causer des avaries dans le chargement, on se hâte de se débarrasser d'un passager beaucoup moins dangereux qu'on le suppose ; aussi l'acide sulfurique, employé à la préparation des eaux gazeuses artificielles, coûte-t-il fort cher aux colonies ; mais qu'en serait-t-il de l'acide chlorhydrique dont les vapeurs âcres et corrosives s'échappent à flots des tourilles qui le renferment, qui souvent feraient sauter leurs bouchons ou briseraient leurs enveloppes, sous les températures élevées des tropiques. Quel capitaine voudrait donner l'hospitalité à un colis si inquiétant? Il ne faudrait pas non plus penser à arrimer les tourilles dans la cale, car les vapeurs seules pourraient détériorer les autres marchandises enfermées sous le panneau, attaquer même les ferrements du navire.

Or, la quantité d'acide nécessaire à l'exploitation du procédé n'est pas minime, car pour un rendement journalier de 6000 kilos de sucre, il ne faut pas moins d'un remontage de filtre pour chaque durée de 8 heures, ou soit 240 kilos d'acide par 24 heures. Quelle masse d'acide chlorhydrique nous faudrait-il à la Réunion, pour notre manipulation, quand même on supposerait que la pureté de nos vesous pourrait en faire diminuer la quantité utile?

Le procédé humide nécessite en outre des quantités d'eau si considérables, que toutes les usines ne seraient pas placées assez favorablement pour bénéficier de ses avantages; et l'usine de Francières elle-même a été fort gênée pendant cette campagne, par la sécheresse générale qui a régné jusqu'en ces derniers temps dans le département de l'Oise. Le Directeur de cette usine s'est vu obligé de creuser un puits artésien pour suffire à ses besoins.

Pour faire chauffer les masses considérables d'eau que le procédé nécessite, il faut du combustible; et l'on sait que nos usines manquent souvent de bagasse sèche pour leur manipulation courante, que bien souvent elles chôment faute de combustible.

Toutes ces causes rendraient difficilement exécutable ce procédé rationnel aux colonies, dans les conditions exceptionnelles où nous nous trouvons. La soude caustique elle-même n'est pas d'un transport à l'abri de tout danger.

Relativement à cette substance nous pourrions à la vérité, je crois, la remplacer facilement pour la potasse extraite des cendres de la bagasse, elles renferment cet alcali en grandes quantités. A la Réunion, nous aurions, même pour nous, exceptionnellement aux autres colonies, le gisement de natron que j'ai signalé dans les environs de Saint-Paul; ce gisement fournirait toute la soude nécessaire à l'industrie sucrière pour l'emploi du procédé.

Je ne suppose pas que l'emploi de la soude caustique, préférablement au carbonate, balançât les inconvénients, les embarras et les dépenses que présenterait la caustification de cet alcali. Le carbonate de soude enlève parfaitement et complétement au noir animal la matière colorante qu'il a soustraite aux liquides teinturés, comme on le sait depuis fort longtemps; et à cet état, cette substance solide, supporte économiquement et sans danger tout transport.

Les usines de la Réunion pourraient donc employer leur natron à la revivification de leur charbon vieux, et après lavage à l'eau, on pourrait saturer les dernières portions d'alcali au moyen du vinaigre de mélasse dont la préparation se ferait à si bon compte, comme je l'ai démontré dans un article précédent. Il resterait à savoir si ces modifications au procédé de MM. Leplay et Cuisinier rentreraient sous le domaine privilégié de leur brevet; question qui n'est pas de ma compétence.

Mais si l'emploi du procédé en entier tel que je l'ai décrit, est impossible, à mon avis, dans les conditions où se trouvent nos colonies, il n'en serait pas de même du traitement dernier, que leurs auteurs conseillent, pour augmenter les propriétés absorbantes du noir, le traitement par la biphosphatation.

Cette dernière opération n'est pas employée couramment dans les usines dont j'ai suivi et décrit les travaux, mais j'ai procédé moi-même dans ces deux usines, à des expériences dont on peut retirer quelques conclusions utiles.

1° J'ai traité un filtre de noir vieux, dont les propriétés absorbantes pour la chaux étaient complétement épuisées, par une dissolution fort acide de biphosphate; le filtre lavé à l'eau, le liquide écoulé est entièrement neutre, au papier tournesol.

J'ai fait passer sur ce charbon ainsi modifié du sirop fortement chargé de chaux; le sirop, après ce traitement, est devenu complétement dépouillé de son alcali.

2° J'ai essayé l'action directe du noir surphosphaté fortement acide sur les sirops.

Dans cette expérience, 10 litres de noir surphosphaté ont été placés dans une chaudière de 14 hectolitres de jus défèqué, dans les mêmes conditions que dans le procédé Rousseau employé à Francières; le traitement à l'acide carbonique, usité pour retirer l'excès de chaux dissoute dans le jus, a été remplacé ici par l'emploi du noir surphosphaté. Après quelques minutes d'ébullition, j'ai laissé reposer : le jus décanté avait éprouvé une décoloration notable, et était bon, sans filtration aucune sur le noir, à être mis en évaporation dans les chaudières, jusqu'au degré de 25 B. La comparaison de ce jus avec celui qui avait subi la carbonatation et la filtration était tout en faveur de mon expérience.

Dans la préparation du sucre de canne à la Réunion, on le sait, on emploie bien rarement le noir animal, dont le prix d'achat et celui des manipulations nécessaires à la revivification augmenteraient tellement le prix de revient des produits, qu'il deviendrait probablement à peine rémunérateur, dans les conditions actuelles.

L'impossibilité de pouvoir retirer l'excès de chaux nécessaire à une bonne défécation, empêche de pousser le dosage de la chaux jusqu'au point utile dans cette opération, et les traitements ultérieurs s'en ressentent.

Par l'usage du noir surphosphaté, dont une petite quantité seulement, comme on l'a vu, est nécessaire à l'absorption de la chaux, l'on arriverait évidemment à un résultat analogue à celui d'un système complet, reposant sur la filtration à travers le noir d'os.

L'action du noir surphosphaté n'a pas d'analogie avec l'action du noir des filtres. Il est évident que l'on ne saurait attribuer à 10 litres d'une substance l'effet utile que peuvent exercer 25 hectolitres de la même substance.

Nous avons vu que le biphosphate de chaux, au contact de la chaux dissoute dans un liquide, s'appropriait cet alcali pour former un phosphate à trois proportions de chaux, celui qui existe naturellement dans les os ; or, dans cette réaction chimique qui se passe au sein de la masse du jus fortement alcalin, le dépôt de ce nouveau phosphate qui se forme dans les sirops, entraîne avec lui une grande quantité de matières colorantes qu'il englobe comme dans un réseau. Cette action est analogue à celle qu'exercerait l'albumine du sang ou du blanc d'œuf, seulement elle est plus complète, car l'albumine absorberait peu de chaux ; le surphosphate, au contraire, peut en absorber de grandes quantités ; il pourrait même l'absorber en entier si l'on poussait le dosage jusqu'au point nécessaire pour cet effet. On pourra en calculer la quantité utile, pour ne laisser dans les sirops que ce degré léger d'alcalinité qui facilite la formation du grain dans la cristallisation ; quantité qui variera avec la proportion nécessaire de chaux suivant la qualité des cannes, leur point de maturité, etc.

La présence de la minime quantité de noir auquel on incorpore le biphosphate n'aurait même ici, je crois, qu'une action assez insignifiante dans la décoloration ; mais elle serait fort utile dans les colonies, en ce que ce mélange permettrait de mettre le biphosphate à l'état solide et pulvérulent; or, l'arrimage et le transport d'une matière solide à bord des navires est bien plus commode et plus facile que celle d'un liquide, quel qu'il soit.

CONCLUSIONS.

L'on peut déduire, de l'étude théorique et pratique de la question que, si la revivification du noir par la voie humide peut être, dans certaines circonstances, avantageuse à l'industrie sucrière de la métropole, la difficulté du transport d'un acide dangereux, la quantité d'eau nécessaire à l'exploitation, la grande consommation du combustible qu'elle entraîne, en rendent à peu près impossible l'application dans les colonies ;

Mais que l'usage du noir surphosphaté, dont une minime quantité peut produire un effet énergique de décoloration du jus et d'absorption de la chaux, peut rendre d'utiles services à notre industrie coloniale.

Les auteurs du procédé devront, naturellement, préciser les conditions auxquelles ils pourront livrer leurs produits à l'industrie coloniale.

DES
ENGRAIS ARTIFICIELS

APPLICABLES A LA CULTURE

DE LA CANNE A SUCRE.

Si l'on consultait le catalogue des brevets enregistrés au Conservatoire des arts et métiers, on verrait, parmi ceux qui ont rapport à la préparation des engrais artificiels, que, depuis 1820 jusqu'à ce jour, il n'a pas été accordé moins de cent vingt priviléges pour diverses inventions qui toutes font, dans ce répertoire, les promesses les plus extravagantes, développées dans un langage le moins intelligible, aussi bien pour les auteurs que pour les lecteurs; le public a fait bonne justice de ces innovations, émises heureusement *sans garantie du gouvernement;* il ne reste guère de ces découvertes que le monument écrit attestant jusqu'où peut aller la folie humaine, et les regrets de quelques dupes qui se sont laissé prendre à la réclame.

Si quelques idées ont survécu à ces naufrages, elles sont en bien petit nombre; nous aurons occasion d'en parler plus tard. Il est évident que la plupart des auteurs de ces recettes ignoraient la destination d'un engrais, et le point de départ d'une bonne fabrication de ces mélanges.

L'art de la préparation des engrais a pour but de réunir tous les éléments nécessaires à la végétation, et de restituer à la terre tous ceux qui lui ont été enlevés par la récolte; il est évident, conséquemment, qu'il suppose la connaissance parfaite des phénomènes de la nutrition végétale et des éléments qui y concourent; cet art a dû suivre les phases de la science chimique, qui lui sert de fondement.

Il y a vingt-cinq ans à peine, l'on classait les engrais en deux catégories: les engrais proprement dits et les stimulants. Si les premiers étaient censés servir directement à la nutrition de la plante, les seconds n'avaient d'autre utilité que de rendre plus prompte la décomposition des matières organiques. Payen démontra l'erreur de ces théories; les travaux spéciaux de Gay-Lussac et Chevreul mirent à jour le rôle que jouent les matières organiques et les matières minérales dans la nutrition; Dumas et Boussingault étudièrent l'action des éléments premiers de la matière organique, *carbone, hydrogène, oxygène* et *azote* sur le développement des plantes; Puvis détermina l'emploi des engrais d'origine minérale. Dès lors, l'art de la fabrication des engrais put s'établir sur des bases scientifiques certaines; les analyses de Dumas, de Payen, de Boussingault sur toutes les substances usitées déjà à la fertilisation des terres, ou dont l'analogie pouvait faire supposer l'emploi utile, purent servir de règle aux fabricants dans leurs dosages, et amenèrent ainsi une révolution dans la fabrication et l'emploi des engrais artificiels.

Si les travaux des chimistes que nous avons cités ont rendu de grands services à l'agriculture, en établissant les bases fondamentales d'un art nouveau, l'agriculture est aussi redevable à quelques honnêtes industriels qui, suivant les règles tracées par la science, ont régénéré l'industrie par la loyauté de leurs transactions, et nous ont consolés du charlatanisme de leurs devanciers; nous les citerons en temps et lieu. Ce ne sera guère que par l'action du temps que le public, si longtemps trompé par les préparateurs d'engrais, reviendra à l'emploi de ces mélanges artificiels, quand la pratique lui en aura démontré la valeur et l'économie; quand il lui sera acquis que l'on peut, par leur moyen, suppléer à l'insuffisance des fumiers de ferme; quand enfin il sera démontré que l'importation des guanos péruviens, au prix énorme où les accapareurs les maintiennent, constitue une véritable duperie, une contribution volontaire que s'imposent la France et les colonies vis-à-vis de quelques commerçants étrangers. L'éloquent plaidoyer de M. Rohart sur cette question nationale, le patriotisme avec lequel cet auteur défend les intérêts de l'agriculture française[1] et déchire le voile du charlatanisme dans l'industrie des engrais, méritent à ce chimiste manufacturier l'estime et la reconnaissance de tous les gens de bien.

L'engrais est l'aliment de la plante ; le végétal n'ayant ni bouche ni estomac pour prendre et élaborer sa nourriture, il convient donc que toute substance qui doit servir dans la préparation d'un engrais puisse être soluble dans l'air ou dans l'eau, ou le devenir ultérieurement par son enfouissement au milieu des circonstances prévues qui se développeront ultérieurement dans le sol ; il faut, en un mot, que chaque substance puisse devenir gazeuse ou liquide.

L'humus du terreau est la matière végétale désagrégée ; c'est du tissu végétal, du bois soluble qui, puisé par les racines sous forme liquide ou gazeuse, redevient bois dans la plante nouvelle.

Les substances minérales, solubles par elles-mêmes ou à la faveur de l'acide carbonique de l'air et de celui formé par la décomposition de l'humus, sont charriées aussi dans la séve ; l'azote est absorbé à l'état d'ammoniaque, état sous lequel se transforment, en dernière analyse, les matières azotées dans leur décomposition spontanée.

Parmi les substances indispensables à la nutrition du végétal, si la majeure partie se rencontre en quantités notables dans presque tous les terrains, ou si l'on peut les y apporter sans grandes dépenses, il en est trois qui ne se trouvent que très-rarement en excès, et sont presque toujours en quantités insuffisantes dans les terres cultivées ; ce sont ces trois éléments que l'on doit rechercher surtout dans les engrais, et qui en constituent la valeur marchande ; ces trois substances sont l'*azote*, le *phosphate* et la *potasse*. Parmi ces trois, l'azote étant lui-même, à cause de son origine exclusivement animale, et par conséquent limitée, d'un prix fort supérieur à celui des autres substances, c'est surtout sa quantité proportionnelle qui constitue presque toute la valeur industrielle d'un engrais. L'usage d'établir la valeur marchande d'un engrais d'après la quantité d'azote qu'il renferme, peut donc être admis sans difficulté, à la condition expresse, cependant,

---

1. *Guide de la fabrication des engrais*, par M. Rohart, chimiste manufacturier.

que cet élément soit accompagné de tous les autres, et en quantités équivalentes, pour le compléter.

Nous ne devons guère compter dans la colonie, pour nous procurer l'azote nécessaire à la préparation des engrais artificiels, sur les résidus de diverses industries, telles que celles qui existent dans la métropole : les usines à gaz, par exemple, les fabriques de gélatine, la préparation des laines, etc. Ce sont là des ressources qui nous manquent ; mais il en est une précieuse qui nous fournirait bien au delà des quantités d'azote nécessaires à notre agriculture, s'il était possible de la réglementer d'une manière complète, pour qu'il ne s'en perdît aucune quantité.

Nous pouvons préciser le chiffre et la quantité d'azote perdu annuellement par l'agriculture de notre colonie, tout en regrettant qu'un règlement, destiné à réparer ces pertes, soit impossible.

Pour nourrir la population de la Réunion, population qui s'élève approximativement au chiffre de 200 000 habitants, il se consomme par an 40 000 tonnes environ de riz ou de blé ; cette quantité de céréales renferme 600 000 kilog. d'azote, autant d'azote que ce que l'on en trouve dans 6000 tonnes de guano du Pérou. Et encore ne comptons-nous pas l'azote introduit par les bestiaux de boucherie, puisque la colonie n'a pas d'élève de bétail. Cette quantité d'azote se retrouve presque en entier dans les excrétions de l'homme, et pourrait par conséquent faire retour à notre agriculture, s'il était possible de les réunir en entier sans en perdre.

La dispersion de la population rend impossible de s'arrêter à cette idée ; mais il existe des centres où sa réalisation partielle est possible, et dans lesquels les prescriptions de l'hygiène font un devoir aux autorités municipales d'exercer une surveillance active sur sa réglementation.

PRÉPARATION DES ENGRAIS DANS LES CENTRES
DE POPULATION.

Si nous ne pouvons recueillir tout l'azote et les autres principes qui se trouvent dans les excrétions humaines, dans toute la colonie, au moins le peut-on pour de grandes agglomérations dans les villes et dans les habitations. Les bases sur lesquelles on peut fonder des calculs industriels ont une certitude qui ne peut égarer, et qu'il est utile de connaître, pour savoir toutes les richesses que nous pouvons perdre par négligence ou par erreur.

L'on peut compter généralement sur la production d'un litre et quart d'urine par individu et par jour. En admettant que la moitié de cette sécrétion soit perdue pour le service des vidanges, par le fait de l'existence nomade de la population mâle, on reste dans les limites d'un calcul exact en portant à 16 000 litres l'urine que peut recueillir l'administration des vidanges, dans la seule ville de Saint-Denis, d'une population de 26 000 habitants.

D'après l'analyse chimique, l'urine renferme 15 grammes d'azote par litre; c'est donc 240 kilog. d'azote que l'on peut recueillir par jour, ou soit 36 000 kilog. par an, l'équivalent de 360 tonnes de guano péruvien, d'une valeur de 300 à 350 fr. la tonne.

Dans notre calcul, nous ne faisons entrer pour rien la valeur des matières solides des vidanges, quoiqu'elles renferment encore une notable quantité d'azote, mais bien moins grande que celle des urines, car la bonne préparation des engrais par les vidanges consiste surtout à fixer les matériaux des parties liquides, et non pas à les rejeter, comme on le fait habituellement, à cause de la difficulté de l'évaporation.

Voici l'opinion de Payen sur la valeur réelle des urines : « Si nous ajoutons que les substances contenues dans l'urine offrent une composition analogue à celle du guano riche et non falsifié, nous aurons démontré d'un seul mot toute l'utilité de ces liquides, et l'importance de les utiliser sans déperdition. »

L'on a préconisé quelquefois, comme moyen évaporatoire, les hangars de graduation semblables à ceux que nous avons décrits dans l'art du salinier; mais ce moyen est impraticable à cause de l'odeur infecte qui incommode le voisinage autour de l'usine. Le procédé évaporatoire au moyen du charbon de houille aurait les mêmes inconvénients; de plus, la cherté de ce combustible, à la Réunion, rendrait plus chanceux les bénéfices calculés par M. Rohart pour une industrie fondée sur ces bases.

Quoi qu'il en soit, les calculs établis par les auteurs pour les eaux vannes des vidanges de la métropole, ne pourraient en rien nous servir, parce que les conditions sont toutes différentes dans les deux cas. Si dans la métropole les eaux vannes des vidanges contiennent toujours une énorme quantité d'eaux de ménage, d'une valeur presque nulle, l'on sait que, dans la colonie, la disposition des bailles, séparées des maisons d'habitation, dans les emplacements, rend impossibles ces additions; aussi les matériaux des vidanges sont sans mélanges, ce qui les rend bien plus riches et conséquemment plus importants à traiter.

La première opération à exécuter, dans le service des vidanges, est celle qui a rapport à la salubrité publique. Il faut qu'au moment de l'enlèvement des bailles dans les emplacements, pendant la nuit, et dans leur transport à l'usine, à travers la ville, il n'y ait pas de dégagement de gaz qui puisse incommoder la population. Le *sulfate de fer* en poudre ou en dissolution concentrée, décompose, il est vrai, le gaz hydrogène sulfuré qui se dégage des matières organiques en décomposition; mais la réaction chimique qui doit s'opérer n'a pas lieu immédiatement; elle demande du temps, un contact intime, et conséquemment le brassage des matières; toutes conditions qui ne peuvent se réaliser dans les emplacements où le service doit être rapide. Il vaut mieux employer les propriétés absorbantes du charbon en poudre dont une couche, jetée à la surface des bailles, peut empêcher toute dispersion du gaz pendant un temps assez long; il faudrait seulement que cette pratique fût rendue obligatoire pour l'entreprise des vidanges; elle ne lui occasionnerait aucuns frais, puisque, comme nous le verrons dans un instant, elle devrait dans son usine même, et pour la préparation de ses poudrettes, confectionner de grandes quantités de ce charbon.

Les matériaux des vidanges, arrivés à l'usine, seraient déposés dans une ou plusieurs citernes de capacité telle, qu'elles puissent renfermer la masse entière de l'exploitation, pendant un mois au moins. Là, s'établit dans les matériaux organiques une fermentation qui, loin d'être nuisible à leur valeur, est indispensable au contraire aux transformations chimiques qui doivent s'opérer dans leur masse. Comme les citernes seraient fermées, il n'y aurait aucun dégagement d'odeur; on devrait en même temps que l'on jetterait les produits des vidanges dans les citernes, y incorporer du plâtre cru (*sulfate de chaux*) pulvérisé; la quantité que l'on pourrait en mettre n'est pas fixe, elle dépend du temps pendant lequel les matières resteront en fosse, et du degré de décomposition des matières azotées que le temps aura amené : si, par de longues réactions, toute la matière azotée se transformai en *carbonate d'ammoniaque volatil*, la quantité de plâtre cru à ajouter serait de 90 kilogrammes par tonne, chiffre de la limite extrême de cette addition. Quant au plâtre cru, la colonie n'en possède pas, il est vrai, dans sa constitution géologique ; mais les nombreux navires du commerce de Marseille peuvent apporter cette pierre, fort commune dans le midi de la France, en guise de lest. Le prix d'achat à Marseille ne dépasse pas la somme de 5 francs les 1000 kilogrammes. Le chargement, déchargement et transport pourrait porter cette somme à 25 francs la tonne probablement ; ce serait donc au plus une somme de 2 fr. à 2 fr. 50 cent. par tonne de vidanges, qui serait nécessaire pour fixer complétement l'azote de ces matières.

Il serait facile de retirer des citernes les matières les plus anciennes, dont la transformation chimique serait achevée, et qui en occuperaient le fond, en donnant aux citernes un deuxième compartiment, d'une petite capacité, mais communiquant avec la citerne elle-même au moyen d'une large ouverture placée dans la partie inférieure. Il est évident que les matières pâteuses occuperaient le même niveau dans les deux citernes, et qu'en jetant toujours dans la grande, et ne puisant que dans la petite, on ne traiterait jamais que les vidanges les plus anciennes.

Les matières pâteuses des vidanges fermentées exhalent une odeur fort désagréable ; cet inconvénient est moins grave à l'usine que s'il existait des fosses au domicile des particuliers, comme cela a lieu dans les grandes villes de France ; d'abord cette odeur est beaucoup moins intense, puisqu'il n'existe plus de gaz ammoniacal, qui a été fixé par le sulfate de chaux ; mais la désinfection totale ne peut être complétée que par le charbon, parce qu'il n'y a aucune réaction chimique capable d'enlever l'odeur *sui generis* des matières animales en putréfaction ; le charbon seul, par son pouvoir absorbant des gaz, peut rendre la désinfection totale.

Rohart, dans son *Guide des engrais*, donne un procédé pratique à l'aide duquel on peut solidifier de grandes quantités d'engrais liquides ; ce procédé, qui a pour base les propriétés absorbantes de la tourbe et de la tannée, ne pourrait être employé à la Réunion, où nous ne connaissons pas ces deux dernières substances ; mais le principe même du procédé peut être utilisé, en substituant à la tourbe ou à la tannée, une autre substance qui ne le céderait en rien aux propriétés poreuses de ces corps ; ce serait le poussier de charbon préparé dans l'usine même, et dans les conditions où nous nous trouvons dans la colonie.

On sait que l'entretien de la propreté des rues de Saint-Denis donne, tous les jours, à son entreprise une grande quantité de pailles, feuilles et menus bois. Dans les conditions actuelles, ces débris végétaux sont brûlés dans des fours cylindriques, pour faire de la cendre charbonneuse, qui sert ensuite d'absorbant aux matières des vidanges ; il y a là un vice d'industrie auquel il faut remédier ; car la combustion détruit, en pure perte, des matières organiques qui pourraient être fort bien utilisées comme absorbantes ; en second lieu, préparer des cendres pour les mélanger directement à des engrais ammoniacaux, est un contre-sens dans cette industrie, que la petite quantité de menu charbon ne répare pas entièrement. Un alcali quelconque, chaux, ou potasse des cendres, ajouté à un engrais qui renferme des sels ammoniacaux, décompose ces sels et volatilise l'ammoniaque.

On peut utiliser ces débris végétaux, d'une manière bien plus sûre, en les transformant d'abord en terreau ; cette transformation s'opère seule par l'accumulation des débris, et par l'action réunie de l'humidité et de la chaleur.

On entasse donc toutes les masses de débris végétaux du balayage des rues et des emplacements, en donnant au tas une forme quadrangulaire, dont la hauteur pourrait avoir 3 ou 4 mètres sur 10 à 12 mètres de base ; ce tas peut être ainsi continué tous les jours avec les produits quotidiens du balayage des rues ; on aura soin, à mesure que l'on entasse les débris dans la forme régulière que nous recommandons, de les mouiller par un copieux arrosage avec les engrais liquides ; cette humidité se répartit ensuite régulièrement plus tard dans la masse ; il s'établit alors une fermentation dans le tas : les débris végétaux se désorganisent et constituent du terreau après une action de quelques mois. Par la forme que l'on aura donnée au tas, il sera facile d'en exploiter l'extrémité dont la décomposition sera achevée, pendant que l'on continue la construction du tas par l'autre extrémité. On doit profiter, pour l'emplacement de ces accumulations de débris végétaux, des lieux abrités du vent qui en dessécherait rapidement la surface ; il faut aussi les tenir éloignés des bâtiments d'exploitation par crainte d'un incendie spontané, ou allumé par malveillance.

Quand les débris seront désorganisés et convertis en terreau, on exploitera la tête du tas; on étendra rapidement les matériaux sur le sol pour en retirer, au moyen de râteaux, les débris de branches et de bois dont les dimensions trop grandes n'ont pas permis l'altération; ces forts débris devront être mis à sécher à l'air, ils serviront ultérieurement de combustible. Le terreau est alors porté sur une aire ou sur le sol battu; là on l'accumule sur une large surface, en forme de bassin circulaire dont le fond doit avoir 40 centimètres environ d'épaisseur, et les parois une hauteur d'un mètre environ au-dessus du sol; on comprime le pourtour avec les pieds pour donner de la solidité au bassin. Ce vaste entonnoir, dont la capacité peut être portée à 300 hectolitres, devient ainsi un filtre qui dessèche rapidement les matières des vidanges par la porosité du terreau employé. Les liquides qui traversent les parois sont évaporés à la surface extérieure par le contact de l'air, surtout dans des lieux exposés aux brises. On peut rendre encore plus rapide l'évaporation, en augmentant les surfaces des parois, en donnant aux bassins une forme allongée, en forme de ruisseau d'un mètre de largeur; on fait serpenter ainsi le bassin sur tout le terrain de l'exploitation. Cette forme a même l'avantage de rendre les opérations plus faciles, par ses dimensions moins considérables.

La dessiccation des matières dont les parties liquides ont été absorbées par l'air devient alors plus rapide; elle est terminée en quelques jours, surtout si l'on a le soin d'agiter de temps en temps la masse pâteuse, pour en renouveler les surfaces. Pour que la substance ne répande pas d'odeur désagréable, on y incorpore la dixième partie de son volume en poussier de charbon préparé à l'usine, par le procédé que nous indiquerons bientôt. Ce charbon, ainsi mélangé, rend la séparation des liquides plus facile en enlevant la consistance aux masses; il doit donner aussi plus de friabilité à la matière évaporée, et en rendre plus tard la dessiccation définitive plus facile.

Lorsque l'intérieur des bassins a pris ainsi une consistance telle qu'on puisse l'en retirer facilement à la pelle, on vide le bassin, on le laisse sécher pendant quelques jours, et on l'emplit de nouvelles matières, jusqu'à ce que le fond et le pourtour des bassins aient pris une consistance telle, que la porosité en soit détruite. Alors on amoncelle le tout, de manière à construire des tas triangulaires allongés, dont la dessiccation est d'autant plus rapide que leur volume est moindre; on mélange ensuite parfaitement tous les produits, et on les emmagasine pendant quelques mois sous des hangars, avant la vente.

La fermentation qui s'établit au sein de la masse totale en élève la température jusqu'à un haut degré; on reconnaît les effets de cette chaleur intérieure à la quantité de vapeurs qui s'en dégagent; ces vapeurs n'ont aucune odeur ammoniacale, puisque le principe alcalin est fixé, et qu'en outre la quantité de menu charbon incorporé dans la poudrette absorbe tous les gaz qui pourraient s'en échapper. On peut mettre à profit la chaleur développée dans les masses pour évaporer de nouveaux liquides, dont on peut faire quelques arrosements à la surface des tas, en les faisant pénétrer jusqu'au centre de la masse, en la sondant sur toute sa surface avec un bâton pointu.

S'il arrive parfois à l'usine des animaux morts de maladie, ou abattus pour cause de vieillesse, on les découpera en quartiers, que l'on enfouira dans la masse même de la poudrette; la décomposition de leur chair s'opérera rapidement sans aucun dégagement de mauvaise odeur, les gaz étant absorbés par la porosité des éléments de la poudrette. Par la fermentation de ces matières animales, la chaleur développée est si grande que l'on a peine à y tenir la main.

La fabrication de la poudrette exige l'emploi d'une quantité considérable de menu charbon, qui doit être très-poreux pour remplir le but qu'on lui demande; quoique le charbon de bois puisse remplir, au besoin, les conditions exigées, celui dont nous allons donner la préparation possédera ces propriétés au plus haut degré; en effet, comme celui d'os, il proviendra de matières animales décomposées, et les débris végétaux réduits en terreau en tiendront les molécules écartées.

Il faudrait construire, pour la préparation de ce charbon, un four coulant, en briques réfractaires, d'une forme quadrilatère; le foyer sera placé à sa partie inférieure, mais au-dessous de lui se trouvera un cendrier spacieux de 4 ou 5 mètres cubes de capacité, creusé en forme de cave, et dans lequel on pourra pénétrer, pour le vider, par une issue latérale. Pour que cette issue soit abordable aux brouettes, l'on adossera le four à quelque éminence de terrain ; l'on aura ainsi ces deux étages, le cendrier et le foyer, accessibles aux ouvriers. Au-dessus du foyer, se trouveront disposées des étagères en tôle, installées à 25 centimètres les unes au-dessus des autres, et appuyant alternativement sur la partie antérieure et postérieure des murs du four, de manière à former une cheminée en zigzag que la flamme et la fumée parcourront, en serpentant alternativement au-dessous et au-dessus de chaque étagère.

Si maintenant l'on suppose chaque étagère garnie de pou-drette toute préparée, et que l'on entretienne la combustion dans le foyer, au moyen des brindilles non désorganisées du terreau, et d'autres menus débris végétaux, la flamme chauf-fera d'abord fortement l'étagère inférieure, et ira, en dimi-nuant d'action, vers celles supérieures. Si les étagères sont disposées de manière qu'au moyen d'un mécanisme bien simple de bascule elles puissent se déverser les unes sur les autres, celles de dessus sur celles placées inférieurement, la masse qui garnit l'étagère inférieure se déversera dans le cendrier par la partie la plus profonde du foyer, lorsqu'elle aura atteint la chaleur rouge sombre, et elle sera remplacée par la matière de l'étage supérieur arrivée à un point de dessiccation complet ; celle-ci sera remplacée à son tour par la matière de l'étage supérieur, qui sera moins sèche, et ainsi de suite jusqu'à l'étagère supérieure que l'on chargera de poudrette ordinaire humide.

Ce mode de four coulant n'est pas encore connu, que je sache, dans l'industrie ; mais si l'on en comprend bien le principe, sa construction ne sera ni coûteuse ni difficile. Sa largeur pourra être de deux mètres de vide, sa profondeur de 50 centimètres. Le foyer pourra être construit en dehors, si l'on veut, ou dans la masse même du bâtis ; sa grille ne ne devra pas atteindre le fond même, mais laisser une inter-valle de 10 à 15 centimètres pour permettre à la dernière éta-gère de se vider dans le cendrier. La partie supérieure de ce four sera, en quelque sorte, la cheminée du foyer, et c'est dans cette cheminée parcourue par la flamme et la fumée, que se-ront disposées alternativement, contre la paroi de face et la paroi du fond, les étagères de 30 centimètres de large. Si l'on trouvait plus facile, au lieu de leur donner un mouve-ment de bascule qu'on puisse diriger par l'extérieur, de les

disposer à demeure sur des barres de fer fixes, on les dé-
chargerait, les unes sur les autres, au moyen de ringards
que l'on passerait par des créneaux pratiqués à la cheminée,
et qu'on fermerait avec une brique. Sept à huit étagères superposées suffiraient à la construction du four, chacune
d'elles pouvant loger la dixième partie d'un mètre cube de
matière ; or, en supposant un quart d'heure de flamme pour
calciner du terreau déjà desséché par un long séjour dans la
cheminée, et arrivé, après plusieurs pelletages, sur l'étagère
inférieure, ce serait plus de deux mètres cubes de charbon
pulvérulent que l'on pourrait préparer en 24 heures de
chauffe.

La partie supérieure de la cheminée peut se terminer par
une terrasse en tôle sur laquelle on peut mettre un approvisionnement de poudrette humide, que la chaleur du four fait
dessécher, et qui sert à alimenter les étagères. Les dispositions
de ce four coulant peuvent changer suivant les conditions du
terrain, le principe restant toujours le même.

Si, dans la pratique, on s'apercevait que le charbon con-
servât quelque incandescence dans le cendrier, on activerait
les charges du four de manière à ce que la combustion de la
matière animale fût moins complète, ou bien encore l'on
arroserait le charbon avec un peu d'eau. En préparant ainsi
2 mètres cubes de charbon par jour, l'on voit que l'on pourrait suffire, à l'aide d'un seul four, à la désinfection complète
des 16 mètres de vidanges récoltés quotidiennement dans la
ville de Saint-Denis ; et au moyen de l'évaporation à l'air,
condenser presque sans perte les 240 kilogrammes d'azote de
ces vidanges, dans 500 à 600 kilogrammes de poudrette, pour
donner ainsi un engrais d'une richesse fixe de 3 à 4 p. 100
d'azote.

L'azote est le principe fertilisant par excellence, celui dont
la quantité, pourvu qu'il soit accompagné de tous les autres
principes nécessaires, sert de régulateur au prix d'un engrais ; par les procédés que nous avons indiqués, l'on peut
être assuré de fixer aussi complétement que possible tout celui
des vidanges dans un engrais qui sera complet. L'addition
des cendres, comme on l'a souvent pratiqué, détruit la majeure partie de ses propriétés actives, en décomposant les sels
ammoniacaux, et faisant dégager l'ammoniaque ; le sulfate de
chaux, dont nous avons préconisé l'emploi, au contraire,
fixe, d'une manière stable, cet alcali, en formant un sel non

volatil. Le sulfate de fer arriverait évidemment au même résultat, mais il serait de beaucoup plus cher; son emploi serait
plus avantageux que le sulfate de chaux, comme moyen de
désinfection; mais la désinfection, quel que soit le procédé
suivi, ne pourra jamais s'opérer chez les particuliers avec les
systèmes des fosses mobiles; et ces fosses mobiles sont seules
possibles dans les contrées volcaniques, où le moindre mouvement du sol pourrait lézarder les fosses à demeure, et vicier
la pureté des eaux souterraines.

Il faut, aux réactions chimiques qui déterminent la désinfection, un temps fort long, tandis que pour le service journalier et dans le transport des bailles des emplacements à l'u-
sine, il suffira de les couvrir, comme nous l'avons dit, d'une
couche de charbon, pour arrêter les gaz; on ne fera donc
aucune opération ailleurs qu'à l'usine.

L'emploi du charbon divisé, tel que celui dont nous don-
nons la préparation, est éminemment utile, non-seulement
au point de vue de la salubrité publique, en ce qu'il absorbe
les gaz de mauvaise odeur, mais au point de vue de la fabrication des bons engrais, parce qu'il condense le gaz ammoniacal qui peut se former au moment des opérations, ou
ultérieurement dans la terre par les réactions chimiques;
plus tard, sous l'action de la chaleur, ou même celle des
pluies, il le cède peu à peu à la végétation à mesure de ses
besoins. Aussi, de Gasparin considère le charbon comme
l'économe du gaz ammoniac, qu'il distribue petit à petit. Ce
principe est si vrai, que les Anglais ont constaté qu'en mé-
langeant un cinquième de charbon au guano, on peut faire
deux récoltes égales avec une seule fumure.

Il est de fait que du charbon pulvérisé, mélangé au guano,
lui enlève toute odeur. Or, l'odeur ne provient que de la vola-
tisation des principes ammoniacaux de l'engrais. Une fabrique de poudrette qui préparerait plus de charbon qu'elle
n'en consommerait pour son propre usage, trouverait dans
cette pratique un écoulement facile de son produit, puisque
les agriculteurs économiseraient près de la moitié de leur
guano, en y mêlant 1/5 de son poids en charbon organique.

Dans les cultures dont les récoltes ne sont pas appelées à
éprouver des transformations chimiques, et qui se consomment en nature, telles que celles des fruits, des légumes, les
poudrettes ont l'inconvénient de communiquer aux récoltes
une odeur et une saveur qui rappellent quelquefois la nature

de la fumure. Celles qui renferment du charbon divisé n'ont pas cet inconvénient, et on peut les employer à toutes les plantes.

Les récoltes n'enlèvent pas seulement de l'azote, elles enlèvent aussi des quantités considérables de *phosphate;* aucun engrais n'est plus propre à restituer ce principe à la terre, et dans un état d'assimilation aussi parfaite que possible, que la poudrette préparée comme nous l'indiquons. Les urines renferment de grandes quantités de phosphate, puisque c'est de ce liquide qu'on a retiré primitivement le phosphore; chaque litre en renferme plus d'un demi-gramme. Les excréments humains en renferment des quantités plus considérables encore, et tous ces phosphates sont dans l'état le plus convenable à la nourriture du végétal, car ils sont facilement solubles dans l'eau acidulée d'acide carbonique.

Par l'emploi des poudrettes, nous avons donc un moyen facile d'accumuler dans notre sol les phosphates qui se trouvent en grande quantité dans le blé et le riz importés à l'Ile de la Réunion pour la nourriture de ses habitants, puisque le sol lui-même n'est pas exploité généralement pour la culture des céréales, et que l'on n'exporte aucune portion de phosphates par ces cultures. L'emploi de ces poudrettes sera surtout utile aux terres où l'on cultive le maïs, puisque là, la récolte doit extraire de la terre une quantité considérable de phosphates accumulée dans les grains.

Il existe certainement dans le commerce des engrais bien plus riches en azote : tels sont les débris de corne, les chiffons de laine; mais leur emploi ne réalise pas les espérances que pourrait faire naître leur dose d'azote. C'est que dans ces engrais l'azote est le seul principe assimilable, et qu'ils ne renferment pas les autres éléments pour les compléter, notamment le phosphate de chaux. Si le guano amène de si beaux résultats sur nos récoltes, c'est que cet engrais renferme l'azote et le phosphore en proportions notables; aussi, quand on le complète par les autres principes qu'il ne renferme pas lui-même, comme l'a fait M. B.... à Saint-Pierre, en l'associant au fumier de ferme, les résultats dépassent-ils toute espérance.

Pour donner la proportion convenable de phosphates, il ne suffirait point de mélanger aux engrais de la canne à sucre qui doivent produire tout leur effet utile en quelques mois, des os calcinés en poudre, ainsi que je les ai rencontrés dans quelques engrais artificiels, analysés pour l'industrie créole; il faut que les phosphates qu'ils renferment soient dans un état tel, qu'ils soient assimilables immédiatement. Les phosphates concrets peuvent être utiles ultérieurement au sol, mais il faut que ceux donnés à la canne puissent lui profiter dans les 18 mois de sa culture. Le phosphate des poudrettes atteint ce but au plus haut degré, puisqu'il est éminemment soluble et assimilable.

La poudrette préparée suivant notre procédé renferme une bonne quantité de potasse, puisqu'elle contiendra toutes celles des substances végétales qui auront servi à fabriquer d'abord le terreau, puis le charbon en poudre.

La présence de la potasse ne sera pas à dédaigner dans cet engrais, surtout pour les planteurs qui n'ont pas d'usine, et qui ne peuvent, conséquemment, reporter sur le sol l'alcali qu'ils en retirent par la récolte; alcali qui reste dans les cendres des usines. Si l'on se rappelle que dans la culture du maïs, assez fréquente à la Réunion, la paille et le grain de cette graminée donnent 14 p. 100 de leur poids de cendres, et qu'un champ, uniquement planté en maïs, enlève 25 kilogrammes de potasse à l'hectare, on sentira la nécessité d'ajouter cet alcali aux engrais; mais il faut qu'il soit dans un état tel qu'il ne puisse, comme le feraient les cendres, volatiser l'ammoniaque; la potasse, telle qu'elle existe dans le charbon incomplétement calciné, n'offre pas cet inconvénient.

Généralement on ne dose pas la potasse dans l'appréciation de la valeur des engrais; c'est un tort qui a un grand inconvénient, parce que cet alcali ayant une valeur marchande assez considérable, dès l'instant où l'acheteur ne fait pas entrer sa proportion en ligne de compte, pour son prix, le fabricant s'évite la dépense d'en ajouter. Le fumier de ferme en apporte plus de 50 kilogrammes à l'hectare, et quand les engrais n'en apportent pas à la terre, celle-ci, qui en renferme toujours plus ou moins dans la constitution du sol, finit par s'en épuiser.

Les poudrettes apporteront aussi à la terre la quantité de magnésie qui lui est nécessaire, car les excrétions humaines en renferment une grande quantité et dans un état d'assimilation facile, à l'état de *phosphate de magnésie*.

Ainsi, comme on le voit, l'on peut, avec l'entreprise des vidanges, et dans les conditions exceptionnelles de la Colonie,

préparer un engrais complet et de haute valeur pour nos
récoltes. Il nc s'agit que de procéder avec intelligence à cette
préparation; il n'est pas plus difficile de faire bien que de
faire mal, et les avantages d'une bonne fabrication sont aussi
précieux pour la salubrité publique que pour l'agriculture.

Dans quelques localités de la Colonie, l'on rencontre des gise-
ments d'argile plastique qui peut servir à faire des briques;
l'on peut utiliser cette substance dans la préparation des poudrettes, en la faisant sécher, la pulvérisant et la soumettant
à la calcination dans notre four coulant. Cette torréfaction suffit, car il ne faudrait pas pousser la calcination jusqu'au point
de la cuisson des briques. Cette argile devient ainsi un bon
absorbant des matières liquides, dont elle peut solidifier plus
de la moitié de son poids; en faisant sécher de nouveau cette
pâte au soleil, elle peut être mélangée au terreau pour la
la construction des filtres dessiccateurs; elle leur donne plus
de consistance. L'on doit se rappeler que cette argile ne peut
servir que comme excipient; excipient commode pour la fabrication, mais la quantité ne doit pas en être exagérée dans
la composition des poudrettes, car elle n'est d'aucune valeur
par elle-même, pour la richesse de l'engrais.

Il n'en est pas de même de l'addition du sulfate de chaux
ou plâtre, dont la réaction avec les matières ammoniacales
fixe l'azote de manière à n'avoir plus à craindre l'évaporation
spontanée; en sorte que cet agent réunit à la fois la propriété
d'agent chimique comme fixateur de l'azote, et d'agent physique comme absorbant de l'eau des engrais, dont il peut solidifier le poids.

Il est encore un agent chimique dont la présence peut
rendre de grands services, dans la préparation des poudrettes, comme fixateur de l'ammoniaque; son emploi pourrait fournir un écoulement avantageux à un résidu d'usine
qui encombre nos sucreries. La *mélasse*, à laquelle les agriculteurs de la Réunion voudraient bien trouver un emploi utile,
peut ici recevoir une application dont le but est analogue à
celui du plâtre et du sulfate de fer, au point de vue chimique.

L'on a constaté, en effet, que si les matières sucrées, en
présence de l'eau et du ferment, se transformaient en alcool
par la fermentation, au contact des matières organiques fortement azotées, telles que l'urine ou les excréments, elles
éprouvaient un genre de fermentation particulier, et se
transformaient en un acide fixe, l'acide *lactique*, lequel peut

se combiner aussi bien que le sulfurique à l'ammoniaque, et former ainsi un sel ammoniacal, bien plus facile à assimiler encore à la végétation.

L'on comprend que le lactate d'ammoniaque n'ait point été encore employé dans l'agriculture métropolitaine, puisque l'acide lactique a, dans le commerce, une valeur trop considérable pour faire penser à son emploi comme engrais. Mais les conditions locales de la Colonie peuvent nous permettre d'employer cet agent d'une manière utile et économique. En même temps que les mélasses de la plus basse qualité serviraient d'agent fixateur de l'ammoniaque, elles apporteraient, dans la constitution des poudrettes les sels fixes qu'elles renferment, sels enlevés par la récolte, et que la poudrette retournerait au sol.

En tous cas, la direction d'une fabrication de poudrettes par les vidanges doit s'arrêter à une fabrication constante, qui lui permette de livrer des produits toujours identiques, de manière que les acheteurs puissent être certains que la marchandise achetée aujourd'hui soit bien la même que celle achetée l'année précédente.

Cette certitude a surtout son importance dans les colonies, où l'on ne trouve pas, comme en France, des bureaux de garantie établis par l'État, qui puissent, au moyen d'une faible rétribution, faire doser constamment les lots d'engrais; il est donc de toute nécessité que l'agriculture puisse compter sur l'identité des résultats dans les mêmes conditions; c'est l'intérêt bien entendu du producteur de donner cette garantie à l'acheteur.

Une poudrette préparée d'après le mode que nous venons d'exposer, doit représenter à la tonne (poids), la valeur complète de deux et demi à trois tonnes de vidanges au moins, de manière à donner de 3 à 4 p. cent d'azote à l'engrais. Nous avons vu, en effet, que dans les conditions exceptionnelles et particulières de la Colonie, dans la récolte de ses vidanges, chaque tonne contenait 15 kilogrammes d'azote. En admettant les pertes accidentelles de toute exploitation, les 45 kilogrammes d'azote renfermés dans 3 tonnes de vidanges devront en laisser au moins 30 kilogrammes dans la masse d'engrais desséché, ramené au poids d'une tonne.

L'incorporation des animaux abattus ou morts de maladie, peut, exceptionnellement, donner une valeur plus considérable à quelque lot, mais en ayant soin de bien répartir la masse, de la passer à travers un crible grossier, pour rendre le mélange plus homogène, la masse entière profitera de cette plus value.

Une usine dirigée dans ce sens n'offre aucune incommodité de voisinage.

Il ne faut pas oublier que la mise en fosse préalable des matières des vidanges, avant leur évaporation et solidification, est absolument nécessaire ; on n'arriverait qu'à faire de mauvais engrais, si on ne laissait à la fermentation le temps d'opérer ses réactions chimiques qui doivent transformer les matières azotées en sels ammoniacaux, et les substances animales en principes chimiques assimilables, car l'état des corps azotés est loin d'être indifférent à la végétation. L'urine naturelle, dont on se servirait pour arroser les plantes, les tuerait infailliblement ; l'urine fermentée est au contraire un engrais précieux. Il arrive souvent en agriculture des insuccès qui ne sont dus qu'à des causes insignifiantes, et dont on ne se rend compte que par une longue pratique ou la réflexion sur les phénomènes chimiques qui ont pu se passer dans deux expériences opposées.

Nous tâcherons de donner plus tard l'évaluation du prix d'une bonne poudrette préparée d'après ces principes, en parlant de la valeur des autres engrais commerciaux.

PRÉPARATION DES ENGRAIS DANS LES HABITATIONS.

Nous avons bien peu de chose à ajouter au chapitre précédent pour décrire la préparation des engrais dans les habitations.

L'on doit ramasser tous les débris de pailles, de bagasses qui ne servent pas à la combustion, les fumiers provenant des étables de l'habitation ou de ceux que l'on pourrait se procurer en ville par le retour des charrettes du marché, les vidanges de l'habitation, etc.

Toutes ces substances devront être mises en tas, suivant les préceptes de Malagutti, sur une aire disposée de telle façon que les eaux, qui en écoulent, se ramassent dans un égout, d'où l'on peut les reporter ensuite sur le tas, par arrosements fréquents. L'on maintient ainsi la masse dans un état d'humidité constante propre à activer la fermentation.

Nous préférerions à la mise en tas sur une aire l'entassement dans une tranchée ouverte dans le terrain même. Cette tranchée, de 2 à 3 mètres de profondeur sur autant de largeur, parcourrait un circuit de forme ronde, ovale comme un O fermé, ou angulaire, suivant la disposition des lieux ; le parcours en serait d'une étendue calculée sur les ressources de l'habitation. On entasserait les substances à la tête de la tranchée, tandis qu'on exploiterait celles accumulées le plus anciennement, et le tout d'une manière continue et indéfinie.

Par cette disposition, le tas, arrivant à fleur de terre, pourrait facilement recevoir une toiture grossière et économique en planches, tuiles, etc., qui préserverait le fumier des eaux de la pluie ; on pourrait remplacer cette toiture d'une manière plus économique encore par un exhaussement de terre, en forme de pyramide allongée, sur lequel la pluie s'écoulerait facilement, sans trop la pénétrer.

Les parois de cette fosse et sa toiture empêcheraient toute évaporation et dessiccation du fumier ; l'on n'aurait donc aucun souci d'entretenir l'humidité par l'arrosage. D'un autre côté, l'eau de la pluie n'y pénétrant pas non plus, il n'y aurait aucun écoulement de fumier ; tout se concentrerait dans la masse même du fumier, d'où il résulterait économie et facilité de main-d'œuvre.

Ce serait ici le cas d'ajouter à cette masse une bonne partie des mélasses de l'usine, mélangée d'abord avec la vidange de l'habitation ; cette addition économiserait les acides minéraux, dont on conseille l'emploi pour fixer l'ammoniaque, puisque nous aurions formation d'un acide organique, l'*acide lactique*, qui vaut tout autant pour le but à remplir et ne nous coûterait presque rien. L'on est souvent, en effet, réduit à jeter les mélasses à la rivière, faute d'emploi avantageux.

S'il y a du danger à laisser les fumiers de ferme trop longtemps entassés, parce que l'ammoniaque s'en dégage en pure perte, l'inconvénient disparaît presque entièrement quand on a soin de saturer l'ammoniaque par un acide fixe, qui le transforme en composé stable. Aussi, en employant le procédé que nous venons de décrire succinctement, peut-on laisser l'engrais livré à lui-même pendant plusieurs mois ; les pailles, les herbes se désorganisent, le tout est converti en une espèce de terreau, dont l'enfouissement ou la répartition, au pied des cannes, n'est pas plus difficile que celui du guano.

Il serait impossible de pouvoir préciser la quantité de cet engrais qui remplacerait le guano, car sa composition et sa

richesse dépendent évidemment des substances que l'on y
fait entrer. Si la masse ne se composait que de débris végétaux, l'on n'aurait guère que du terreau ; mais sa valeur
augmenterait avec la proportion de matières animales ajoutées. Il ne serait pas difficile de la connaître très-approximativement, en se rappelant que la tonne de vidanges contient
15 kilogrammes d'azote (il n'y aurait ici aucune perte, puisque
les matières absorbantes seraient toujours en excès), et que
les fumiers de l'étable en renferment 4 kilogrammes par tonne.
La proportion de ces mélanges donnerait donc fort approximativement la composition de la masse entière.

La mélasse doit être ajoutée au mélange à l'état de dissolution, dans 5 ou 6 fois son volume d'eau ; sa proportion doit
être telle, que l'eau du fumier ne rougisse jamais le papier
bleu de tournesol ; mais l'on peut parfaitement ne pas s'as-
treindre à cette précision de réaction, car l'on a dans les
cendres de bagasses le moyen de saturer entièrement l'excès
de cet acide.

Toutes les cendres de l'usine devront être mélangées à la
masse des matières végétales ; elles aideront puissamment à
la désorganisation du tissu des pailles et végétaux. Elles ren-
contreront, dans l'acide développé par la décomposition des
mélasses, une substance qui empêchera leur action sur les
sels ammoniacaux.

L'engrais qui résultera de cette préparation sera complet,
car il renfermera, en outre de l'azote, des matières animales,
des vidanges de l'habitation et du fumier des étables, tous
les sels minéraux qui existaient dans la canne, et qui sont
restés soit dans les cendres, soit dans les mélasses.

ENGRAIS DU COMMERCE.

Les principes de la préparation des engrais étant admis, il
ne sera pas difficile aux habitants d'apprécier la valeur des
divers engrais du commerce, si, comme l'intérêt bien entendu des fabricants d'engrais artificiels les fait se conformer
à la pratique adoptée déjà par quelques industriels conscien-
cieux, celle de ne vendre aucun produit sortant de leur usine,
sans la garantie de sa composition, garantie donnée à l'acheteur par l'analyse chimique opérée dans le laboratoire d'un
expert, ayant titre officiel.

Guano. — Il nous faut adopter un terme de comparaison pour l'étude comparée des engrais que la Colonie peut employer à la culture de la canne à sucre, et que le commerce de l'Ile même ou celui de la métropole peuvent lui offrir à diverses conditions. Le terme de comparaison que nous choisirons sera le guano du Pérou, puisque c'est l'engrais le mieux connu à la Réunion, celui dont le dosage est le mieux déterminé dans son agriculture. Du choix de ce type, l'on ne devrait pas conclure que la Colonie dût donner exclusivement la préférence à cet engrais, si le prix en descendait à la valeur réelle des principes fertilisants qui le composent; nous avons assez dit que cet engrais était incomplet; qu'il suffisait de savoir compter pour voir qu'il était impossible que 850 kilogrammes de guano dans un hectare de terrain puissent fournir les principes fixes d'une récolte qui en retire 1300 kilogrammes à la terre; qu'il fallait donc que l'excédant de ces 850 kilogrammes fût pris au capital de la terre, et qu'il devait fatalement en résulter épuisement du sol et peut-être même toutes ces maladies du végétal, dont la cause pourrait être attribuée à l'emploi incessant d'une nourriture excitante et incomplète.

Si le prix du guano descendait à sa valeur réelle, bien certainement on pourrait utiliser cette substance à la culture d'une manière indéfinie, mais à la condition de ne pas l'employer seule, et de la mêler à d'autres substances qui la compléteraient. Le guano fournirait l'azote et les phosphates, qu'il possède en grandes proportions, mais le fumier des habitations, les poudrettes, etc., apporteraient l'humus, la potasse et les autres sels, dont il manque complétement, pour ainsi dire.

Quant à sa valeur marchande réelle, elle est bien loin d'arriver au chiffre exorbitant que le monopole lui a donné; elle ne devrait point dépasser la valeur elle-même des principes assimilables qu'il renferme.

Le guano péruvien renferme 10 pour 100 d'azote en moyenne; c'est donc 100 kilogrammes d'azote à payer dans le prix de la tonne de 1000 kilogrammes. Si nous prenons pour la valeur du kilogramme d'azote l'unité de 1 fr. 65 c., d'après les divers auteurs qui ont traité de cette partie, les 100 kilogrammes d'azote vaudront donc 165 francs.

Le guano péruvien renferme en outre 30 pour 100 de phosphates que, d'après le prix du commerce, l'on évalue à 15 centimes le kilogramme; ce seraient donc 300 kilogrammes de phosphates d'une valeur de 45 francs. Total de la valeur de la tonne de guano : 210 francs.

Voilà ce que vaut, en réalité, le guano pour l'agriculture ; encore ne faut-il donner cette valeur qu'aux guanos d'origine authentique, à ceux qui ne renferment que 2 à 4 pour 100 de terre ou sable. Quant aux guanos, comme il en est souvent arrivé dans la Colonie, qui renferment 40 à 50 pour 100 de leur poids de sable, leur valeur doit évidemment suivre la proportion de leur composition.

Il est un moyen bien simple d'apprécier approximativement la valeur d'un guano : c'est d'en brûler quelques grammes sur une pelle à un feu vif, jusqu'à ce que les cendres soient devenues blanches, et de dissoudre ces cendres dans l'acide nitrique étendu d'eau ou tout simplement dans du fort vinaigre.

Les cendres disparaissent presque complétement si le guano ne renferme pas de sable. Cependant, si la dissolution se faisait avec effervescence ou ébullition, cet essai serait insuffisant, car le sable serait alors calcaire, et le calcaire se dissout aussi dans les acides ; mais, généralement, le sable des guanos est siliceux et n'est pas soluble.

Nous ne sommes pas seuls de notre avis sur la valeur marchande réelle du guano péruvien, et tous les agronomes qui ont traité de la question lui donnent une valeur bien rapprochée de notre appréciation.

Plusieurs chambres d'agriculture, convoquées en 1854, à l'effet de donner leur avis sur cette question, ont déclaré qu'au-dessus de 150 francs la tonne, l'emploi du guano ne pouvait entrer économiquement dans la culture de la métropole ; les agriculteurs anglais eux-mêmes, en 1852, alors que le guano ne se payait que 272 francs la tonne, trouvant que ce prix absorbait le bénéfice des cultures, à moins de donner aux denrées alimentaires une valeur désastreuse pour la classe laborieuse de la société, firent une démarche officielle auprès de leur Gouvernement pour que ce dernier intervînt dans la réglementation des prix de cet engrais. Cette intervention n'a pas eu lieu, et la Société royale d'agriculture en Angleterre a donné une opinion tranchée sur la question, en proposant un prix de 15 000 francs à quiconque trouverait le moyen de remplacer le guano du Pérou par un autre engrais.

On le voit, tout le monde est d'accord sur le fait que le

guano se vend beaucoup plus qu'il ne vaut, et les effets de
cette exagération de prix s'étendent aux autres engrais, dont
la mercuriale subit aussi une hausse analogue ; car enfin,
puisque l'azote du guano se paye 3 et 4 francs le kilogramme,
pourquoi d'autres marchands donneraient-ils celui de leurs
engrais au prix de 1 fr. 65 c., car l'azote est toujours de
l'azote ?

Poudrettes. — Nous n'évaluerons pas la valeur des poudrettes, telles que celles qu'on rencontre dans le commerce
de la métropole ; l'on ne pourrait appliquer des frêts de 35 à
40 francs la tonne à des produits qui ne valent même pas ce
prix. Nous ne parlerons que des poudrettes préparées dans la
Colonie et d'après des procédés analogues que nous avons décrits. Ces engrais, si l'industrie coloniale veut se donner la
peine de les préparer, en surmontant les difficultés de la concentration des urines, soutiendront hardiment la concurrence
avec les guanos, et les agriculteurs leur donneraient un jour la
préférence, amenés, par leur pratique, à reconnaître qu'en
effet ces engrais nationaux possèdent tous les principes qui
complètent la nourriture de la canne ou du maïs. En les comparant pour leur valeur marchande au prix du guano, nous
pouvons déclarer, par avance, que, dans l'emploi, l'on appré-
ciera bientôt la différence entre les deux engrais, et que tout
l'avantage, à dépense égale, sera pour la poudrette créole.

En admettant le prix inconstant du guano égal à 100, celui
de la poudrette, qui renfermera 3 à 4 pour 100 d'azote et
autant de phosphate que le guano, aura une valeur égale à
30 ou 40. Si le guano vaut 300 francs, la poudrette vaudra
de 90 à 120 francs la tonne ; si le guano coûte 400 francs,
l'on pourra payer la poudrette 120 à 160 francs la tonne,
suivant sa richesse. Mais, je dois le répéter encore, cette appréciation n'aurait aucune valeur réelle si elle s'appliquait à
des poudrettes dans la préparation desquelles on se hâte de
se débarrasser des urines, comme substances trop difficiles
à traiter.

Engrais de varechs. — Les produits nationaux passent, dans
notre estime, avant ceux qui nous arrivent du dehors. On
nous permettra de signaler ici une industrie locale, à laquelle il ne manque que quelques encouragements pour la
rendre prospère, et qui pourrait rendre d'utiles services à la
Colonie si elle se montait sur une échelle un peu vaste.

Il existe aux environs de Saint-Leu une plage riche en

varechs; le gouvernement local soumit à une commission, dont je fus rapporteur, un projet présenté par un particulier de cette localité, projet tendant à ramasser ces plantes marines aux époques où la récolte ne pourrait nuire au frai des poissons, pour les appliquer à la confection d'un engrais.

La Commission émit un avis favorable à cette entreprise, et l'industriel se munit d'un brevet d'invention.

Voici sur quelles bases reposait cette préparation, dont je reçus la confidence; si je la publie aujourd'hui, c'est parce que je crois que cette publication pourra être utile à cette industrie, que la loi des brevets protége, et qui ne peut donc recevoir aucun préjudice de sa divulgation.

Les varechs recueillis, l'auteur du projet devait les mélanger avec des résidus de chaux vive des fours de coraux; la chaux devait les désorganiser, les réduire en bouillie, puis, pour enrichir ce produit en azote, l'on devait y mêler une assez grande proportion de *chenilles de mer*, animaux marins qui fourmillent aussi sur la plage de Saint-Leu.

Les varechs renferment beaucoup d'alcalis, *potasse et soude;* le *fucus vesiculosus,* en particulier, qui abonde à Saint-Leu, en renferme plus de 20 pour 100 dans sa cendre. La plante sèche dose aussi 1 pour 100 en azote. Si nous apprécions, en outre, que la cendre des fucus renferme plus de 5 pour 100 de son poids de phosphate de chaux, nous ne pouvons que prédire d'avance que l'emploi d'un engrais, habilement préparé au moyen de fucus désagrégés par la chaux, sera un utile adjuvant à l'agriculture créole, surtout si l'auteur additionne son produit d'une bonne dose d'animaux marins qui, à l'état sec, donne jusqu'à 15 pour 100 d'azote.

Cet engrais n'apportera pas seulement l'azote, les phosphates et la potasse nécessaires à la végétation, il apportera encore une assez grande quantité de chaux, qui manque à notre sol.

En supposant donc cet engrais préparé dans ces conditions et renfermant commercialement :

Humidité	20		
Fucus secs	60	dont azote	0,60
Chaux vive	10		
Chenilles de mer sèches	10	dont azote	1,50
	100		2,10

nous aurons un engrais renfermant plus de 2 pour 100 d'azote, qui, sous ce rapport seulement, vaudra 20, le guano du Pérou valant 100, mais qui, de plus que le guano, apportera à la terre les alcalis fixes, soude et potasse, une notable quantité de matières organiques analogues à l'humus, et surtout de la chaux extrèmement divisée et très-convenable aux réactions chimiques qu'elle doit produire au sein de la terre.

Sur ce sujet, aussi bien que sur la poudrette, je dois faire toute réserve; car cette appréciation ne s'appliquerait qu'à un produit préparé dans les conditions que j'ai indiquées. Il ne m'a jamais été soumis de produit préparé à Saint-Leu; l'industrie n'existait qu'à l'état de projet, lors de mon séjour dans la colonie.

ENGRAIS DU COMMERCE DE LA MÉTROPOLE.

L'énumération de ces engrais serait fort longue et inutile, car l'agriculture coloniale ne peut, évidemment, employer que ceux d'entre eux dans lesquels les principes assimilables sont assez concentrés, et dont le volume est assez restreint pour pouvoir supporter les frais d'un transport onéreux; ces frais s'élèvent, au moins, à 40 ou 45 fr. la tonne, d'un port d'embarquement à la Réunion.

Quelques-uns d'entre eux ne sauraient être employés seuls; il faudrait les compléter par du fumier d'habitation ou des poudrettes des villes, pour leur donner les éléments qui leur manquent; mais ils fournissent beaucoup d'azote, le principe le plus cher. On pourrait les appeler *engrais simples*, à cause de leur origine première, et parce qu'ils n'ont subi aucune préparation, autre que la division mécanique.

Les débris de corne renferment près de 15 pour 100 d'azote, leur valeur est donc de 150, le guano étant 100; ils sont cotés à Paris 18 fr. les 100 kilog.

L'action de cet engrais est fort lente; aussi, faut-il s'en servir dans un état de division extrême. M. Rohart a trouvé le moyen de les dissoudre par l'action de la vapeur et d'une haute température. Sous cet état, cette substance doit constituer un engrais puissant.

Les viandes desséchées contiennent 13 pour 100 d'azote; leur valeur peut se représenter par 130; leur action sera, en tout, analogue à celle du guano; elles sont cotées 15 à 16 fr. à Paris et 30 fr. à Nantes.

Ces substances proviennent des animaux abattus pour cause de vieillesse ou de maladie; on dépèce ces animaux, on fait cuire la chair dans une chaudière pendant 24 heures à la vapeur, et l'on exprime à la presse; les parties liquides sont débarrassées de leur graisse, et les parties solides, desséchées et pulvérisées, forment un engrais que l'on ne saurait trop recommander pour la culture de la canne, en mélange avec les fumiers de ferme ou la poudrette.

Le sang sec renferme 12 pour 100 d'azote; sa valeur comparative est donc de 125; le prix dans le commerce est de 12 fr. les 100 kilog.

Cet engrais provient du sang des abattoirs; on le coagule par la chaleur ou par l'action du *persulfate de fer*; on met la masse en sacs que l'on comprime par une pression graduée; on fait ainsi des tourteaux d'une couleur rouge-brun, que l'on sèche à l'étuve dans un courant d'air chaud; on les broie ensuite en poudre fine : cette poudre est sans odeur.

La poudre de sang renferme fort peu de phosphates; il faudrait donc l'associer, dans la culture de la canne, aux cendres de bagasse pour lui donner cet élément.

Les débris de poissons desséchés renferment 10 pour 100 d'azote et 27 de phosphates; leur valeur est donc complétement égale à celle du guano. Le prix est coté, pour Paris, à 21 fr. les 100 kilog., la moitié moins environ de celui du guano péruvien; M. Rohart ne livre ce produit, qu'il tire en masses énormes des pêcheries de la Norvége, qu'avec la garantie de l'analyse chimique et en sacs plombés : ce qui est un mode de loyale transaction que devraient suivre tous les fabricants ou marchands d'engrais.

Les tourteaux de graines de colza, d'œillette, d'arachide, etc., renferment de 5 à 7 pour 100 d'azote; leur prix varie beaucoup, de 15 à 25 fr. les 100 kilog.; et si les colonies venaient à les employer un jour dans leurs cultures, ce prix dépasserait bientôt leur valeur réelle, qui peut être évalué de 50 à 70.

Tous ces engrais sont *simples*, puisqu'ils ne sont composés que d'une substance unique, animale ou végétale.

Mais le commerce de la métropole livre à l'agriculture des engrais *composés*, dans lesquels les parties constituantes forment un tout qui se rapproche assez, pour la composition, de celle du fumier de ferme, et qui pourrait, au besoin, être

calculée sur les principes enlevés au sol par une culture donnée, comme celle de la canne, par exemple, ainsi qu'on l'a
fait pour le blé, pour la vigne, la betterave, etc.

J'ai vu à Nantes, dans la fabrique d'un industriel, M. E. Derrien, dont le nom peut être cité pour la loyauté qu'il a mise
dans tous ses rapports avec l'agriculture française, des substances animales d'origines diverses, des chairs desséchées
arrivant de Paris, de Bordeaux, Bayonne, Montévidéo, etc.,
du sang desséché, des poudres de laines effilochées, des
chiffons de laine pulvérisés, des débris de poissons, etc., mêlées au phosphate d'os, à celui du *noir* des filtres de raffine-
ries, au phosphate précipité des fabriques de gélatine, etc.,
par des procédés irréprochables, que le titre de confiance,
auquel j'ai dû mon admission dans son usine, me fait un
devoir de taire; ces mélanges employés dans diverses cultures donnent un résultat complet (puisque l'engrais lui-
même renferme tous les éléments enlevés par la récolte)
ainsi que j'ai pu m'en convaincre par la lecture des rapports
officiels, d'expériences comparatives à l'abri de tout reproche, et par mon expérience personnelle sur la culture des
céréales.

L'engrais Derrien dose 5 pour 100 d'azote et 40 de phosphates. Sa valeur donc, uniquement sous le rapport de
l'azote, serait de 50, le guano étant de 100; mais la dose de
phosphate porte cette valeur beaucoup plus haut. Le prix est
coté à 20 fr. 50 les 100 kilog. à Nantes.

Il faut supposer que, dans ses intérêts bien entendus,
M. Derrien, qui fabrique dans un port de mer, avec facilité
de relation pour l'île de la Réunion, pourrait réduire un peu
ses prix, tout en concentrant ses engrais sous un moindre
volume, de manière à conserver de tous points la supré-
matie que chacun admet à ses engrais sur le guano péruvien.

D'après les conseils du président de la chambre d'agriculture de la Réunion, sur lesquels j'ai insisté auprès de M. Derrien, ce fabricant s'est décidé à préparer un engrais spécial
pour la culture de la canne, j'ai l'espérance que ce composé
pourra fournir d'utiles résultats.

Aux environs de Paris, un autre industriel que j'ai souvent
cité dans le cours de ce travail, et dont les écrits et la pratique ont opéré une véritable révolution dans le commerce
des engrais, M. Rohart fabrique, à Aubervilliers, des mé-

langes de déchets de boucherie, de détritus des abattoirs, de cornes, de poils, de chiffons de laine, de cuirs, etc. Ces dernières substances sont rendues solubles, comme je l'ai déjà dit, par l'action combinée de la chaleur et de la pression.

L'usine de M. Rohart est ouverte à toutes les personnes qui désirent la voir; il n'y a donc là aucun secret de fabrication, et j'ai pu me convaincre que chacun gagne à cette franchise d'action, vendeur et acheteur. L'on prépare, là aussi, des engrais spéciaux pour diverses cultures. J'ai conseillé à M. Rohart de tenter des opérations avec les Colonies; l'engrais qu'il donnerait à la culture de la canne serait composé de 8 à 10 pour 100 d'azote et de 25 à 35 de phosphates.

La valeur de son engrais serait donc sensiblement égale à celle du guano, avec garantie d'analyse, bien entendu.

Les deux conditions essentielles pour l'avenir de ces industries consistent dans le prix de revient des engrais rendus dans la Colonie, prix qui doit être toujours inférieur à celui du guano, pour lui faire une sérieuse concurrence, et dans l'établissement de dépôts bien approvisionnés à la Réunion, afin que les planteurs aient toutes facilités dans leur industrie.

L'importance de l'introduction des divers engrais artificiels de la métropole dans la Colonie serait surtout très-grande au point de vue de l'équilibre des prix. Je n'ai cité que les produits de deux industriels, pour me renfermer dans les limites de mon programme d'études; mais cette citation exceptionnelle n'est pas une exclusion pour tous les fabricants honorables, qui devraient aussi, dans leur intérêt, tenter des opérations de commerce avec les Colonies; ils devraient, dans ce but, apporter à ces opérations les garanties d'analyse chimique que l'agriculture, justement défiante, doit exiger dans les engrais qu'elle achète à un si haut prix; ils ne pourraient manquer de trouver un vaste débouché à leurs produits, dès l'instant où leur valeur serait appréciée dans nos colonies sucrières.

CRÉATION

DE PRAIRIES ARTIFICIELLES

A LA RÉUNION.

Dans notre étude sur les engrais, nous avons vu que l'azote était l'élément essentiel de la fertilisation des terres, pourvu qu'il fût accompagné de tous les autres principes enlevés au sol par les récoltes ; que c'était la quantité d'azote qui fixait en quelque sorte la valeur marchande d'un engrais. Ce fait est incontestable, puisque les principes minéraux, indispensables à un engrais complet, se trouvent en quantité considérable et à bas prix dans le commerce, tandis que la production de l'azote est essentiellement limitée par son origine elle-même. L'azote assimilable à la plante provient presque uniquement, en effet, de la décomposition des matières animales, et la quantité de ces substances animales est elle-même limitée par celle des animaux.

L'azote se trouve en petites quantités dans les pailles, les fourrages ; en plus grande proportion, dans les semences. Il est assimilé par les animaux qui se nourrissent de ces productions végétales ; il est accumulé dans leurs organes, éliminé en partie seulement par leurs excrétions. Les animaux herbivores servent de nourriture à l'homme et aux animaux carnivores, dont les excrétions deviennent plus azotées ; ces excrétions font retour au sol par les engrais, pour recommencer ainsi cette chaîne providentielle, de l'animal à la plante, de la plante à l'animal.

Mais dans cette rotation continue du même principe qui se transforme suivant le but qu'il doit remplir, il est évident que l'azote doit éprouver des pertes considérables, que tout l'azote des excrétions animales ne fait pas retour à la terre; qu'il doit y en avoir des masses perdues, soit par des causes indépendantes de la volonté de l'homme, soit par d'autres qui résultent de son incurie. Toutes les excrétions animales ne sont pas recueillies, tant s'en faut, et beaucoup s'en vont inutilement à la mer; d'autres, desséchées par l'action de l'air, dégagent leur azote dans l'atmosphère à l'état d'ammoniaque. Les substances azotées peuvent, dans quelques industries, éprouver des transformations qui laissent perdre l'ammoniaque dans l'air, comme il arrive dans la manipulation de quelques cannes, sous l'action de la chaux, dans la *défécation;* il est donc évident qu'avant peu tout l'azote, en circulation dans les plantes et les animaux, finirait par être complétement perdu, si la nature prévoyante n'avait pas créé une source inépuisable d'azote pour réparer ces pertes, ou en faire des provisions pour l'agriculture intelligente. Cette source d'azote est l'atmosphère lui-même, vaste réservoir dans lequel on peut puiser largement sans crainte de l'épuiser jamais.

L'azote, qui entre pour les quatre cinquièmes du volume de l'air ordinaire, n'est point assimilable par lui-même dans la majeure partie des végétaux, puisque ceux-ci ne peuvent l'absorber qu'à l'état d'ammoniaque; mais il existe une famille de plantes très-répandue à la surface du globe, dont les espèces diverses croissent sous tous les climats, qui possèdent la propriété singulière de faire exception à la règle générale, et de pouvoir fixer l'azote de l'atmosphère dans leurs organes, par des réactions qui ont échappé jusqu'ici à l'appréciation des physiologistes.

Qu'importe après tout à l'agriculture si le fait existe, quoique non expliqué; les plantes légumineuses s'assimilent l'azote de l'atmosphère, l'accumulent dans leurs organes; elles deviennent une nourriture substantielle pour l'animal herbivore, et viennent ainsi réparer toutes les pertes d'azote.

La culture de ces plantes acquiert une double importance dans un pays isolé où l'arrivage des bestiaux n'a lieu qu'avec de grandes difficultés et à grand prix d'argent, en ce que l'abondance des fourrages permet l'élève du bétail de boucherie, diminue le prix de la viande, et augmente le bien-être des populations; puis, par son application même aux rotations des cultures du sol, elle devient un précieux assolement pour la terre, lorsqu'on l'intercale entre les récoltes du maïs et de la canne.

Pour ne pas être brûlée par le soleil des tropiques, pour que, dans les grandes pluies, la terre végétale ne soit pas emportée à la mer, le sol végétal doit être recouvert d'une plante quelconque lorsqu'il est dépouillé de ses cannes ou de son maïs; le chiendent, qui pousse naturellement dans nos terrains, appartient à la même famille que la canne et le maïs, il s'approprie les mêmes aliments, il l'épuise donc plutôt que de l'enrichir; la jachère complète serait préférable; mais la culture d'une légumineuse recouvrira parfaitement la terre d'un feuillage abondant; les détritus de cette plante, fortement azotée, amenderont le sol, et l'on pourra de plus récolter de grandes quantités de fourrages, qu'on emmagasinera pour les besoins ultérieurs, ou qu'on fera paître en vert par des troupeaux, dont la nourriture ne coûtera presque rien.

On le voit, la culture des plantes fourragères, alternée avec les récoltes ordinaires, à la Réunion, peut être la source d'une grande amélioration dans le bien-être des populations. Introduite dans les terrains stériles ou abandonnés, elle peut amender le sol et l'amener progressivement à pouvoir porter d'autres récoltes; les plantes fourragères, cultivées d'une manière permanente dans les terrains en pente, dans ceux qui, sur le littoral, sont du domaine de l'État, peuvent rendre à la production des terrains inutiles aujourd'hui.

La culture des fourrages est à peu près la seule qui, dans l'intérêt général de la colonie, doive alterner avec celle de la canne à sucre; mais elle est aussi d'une nécessité absolue. Produire des fourrages, c'est produire du fumier indispensable à la récolte de la canne, c'est produire de la viande à bon marché pour donner la force aux bras des travailleurs. Les autres substances alimentaires doivent être importées du dehors; car, à la culture des grains nourriciers, du blé, du riz, il faudrait consacrer des terres et des bras que l'on emploie plus avantageusement à d'autres productions plus lucratives; mais les bestiaux et les engrais doivent être produits sur place, c'est la condition essentielle de la richesse agricole et du bien-être de tous.

Jusqu'à présent la culture des fourrages a été à peu près nulle à la Réunion ; les quelques bœufs qu'on nous apporte de Madagascar pour le service de la boucherie, à mesure de nos besoins, les mules et les chévaux pour le service des charrois dans les habitations, et des voitures dans les villes, sont nourris avec des graminées vertes que l'on ramasse au jour le jour, ou avec des têtes de cannes ; cette nourriture, fort peu substantielle, et dont il faut des quantités considérables pour suffire à l'alimentation des animaux, augmente outre mesure les proportions de leur estomac et les rend bientôt difformes et pesants ; la ration se complète par quelques poignées de *gram*, féverolle importée de l'Inde, mais jamais par les fourrages secs, succulents, dont seraient si avides ces animaux. Il y aurait progrès évident à introduire dans la colonie la culture de quelques plantes fourragères, des légumineuses surtout ; par elles nous aurions une source abondante d'azote fixé, qui ferait retour à l'agriculture par les engrais de ferme ; nous aurions surtout la vie à bon marché pour toutes les classes de la population.

Quelles seraient les plantes à fourrages dont l'introduction serait la plus avantageuse à la Réunion ? L'expérience seule pourra prononcer un jour sur le choix à faire ; mais cette expérience n'est ni longue ni coûteuse ; quelques onces de semences, quelques petits coins de terre auront satisfait bientôt aux désirs des planteurs. Notre tâche ne sera pas bien difficile, en indiquant quelques fourrages qui croissent avec abondance dans des conditions climatériques rapprochées de celles de notre colonie, et les sources où l'on pourra se procurer les premières semences d'essai.

Le *Trèfle d'Alexandrie* (*trifolium Alexandrium*), dont nous avons vu des prairies immenses dans la basse Égypte, est un excellent fourrage annuel qui vient très-bien dans les localités où, comme à la Réunion, l'on n'a pas à craindre les gelées ; il réussirait probablement dans notre colonie, dans des conditions rapprochées de celles de l'Égypte, dans les terres légères, dans les quartiers de l'île où les pluies fréquentes donnent au sol une humidité constante. Les bestiaux le broutent en vert dans les vastes pâturages autour du Caire et d'Alexandrie ; il fournit aussi un excellent fourrage sec.

On trouve des semences de ce trèfle à Paris, chez M. Vilmorin, au prix de 3 fr. 50 c. le kilogramme. On parviendrait facilement, je suppose, à acclimater cette légumineuse dans la colonie, et à la faire monter en graine pour la reproduire. Cette plante est annuelle; aussi serait-il peut-être préférable de cultiver les variétés vivaces.

Le *Trèfle incarnat tardif à fleurs blanches* donne un bon fourrage vert ou sec; sa propriété d'être en retard d'une quinzaine de jours environ sur le trèfle hâtif, peut rendre quelques services dans les contrées sèches, en prolongeant la durée d'une récolte verte, mangée sur place ; cette propriété pourrait être précieuse pour le commerce de la boucherie. Le produit de cette plante est aussi un peu plus abondant que celui des autres variétés de trèfle.

Le *Trèfle jaune des sables* ou *vulnéraire (anthyllis vulneraria)* peut prospérer dans des terrains sablonneux presque purs, qu'il sert à fixer. Le fourrage sec conserve une jolie couleur verte, les animaux en sont très-friands. Le kilogramme de semence vaut 4 fr. 50 c. à Paris.

Le *Trèfle de Molineri* fournit un meilleur fourrage que le trèfle incarnat.

Dans les terrains fortement humides, le *Trèfle hybride* ou *trèfle d'alsike* remplace avec avantage le trèfle rouge, par la quantité et la qualité de son produit.

Tous ces trèfles, dont M. Vilmorin collectionne les semences, pourraient être semés dans notre colonie, à l'époque des premières pluies ; comme dans certains quartiers de l'île la saison sèche est tempérée par des pluies fréquentes, il est probable que les fourrages pourraient y donner plusieurs coupes dans l'année, et s'entretiendraient verts pour procurer aux bestiaux une nourriture constante sur place.

Dans les terres profondes, naturellement grasses, dans les cirques élevés où les détritus des sommets voisins ont amoncelé la terre meuble, l'on pourrait essayer la *Luzerne ordinaire (medicago sativa)*. Cette plante aime les terrains humides, elle résiste difficilement à la sécheresse, elle ne vient pas dans les terrains pierreux, elle redoute surtout le voisinage envahissant et destructeur des plantes indigènes, telles que le chiendent, qui, mieux acclimatées, la font disparaître bientôt. La luzerne se sème à la volée, et se recouvre faiblement. La semence vaut 130 à 140 fr. les cent kilos; il en faut vingt kilos à l'hectare. C'est le fourrage qui, dans un champ approprié, donnerait le plus de produit; mais, nous le répétons, il lui faut un terrain choisi. Cependant, nous avons vu des champs de luzerne cultivés sur des pentes assez arides, dans le midi de la France et donnant de magnifiques coupes, quoique dans la quinzième année de leur existence ; probablement cette plante finit par s'acclimater sur le sol où elle est attachée.

Il existe une variété de luzerne rustique, adoptée dans la Prusse Rhénane ; ses qualités sont: une rusticité extrême, une longue durée, et l'abondance et la finesse de son fourrage; on pourrait l'introduire peut-être fructueusement dans la colonie pour ces qualités.

A ces fourrages, dont l'essai est à recommander pour trouver ceux qui s'acclimateraient facilement dans nos contrées, je préférerais encore le *Sainfoin (hedysarum)*; j'en ai suivi longtemps la culture dans des conditions bien diverses, et je l'ai toujours vu prospérer. Ses racines entrelacées seraient d'une précieuse ressource, dans les terrains en pente, contre les fortes ondées qui emportent la couche végétale; cette plante est originaire des hauteurs arides; les débris foliacés qu'elle donne procurent un excellent engrais que la terre emmagasine pour les récoltes futures ; elle résiste parfaitement à la sécheresse, et par cette propriété conviendrait, il me semble, assez bien à couvrir les plaines stériles des *Patates à Durand*, autour de Saint-Denis. Le pâturage en vert est sain et ne météorise pas; ces plaines incultes deviendraient ainsi une vaste et belle prairie dont s'accommoderait assez bien le commerce de la boucherie, qui pourrait y faire camper sa provision de bestiaux.

Les soins que l'on a donnés à la culture du sainfoin ont fourni une variété plus abondante que l'on peut couper plusieurs fois dans l'année; j'ai eu jusqu'à trois coupes par an sur une sainfoinière, dans un champ sec, lorsque les pluies l'ont servi; mais l'on peut toujours faire une bonne coupe, et faire paître en vert une ou deux fois par an. L'amélioration des terres par la culture du sainfoin est un fait bien prouvé par l'expérience; l'on a vu en France des terres assez arides pour ne pouvoir porter que du seigle, arriver à donner de belles récoltes de blé par une rotation bien entendue, dans laquelle entrait le sainfoin. La durée d'une sainfoinière est de cinq à six ans; je serais probablement arrivé à en conserver de plus longues années, dans le midi de la France, si les terres dans lesquelles je la cultivais n'avaient été ravagées par les rats de champ, qui en coupaient les racines en traçant leurs demeures souterraines. L'on pourrait, je crois, cultiver cette plante comme assollement des terres, dans le système de culture de M. Desbassayns. Après l'arrachement de la canne on sémerait le sainfoin en même temps que le maïs; à l'ombre de cette graminée le sainfoin prospérerait dès la première année, et, après la récolte du maïs, on verrait ses tiges déjà assez belles qui pourraient être mangées en vert; quelques mois après l'on aurait de belles coupes. On laisserait la sainfoinière deux ou trois ans, suivant le besoin qu'on aurait de ses terres, on trouverait après, le sol fort engraissé, et pouvant donner des récoltes de cannes avec infiniment moins d'engrais. J'ai semé du blé sans aucun engrais, et obtenu de belles récoltes après deux et trois ans de culture de sainfoin.

On peut cultiver le sainfoin dans les terres sablonneuses et légères, il y vient parfaitement bien; il réussit moins bien dans les terres fortes et argileuses, quoique j'aie vu de belles soinfoinières dans de pareils terrains; cette plante, en effet, s'accoutume à tout par son extrême rusticité; elle vient sans aucun engrais, à moins que la terre ne soit par trop ingrate. On la sème généralement à la volée, mais pour se plier au mode de culture de la Réunion, on pourrait tout aussi bien l'enterrer à la pioche en sillons; on économiserait ainsi beaucoup de graines. A la volée, il faut de quatre à cinq hectolitres de semences par hectare, la moitié de cette quantité suffirait pour l'ensemencement à la pioche. L'hectolitre coûte 16 francs.

Le sainfoin dure moins dans les champs humides que dans les terres sèches, le broutage des animaux ne doit pas se faire pendant les fortes chaleurs, ni pendant les temps très-humides; dans le premier cas, la plante a de la peine à produire de nouvelles pousses, et le soleil peut dessécher outre mesure la terre; dans le second, les animaux peuvent arracher une partie des plantes, dans les terres légères, en les broutant.

Un fait bien important à considérer dans la culture du sainfoin comme dans celle de toutes les légumineuses en général, c'est que ces plantes ne prospèrent bien que dans les terrains calcaires; leur acclimatation à la Réunion forcerait donc les propriétaires à marner leur terrain avec le sable calcaire de Saint-Leu; les cannes profiteraient beaucoup de cet apport, dans la culture ultérieure des cannes, comme je l'ai souvent conseillé.

Le sainfoin se coupe lorsque les fleurs sont complétement développées; on le laisse sécher en plein air, et on ne le rentre sous les hangars que le matin, alors que la fraîcheur de la nuit a rendu un peu d'élasticité aux tiges et aux fleurs, pour les empêcher de tomber, dans le transport. Il faut user des mêmes précautions pour la récolte des graines, pour n'en pas perdre, et la cueillir même un peu avant sa maturité complète. La semence doit se récolter dans une sainfoinière en plein rapport.

Il faut choisir pour semences les graines récentes, pleines, pesantes, lisses, sans odeur; la couleur en est grisâtre à l'extérieur et verdâtre à l'intérieur. Pour la mettre en terre, il faut choisir le moment où la terre humide est assez friable, pour ne pas faire pâte sous la pioche.

Il existe une variété de sainfoin qui donne des tiges de plus d'un mètre d'élévation, mais dont la culture ne prospère que dans les fonds meubles et substantiels, c'est le *sainfoin à bouquet*, ou sainfoin d'Espagne, on le nomme aussi *sulla;* il est utile de connaître les diverses variétés de plantes fourragères puisque les conditions dans lesquelles on peut les essayer à la Réunion varient infiniment, et peuvent fort bien s'accommoder à une plante, et être contraires à d'autres.

Le *sulla* est très-productif, il plaît aux bestiaux; la semence n'a pas besoin d'être très-recouverte, puisque à Malte et en Espagne on la jette sur le chaume après la moisson, et qu'elle n'est guère couverte que par des causes accidentelles, le trépignement des hommes ou des bestiaux; quelques mois après, si le temps a été favorable, on a une épaisse prairie de plus d'un mètre de hauteur.

Ce qu'il y a de curieux dans la culture de cette plante à Malte, c'est que lorsqu'on a fauché la sainfoinière, on ensemence de blé la terre, on fait une récolte de céréales; et cependant, après la moisson, le sulla reparaît comme si on l'avait semé de nouveau; de manière qu'un champ une fois *sullé* peut durer ainsi pendant quarante ans, en produisant alternativement des récoltes de blé et de fourrage. L'application de ce principe serait fort utile à la Réunion dans les récoltes de fourrage et de maïs.

L'hectolitre de cette graine vaut 18 francs environ.

Quoique les plantes légumineuses que je viens d'énumérer soient les plus usitées dans la pratique des prairies artificielles, il en est beaucoup d'autres que l'on pourrait essayer à la Réunion dans les conditions spéciales, nécessitées par la principale culture de la canne. Ce seraient les légumineuses annuelles qui donneraient leur récolte de fourrage, en quelques mois, dans l'intervalle d'une culture de maïs à celle de la canne, pendant l'année de jachère.

La *petite fève* ou *féverole* (*faba vulgaris equina*) qui, fauchée en vert au moment de la floraison, est fort recherchée des bestiaux, et dont la semence, en la laissant fleurir et mûrir, forme une excellente ration pour les chevaux; elle serait bien préférable au gram de l'Inde.

La *petite gessè* (*latyrus cicera*), qui réussit sur les plus mauvais terrains, donne un bon fourrage vert ou sec.

La *lupuline* ou *trèfle jaune* (*medicago lupulina*), vient très-bien dans les terrains arides; son fourrage est fort bon.

La *lentille*, les *divers pois*, coupés en vert au moment de la floraison, donnent de bons fourrages, et leur culture loin d'épuiser le sol l'améliore, au contraire.

Parmi les légumineuses, il en est une qui, par exception à la règle générale, aime peu les terrains calcaires, et prospère au contraire sur les terrains siliceux, granitiques, secs et arides, c'est le *lupin* (*lupinus alba*), qui a été cultivé pour amender les terres par les Romains (Collumelle, liv. II, chap. x), il ne demande aucun travail particulier, et n'a même pas besoin d'être enfoui pour germer. On pourrait le semer sur le terrain après l'arrachement des cannes et du maïs, les premières pluies le feraient pousser; il ne tarde pas, dans ces conditions, à donner un feuillage abondant.

Le lupin craint les lieux humides, il craint aussi le froid et les gelées; et sous ce rapport le climat de la Réunion, dans les parties voisines du littoral, lui conviendait essentiellement, si les planteurs voulaient ne se servir de ce végétal que comme amendement, soit en l'enfouissant en vert dans la terre, soit en le mettant à pourrir, pour en faire du fumier; aucune plante ne conviendrait mieux à ce double but. Comme couverture, pour protéger la terre contre l'ardeur du soleil, le lupin présente son feuillage épais, et la composition de son tissu qui renferme beaucoup d'azote (1,65 pour 100), en ferait la base d'un engrais de ferme puissant. Enfoui en vert, tel qu'il se trouve au moment de la coupe, il vaut à poids égal, quatre fois plus que le fumier de ferme : le moment le plus propice pour le faucher, dans ce but, est celui de sa floraison.

Le lupin est un fourrage assez bon en vert, moins bon lorsqu'il est sec ; et si on le destinait à ce dernier usage, il conviendrait de mêler dans le semis quelques graines de trèfle incarnat qui l'amélioreraient.

Le lupin produit énormément en semences, malheureusement cette graine est peu recherchée par les animaux à cause de son amertume, qui disparaît cependant en partie par sa macération dans l'eau de mer.

Dans la famille des graminées il est quelques espèces fort appréciées comme fourrages, mais leur culture ne constituerait pas un assolement pour la terre destinée à la plantation de notre précieux végétal ; cependant il sera utile de mentionner celles qui pourraient être cultivées dans quelques parties de terrains qui, par leurs dispositions, seraient peu propices à recevoir une destination plus utile.

Le *Ray-grass d'Italie* (*lolium italicum*), semé seul, à raison de 50 kilos par hectare, produit beaucoup, mais sa durée est limitée à trois ou quatre ans, après lesquels il faut le remplacer ; dans un second semis sur la même place, la réussite est chanceuse. On l'emploie plus fréquemment mélangé à d'autres plantes, dans lesquelles il entre en surplus ; il fournit une coupe dans la première année, mais ensuite il se perd, et disparaît quand les autres plantes ont atteint leur entier développement.

Le fourrage uniquement composé de ray-grass sec serait une maigre ration pour les bestiaux, car comme toutes les graminées il renferme fort peu d'azote ; il vaut donc mieux le mélanger à quelques légumineuses ; il est à supposer que cette plante n'aurait pas une valeur plus considérable que notre chiendent coupé, avant que les poussés ne soient trop ligneuses.

Le ray-grass d'Italie ne gazonne pas, ses jets et feuilles poussent verticalement ; les feuilles sont larges et d'un vert blond, sa végétation est plus forte que le ray-grass anglais, mais il est sujet à la rouille et à l'ergot.

On peut le pâturer en vert, d'une manière libre, ou au parc ou au piquet ; il convient cependant de né faire pâturer que son regain, après une récolte pour fourrage sec. La semence vaut 70 fr. les 100 kilos.

Le *Ray-grass anglais* (*lolium perenne muticum*), autre variété, aime les terrains humides, il résiste aux inondations et ne craint pas le piétinement des hommes et des animaux ; il

talle quand il a été brouté, et pour cette propriété est plus
particulièrement propre à former de beaux gazons. On met
cent kilos de semence par hectare; il convient d'y mêler deux
ou trois kilos de petit trèfle blanc. La graine vaut 50 fr. les
100 kilos.

L'ensemencement des prairies artificielles, en Europe, se
fait en automne quand l'été a été sec et prolongé, et au prin-
temps, quand on peut arroser; la connaissance des particula-
rités météorologiques de chaque climat doit nous guider
pour choisir la saison des semailles à la Réunion ; comme
nous n'avons rien à craindre des gelées, il est évident que
l'on devrait semer un peu avant les pluies, afin que la première humidité fasse germer les graines.

Lorsque l'on peut répandre des eaux bourbeuses limo-
neuses sur les prairies, elles donnent d'excellentes récoltes.
L'Égypte, on le sait, doit sa fertilité aux inondations périodiques du Nil, ses prairies y forment des horizons à perte
de vue aux environs du Caire et d'Alexandrie.

Les prairies aiment la fumure, et les produits sont d'autant plus beaux et meilleurs que l'on a pu répandre de l'engrais sur la plante; l'époque de la fumure a été l'objet de
bien des controverses, mais le simple bon sens indique que
son emploi serait presque inutile, si on ne le faisait concorder
avec l'époque des pluies, ou suivre par des arrosages artificiels, puisque par les conditions même de la prairie, on ne
peut enfouir l'engrais, et que l'on est obligé de se contenter
de le répandre à sa surface. L'usage des engrais liquides serait plus facile, on pourrait les répandre à l'arrosoir ou au
tonneau persillé; mais il faut aussi choisir l'époque des
pluies qui lavent alors les feuilles touchées par l'engrais liquide, et le font pénétrer dans le sol.

On comprend sous le nom de *prairie artificielle* tout terrain cultivé pour récolte fourragère, dans lequel on n'a mis
qu'un petit nombre de plantes d'une durée limitée. Les prairies artificielles ont révolutionné l'agriculture moderne; de
leur introduction date réellement l'ère du progrès agricole.
Il n'est presque pas de terrain dont la nature se refuse à
porter quelques-uns au moins des nombreux végétaux qui
peuvent être mangés par les bestiaux, et par leur moyen on
peut propager l'élève des animaux de trait et de boucherie,
diminuer d'un côté la somme de travail afférent à l'homme,
augmenter de l'autre son bien-être, par la vie à bon marché.

La culture des prairies artificielles peut immédiatement proscrire la jachère qui est aujourd'hui un non-sens en économie agricole; à quoi sert de posséder une vaste étendue de terre, si on en laisse le tiers ou la moitié improductive; le sol peut parfaitement se reposer d'une récolte épuisante, en en portant une autre qui l'amende au contraire.

Les travaux de préparation d'une prairie ressortent évidemment des règles de toute culture; plus la plante doit rester sur le sol, et plus le sol doit auparavant être fouillé; si l'on ne remuait assez profondément la terre, on ne perdrait qu'une récolte avec les plantes annuelles; avec le trèfle par exemple, mais on pourrait en perdre cinq ou six et plus avec le sainfoin et la luzerne. Dans une terre couverte de mauvaises herbes, il faut les enlever avec soin avant de semer, il faut les enlever encore lorsque la prairie commence à pousser; la plante fourragère pourrait être étouffée par celles qui sont mieux acclimatées.

Les prairies viennent bien après une récolte sarclée et fumée; après les cannes, qui ont étouffé toutes les petites plantes par leur ombrage impénétrable, une prairie doit se trouver dans les meilleures conditions de succès; les cendres de bagasse répandues sur elle produiront un effet merveilleux, car la récolte doit enlever au sol une grande quantité de potasse.

Chose remarquable, les récoltes qui suivront celles de la prairie seront d'autant plus abondantes, que la prairie elle-même aura été plus fournie et aura duré plus longtemps; ce qui prouve évidemment que sa culture améliore la terre en lui donnant des principes qu'elle tire de l'atmosphère. En règle générale, il ne faut pas cependant, pour rompre une prairie, attendre sa décrépitude; une plante malade laisse toujours quelques principes viciés dans le sol.

La récolte des fourrages en sec est des plus simples, elle se fait généralement au moment de la floraison, alors que le tissu est le plus gorgé de sucs; plus tard, la graine attire à elle tous les principes, puisqu'elle est le but de la végétation, les tiges deviennent alors ligneuses, les feuilles inférieures se dessèchent et tombent, le fourrage est moins succulent et moins estimé des animaux.

On coupe la plante à la faux ou à la faucille, et on la laisse sur le sol pour la faire sécher au soleil; on la retourne deux ou trois fois, pour que la dessication soit bien homogène. Un agriculteur des environs de Barjols en Provence, pour ne pas exposer les plantes à perdre une partie des feuilles qui tombent par ces divers retournements, réunit les fourrages en bottes, et les adosse les unes contre les autres par faisceaux de quatre, le pied des plantes seul touche la terre; il ne remue ces bottes que pour les charger sur les charrois et les porter à la grange. Par ce procédé, deux ou trois jours de notre soleil suffiraient à une entière dessiccation du fourrage.

Par la culture des prairies artificielles on peut changer l'avenir de notre colonie. L'abondance du numéraire ou du papier qui le représente ne constitue pas le bien-être d'une population, si par son moyen l'on ne peut se procurer les aliments de première nécessité à l'existence.

Ici se termine l'étude des questions d'application de l'industrie métropolitaine à l'île de la Réunion; étude dont la chambre consultative d'agriculture de cette colonie nous avait dressé le programme.

Quel résultat aurons-nous obtenu pour l'intérêt de la colonie? L'avenir seul pourra le dire, car l'industrie ne s'improvise pas à la hâte, les capitaux sont prudents, ils ne s'aventurent qu'avec timidité, et lorsque les résultats paraissent certains. Pour nous, nous croirons avoir atteint notre but, si notre œuvre est considérée par la colonie, comme un jalon planté par un modeste pionnier tout dévoué à son industrie.

« Je tiens à vous témoigner de la manière la plus entière, nous a écrit l'honorable président de la chambre d'agriculture, à la date du 6 mai 1863, toute la satisfaction que la chambre éprouve, de la façon dont vous avez rempli votre mandat et dépassé toutes nos plus légitimes espérances. Vous vous êtes acquitté de la charge que vous aviez acceptée, non-seulement avec zèle, intelligence et succès, mais encore et surtout, avec un véritable dévouement à nos intérêts agricoles et industriels; recevez-en toute l'expression de notre reconnaissance.... »

Si nos industriels partagent l'opinion de la chambre d'agriculture, exprimée par son honorable président, nous espérons que dans un avenir plus ou moins éloigné notre livre pourra être de quelque utilité à notre belle colonie.

FIN.

TABLE DES MATIÈRES.

FIN DE LA TABLE DES MATIÈRES.

Paris. — Imprimerie de Ch. Lahure, rue de Fleurus, 9.

9 782019 973513